改变，从阅读开始

[美] 玛西亚·芭楚莎（Marcia Bartusiak）/ 著

杨　泓　孙红贵 / 译

那一天，我们发现宇宙

THE DAY

WE FOUND

THE UNIVERSE

山西出版传媒集团　山西人民出版社

图书在版编目（CIP）数据

那一天，我们发现宇宙 ／（美）玛西亚·芭楚莎著；
杨泓，孙红贵译 .—太原：山西人民出版社，2018.8
ISBN 978-7-203-10496-4

Ⅰ．①那… Ⅱ．①玛… ②杨… ③孙… Ⅲ．①天文学
史－西方国家 Ⅳ．①P1-091

中国版本图书馆CIP数据核字(2018)第184500号

版权登记号　图字　04-2018-036

那一天，我们发现宇宙

著　　者：（美）玛西亚·芭楚莎

责任编辑：周小龙

选题策划：北京汉唐阳光

出 版 者：山西出版传媒集团·山西人民出版社

地　　址：太原市建设南路 21 号

邮　　编：030012

发行营销：010-62142290

　　　　　0351-4922220　4955996　4956039

　　　　　0351-4922127（传真）　4956038（邮购）

E－mail：sxskcb@163.com（发行部）

　　　　　sxskcb@163.com（总编室）

网　　址：www.sxskcb.com

经 销 者：山西出版传媒集团·山西新华书店集团有限公司

承 印 者：北京玺诚印务有限公司

开　　本：655mm×965mm　1/16

印　　张：26.25

字　　数：275 千字

印　　数：1-8000 册

版　　次：2018 年 8 月　第 1 版

印　　次：2018 年 8 月　第 1 次印刷

书　　号：ISBN 978-7-203-10496-4

定　　价：78.00 元

如有印装质量问题请与本社联系调换

目 录

发现

序言

1925 年 1 月 1 日

20 世纪 20 年代，喧嚣、绚丽、多姿多彩。

成群结队的观众拥进电影院，惊奇地看到塞西尔·B. 戴米尔（Cecil B. DeMille）史诗般的无声电影《十诫》（*The Ten Commandments*）中，摩西（Moses）劈开红海；希腊人推翻了君主政体，宣布成立共和国；人们在蒙古的沙漠发现了第一批恐龙蛋；纵横填字游戏风靡一时。在这个爵士乐的巅峰期，维多利亚时代的理念在充斥着摩登女郎、弗洛伊德的精神分析和抽象艺术的狂潮中土崩瓦解。这期间，巨大的远洋客轮在五天内穿越了大西洋，克拉伦斯·伯德耶（Clarence Birdseye）向公众介绍了冷冻食品的新颖性，以及一位失败的艺术家阿道夫·希特勒（Adolf Hitler）出版了《我的奋斗》（*Mein Kampf*）。弗朗西斯·斯科特·菲茨杰拉德（F. Scott Fitzgerald）在其经典小说《了不起的盖茨比》（*The Great Gatsby*）中写道："在（黛西）的世界里，充满着兰花的芬芳、晴朗的天空、开朗的人群，以及引领年度节奏的管弦乐队，演奏着愁肠百转、朦胧迷茫的新曲。"[1]

这也是一个科学蓬勃发展的时代。在 1924 年 12 月 30 日，约四千名科学家聚集到华盛顿，[2] 出席美国科学促进会（The

American Association for the Advancement of Science）的年会。同时，美国天文学会（The American Astronomical Society）利用这次为期三天的聚会机会，也在首都举行了会议。有来自全国各地的近80名天文学家参会，下榻于波瓦坦酒店（Powhatan）—— 一座位于第十八街和宾夕法尼亚大街交叉处的八层豪华酒店，其带私人浴室的客房每晚的价格为2.50美元，疲惫的客人可以在屋顶花园放松身心。在两个街区之外，美国第30届总统卡尔文·柯立芝（Calvin Coolidge）为前来参观的美国科学促进会的成员们打开了白宫的大门。向来以少言寡语著称[3]的柯立芝总统，在接待日那天一反常态，表现得十分健谈。柯立芝告诉他的客人们："人类付出了无数的时间，来树立这样的勇气[4]，那就是接受真理仅凭那就是真理。到目前为止，已经取得的进展就是，我们并不害怕这一进程的结果。我们并不要求人们违背诚实和坦率而改变观点……当我们自问你们接下来将要求我们对人际关系体系做何种变革时，我们之中代表社会组织和政治机构的人士将带着敬畏和恐惧的心情看待你们。"六个月之后，中学生物教师约翰·斯科普斯（John Scopes）将因非法教授达尔文的进化论而在田纳西州接受审判。

　　天文学家几乎没有意识到，在美国科学促进会年会的历史上，这次华盛顿会议所召集科学家的数量是最多的。他们的兴趣专注于天文学项目的探讨，其中包括火星的大气层、天体可以移动得多快、水星的温度以及对食双星*系统英仙座 β 星（Algol）轨道的最新计

---

* 食双星（eclipsing binary）是一种双星系统，两颗恒星互相绕行的轨道几乎在视线方向，这两颗恒星会交互遮蔽对方，造成双星系统的光度发生周期性变化。（本书所有页下注均为译者注，下文不再一一标出。）

算等。

星期三（即会议的第二天），天文学家们乘坐玻璃顶棚的巴士到城市西北部的美国海军天文台（The U.S. Naval Observatory）参观，并在其富丽堂皇的大厅里用自助午餐。那天晚上，也就是除夕夜，"发生了一个彪炳史册、被拥趸们庆祝的事件"[5]，《大众天文学》（*Popular Astronomy*）详细叙述了此次事件的始末——当十二点的钟声敲响时，天文学家兴奋地将话题转向了习惯上一天从何时开始计算的问题。天文日不再从正午时分开始计算，自托勒密*时代发起的这一传统，常常导致很大的簿记混乱。取而代之，天文日现在从午夜开始计算，就像平常人所做的那样。杂志上说，"这可能是在本年度其他天文事件被遗忘之后，很长时间内仍会被记住的事件"。

但是，星期四也就是元旦那天的一个报告，最终使会议上所有其他事件都黯然失色。1925 年的第一个清晨，从酒店窗户向外望去，与会者发现整个城市银装素裹，白茫茫一片。《华盛顿邮报》称，积雪厚到足以享受假日雪橇了。[6] 尽管暴风雪还在持续，但天文学家们依然遵守着他们的时间表，在一段不算远的步行之后，来到附近乔治·华盛顿大学（George Washington University）校园里新建成的科克伦大厅（Corcoran Hall）**，与数学家和物理学家一起参加美国科学促进会的联席会议。[7] 他们首先听了一个关于恒星演化的演讲，接下来的演讲抛出了"宇宙是无限的吗"这样一个问题，引发了与会者们热烈的讨论。而后就在午休之前，一篇名为《螺旋星云中的造

---

*　托勒密（Ptolemy），公元 2 世纪的古希腊天文学家、地理学家、数学家，地心说的创立者。

**　乔治·华盛顿大学校园里的一个学术大厅。

父变星》（*Cepheids in Spiral Nebulae*）的论文呈现给了观众。[8]那些不熟悉天文学的人可能认为这是一篇研究范围狭窄，只有专家才感兴趣的技术论文。但是大厅里的天文学家们立刻意识到了它的重要意义。对他们来说，这是令人震惊的消息。尽管标题平淡无奇，但在对宇宙的本性、范围长达数世纪的探索中，这篇论文却是巅峰之作。1925 年 1 月 1 日是天文学家们正式宣称发现宇宙的那一天。

这篇论文的作者是 35 岁的埃德温·哈勃（Edwin Hubble），他是在加利福尼亚南部威尔逊山天文台（The Mount Wilson Observatory）工作的天文学家。威尔逊山上 100 英寸口径的反射望远镜，在当时是最大的望远镜，哈勃用它瞄准了一对天上的星云——仙女座星云和三角座星云。它们是夜空中仅能用肉眼看到的两个螺旋星系。[9]依靠强大的望远镜，哈勃最终辨识出了这两个雾状星云边缘区域里的恒星个体，令他惊讶，也令他高兴的是，其中一些是造父变星（Cepheids）。这是一种亮度会有规律变化的特殊恒星，就像是宇宙中的红绿灯。

这些信号表明，我们的银河系并不孤单。根据造父变星的光变现象，哈勃认定仙女座星云和三角座星云远在我们银河系的边界之外。突然间我们的银河系不再尊贵，只不过是停泊在巨大的空间港湾中众多星系中平凡的一员。一下子，可见的宇宙竟然被不可思议地放大了超过万亿倍。打个比方来说，就好像我们一直被局限在地球表面上一个一平方米的场地里，只是突然意识到在这一小块草地之外，还有以前没有探索过的、没有预料到的广阔无垠的海洋和大陆、城市和村庄、山脉和沙漠。哈勃引领我们把目光向外延伸，对准了竭尽望远镜所及的地方——数十亿个前所未知的、散落在时空中的独立星系。解决银河系在宇宙中真实位置问题的迹象已经出现多年了，但证据是间接、相互矛盾和有争议的。哈勃介入了这场争论，并最终提供了决定性的证据。他无懈可击地证实了一种之前缺乏充分证据的观点。

这是 20 世纪的重大天文新闻，然而，令人惊奇的是，在获得成功的这一刻，哈勃并没有在场，而是由稳重、受人尊敬的普林斯顿大学的天文学家亨利·诺利斯·罗素（Henry Norris Russell）在当天上午的大会上向与会者宣布了哈勃的发现。[10]据大家所说，哈勃既没生病，也不是受家庭事务所累。他可能被漫长而令人疲惫不堪的横跨美国大陆的火车之旅耽搁了，但他缺席的原因也可能更诡异。哈勃曾经是一名受过训练的法律学者，对证据特别重视。哈勃感到担心的是，直到天文学会议召开时，他还没有做好回应质疑的任何准备。事实上，在他所在的天文台，有一位持不同观点的同事就收集了最强有力的、哈勃无法反驳的证据。这一缺憾极大地困扰着他。哈勃渴望的是一个无懈可击的结论。在登上领奖台前，他要使出浑身解数，确保没有任何遗留问题。对于哈勃来说，陷入科学上的错误泥潭就等于万劫不复。回到加州时，这位年轻的天文学家焦躁不安地问自己："有没有可能是我错了？"[11]

现在，随着璀璨夺目的宇宙的绚丽照片广泛流传，我们已经对此习以为常，很难记得不到一百年前的天文学家的宇宙观与今天宇宙观的迥异之处。那时没有类星体，没有遥远的星系，没有奇异的黑洞或疯狂旋转的中子星。没有人确切知道太阳持续数十亿年的巨大能量是如何产生的。所谓的"宇宙"仅包括一个单一、盘形分布的星群，它在天空中刻画出一条壮丽的带状图案——由于地球位于这个巨大的星团内部，由地球向外眺望，我们发觉银河系像条带子（从盘子的侧面看很像）。自古以来，由于其虚幻的苍白容貌，银河系被称为奶路（The Milky Way）[*]。一个世纪前，人们还认为，我们的星系不仅是宇宙的唯一成员，而且是被深不可测的黑暗包围的唯一充满星辰的绿洲。

可以听到一些反对这个观点的声音。在天空中发现了越来越多的小螺旋星云。无论用望远镜向银河系外哪个方向看，太空深处这些暗弱的天体都无处不在。这些螺旋星云离我们是近还是远？没有人知道。因为在 20 世纪初，天文学家还无法以可信的准确度测定它们的距离。他们唯一能做的就是推测。看着这些形状像松散弹簧的星云，有些人认为："啊，（那是）附近正在形成的太阳系。"其他观察到同样微小星云的人，将它们想象成银河系的一大群姐妹，它们处于遥远的地方，其群星融合成微弱、朦胧的白雾。这意味着银河系一点也不特别，只不过是在浩瀚的宇宙群岛中一个可见的星岛。但大多数天文学家拒绝接受这个离奇、甚至可怕的概念。其他星系的存在似乎是不可思议的，所以他们执拗地坚持银河系在宇宙中核心地位的想法。16 世纪，尼古拉·哥白尼（Nicolaus Copernicus）否定了地球及其居民在太阳系的中心地位，但是仍然让人类感到欣慰的是，他保留了太阳系在唯一的星系——银河系中的核心地位的概念。人类丝毫不怀疑，他们就住在宇宙的正中心。没有不可违逆的

---

[*] 最早被赵景深先生误译为"牛奶路"，遭到了鲁迅先生的批评与讽刺，他作诗云："可怜织女星，化为马郎妇。乌鹊疑不来，迢迢牛奶路。"虽然赵景深先生又将其更正为"天河"，但李声权先生认为这属于"归化翻译"，忽略了原语当中的文化意象，应将"The Milky Way"译为"奶路"为宜。

证据表明他们不在那儿。

然而，因为天文学发生的巨大转变，人们的欣慰感破灭了。这一切始于 19 世纪末。亲眼见证了威斯康星州耶基斯天文台变迁的天文学家埃德温·弗罗斯特（Edwin Frost）回忆说："在这个星球上，人类所经历的所有阶段中，这是一个非凡变化的时代。维多利亚时代实际上在这个世纪末就接近尾声了。"[12] 19 世纪 80 年代，弗罗斯特正在长大成人，欧洲的文学、绘画和科学方面的改革也正方兴未艾。他说："到我上大学的时候，连干线的钢轨都还需要从英国进口。接着，安德鲁·卡内基（Andrew Carnegie）等人发现，钢轨在美国可以做得更好、更便宜……这个孩子（新生的国家）正在迅速度过幼年时期。"发现和发明层出不穷。似乎一夜之间，电力照明、燃煤供暖、热风炉、室内浴室，以及平稳地行驶在沥青路面上的汽车都出现了。

在这种创新氛围中，天文学蓬勃发展。相机成为望远镜上的标配，使观察者能够整夜持续曝光，从而拍摄出从未见过的微弱恒星和星云的图像。而分光镜这种设备，将星光分离为各种颜色组分，可以让天文学家弄清楚恒星和其他天体的真正组成成分。倏然，天上的基本化学组成都在他们的掌握中了。与此同时，镀金时代（The Gilded Age）*富裕起来的杰出工业家们，也提供了大量资金，让大梦

---

* 镀金时代处于南北战争和进步时代之间，时间上大概是从 1877 年到 1893 年。这是美国的财富突飞猛进的时期。这段时间中，数百万的移民从欧洲来到了美国，同时大量的重工业，包括铁路、石油、采矿，都得到了飞速发展，大部分财富都聚集到了美国的北部和西部。之所以把这个时代称为镀金时代，是因为有许多人在这个时期里成为巨富，也因为富有，而过着金色的生活。

想家们建造他们长久以来所渴望的大型望远镜。

鉴于这些技术进步的迅猛来袭，枯燥的教科书对有关发现的描述减少到了只剩下最基本的元素，以至于哈勃的历史性成就好像是在一夜之间发生的似的。哈勃使用世界上最大、装备最好的望远镜，瞧，他竭尽望远镜目力所及，向世人揭示出一个充满无数星系的宇宙。银河系突然成为更大戏剧中的一个小角色，而哈勃被选定为宇宙学的"总设计师"，来实现这个惊人的突破。但事实并非如此。哈勃实际上是站在众多天文学家的肩膀上，凭借其远见卓识，解决了一直被别人忽视的问题。答案并非一蹴而就，而是经过了多年激烈的辩论、猜想和测量才得出来的。科学的道路往往充满曲折、颠覆和坎坷，而不是想象中的坦途。

天文学家们接受的是较为古老传统的训练，他们满足于计算行星的运动，将恒星位置的测量精确到小数点后三位，但并没有给予螺旋星云的奥秘以足够的重视。他们认为，即使这一问题得到解决，也不会显著改变他们对宇宙整体结构以及组成的看法。19 世纪末，美国天文学院院长西蒙·纽科姆（Simon Newcomb）在一次天文台致辞中指出："就天文学涉及的内容而言……的确显现出正在快速接近我们知识的极限……结果是，真正应该引起天文学家关注的，不是去发现新事物，而是阐述已知的知识，并使我们的知识系统化。"[13]

十年内，加州利克天文台台长詹姆斯·基勒（James Keeler）就证实，纽科姆极其短视。不顾所有人的反对，基勒弄到了那架令人讨厌的反射式望远镜，使之回到工作状态，并挥洒自如地展示了它的力量。这是架设在高海拔地区的同种类型中的第一架望远镜。虽然口径相对较小，但足以让基勒能够估计出，有成千上万的微弱星云充斥在苍穹中，比以前所知的多十倍。在20世纪10年代，利克的天文学家赫伯·柯蒂斯（Heber Curtis）跟进了基勒的发现，并收集到更多的证据，表明这些螺旋星云中的许多个体都不亚于独立的星系。与此同时，在威尔逊山南部几百英里处，洛杉矶附近，哈罗·沙普利（Harlow Shapley）重新测定了银河系的大小，其结果大大超过了以前的设想，并将我们的太阳系推到了边缘，远离银河系的中心。正如沙普利喜欢说的，"太阳系不在银河系中心，人类亦如此"。

发现宇宙的故事主要与沙普利和哈勃有关。为了宇宙的真实结构，两位科学骑士相互争斗了多年。他们拥有相似的成长经历，但在性格和为人方面却有天壤之别。两人都出生在密苏里州的农村，都有过不寻常的经历才走上天文学道路：哈勃曾是不满足于现状的高中教师；沙普利则做过记者。而且，他们都是在获得博士学位后，被有远见卓识的乔治·埃勒利·黑尔（George Ellery Hale）选中，到威尔逊山天文台工作，这可是当时最伟大的天文台。他们研究的问题都是其他人极少关注的。沙普利研究的是我们在银河系中的准确位置；哈勃研究的是我们在宇宙体系中的地位。

他们的发现发生在历史转变的关键时刻。当第一次世界大战和由此引起的混乱干扰欧洲天文学家时，美国天文学家们恰好可以无拘无束地推进螺旋星云问题的研究。勾勒出宇宙的精确构造成了美国人痴迷之事，参与者来自美国西部新建的利克天文台、威尔逊山天文台和洛厄尔天文台。世界上比较古老的天文台根本就没有机会，因为在利克天文台，尤其是威尔逊山天文台，天文学家们可以接触到位于高海拔地区的先进望远镜，这些都是破解这一谜团的必要设备。

哈勃辛勤的工作贡献了最后一块拼图，并获得了当之无愧的荣誉。在纪念哈勃百年诞辰时，天文学家唐纳德·奥斯特布罗克（Donald Osterbrock）、档案管理员罗纳德·布拉希尔（Ronald Brashear）和物理学家乔尔·格文（Joel Gwinn）写道："哈勃的魄力、科研能力和沟通技巧使他能够抓住、解决整个宇宙的问题，特别是他自己的贡献，比以前或之后的任何人都大，并成为该领域世界公认的专家。"[14]

到1929年，在最初的星系发现仅仅过去五年后，哈勃就有了更为惊人的发现。哈勃和他的同事米尔顿·哈马逊（Milton Humason）获取了开创性的关键证据，证实宇宙正在膨胀，裹挟着星系不断向远处疾驰而去。时空在运动！事实上，十年前，洛厄尔天文台的天文学家维斯托·斯里弗（Vesto Slipher）就在亚利桑那州的山顶上，将得出这个惊人结论的工作进行了一半。他在这个发现中至关重要的作用，现在已被学术殿堂之外的大部分人遗忘。这就是哈勃传奇的力量。随着岁月的流逝，哈勃传奇将其他人的贡献湮没在其暗影里。本书旨在再度聚焦所有为揭示宇宙真实本质做出过贡献、为哈勃的成功奠定了基础的有功之臣。

对宇宙膨胀的认知是变革性事件。它使得天文学家摆脱了自己所在的银河系的范围限制，去探索更大的宇宙远景。宇宙正在向外膨胀，理论学家们可以自由地思考宇宙的起源。他们在大脑里把宇宙膨胀过程颠倒过来，想象着星系彼此越来越近，直到它们最终聚合在一起，形成了一个光彩夺目的致密火球。这样一来，他们意识到宇宙是在遥远的过去从巨大的爆发——宇宙大爆炸中产生的。我们宇宙的诞生不再是形而上学式的猜测或带有偏见的幻想，而是已然成为可以被测试和探究的科学原理。

这种全新的宇宙观汇聚了各方面的发展成果而形成。这不仅要归因于新兴经济体提供了用于开发新技术和新设备的资金，使这些发现成为可能，而且新近提出的一些理论物理学新思想，亦为之提供了理论依据。像阿尔伯特·爱因斯坦（Albert Einstein）这样的科学家，也持一种新颖的引力理论参与其中，为令人迷惑不解的宇宙现象提供了独特的解释。

一股活力注入了宇宙运作模式的研究。爱因斯坦的引力场方程引入了一个概念，即空间和时间交织成一个物体，其形状和运动由它内部的物质决定。广义相对论预见了宇宙的膨胀，于是这项研究就变成了一场智力和理论上的历险。曾经为了探寻前所未知的陆地——新大陆，早期的冒险家跨越大洋，无所畏惧。爱因斯坦的相对论将时空视为一种可弯曲和伸展的柔韧构造，使天文学家将古老的探寻转化为对宇宙新大陆（cosmos firma）[15]的冒险。这位天才物理学家的理论将空间和时间统一起来，奠定了宇宙学的坚实基础，等待着评估、比对和仔细审查。哈勃成为该理论的首位鉴定人。

哈勃最终在其《星云世界》（Realm of the Nebulae）一书中总结了他的宇宙发现。这本书融历史读物、大学教科书和职业回忆录为一体，在 1936 年刚刚发行时，就被同行标榜为"经典"。[16]哈勃最初的观点仍然影响深远。在该书出版几十年后，加州理工学院的天文学家詹姆斯·冈恩（James Gunn）指出，"他拍摄的天文照片与今天的照片只是在细节上有所不同而已。在书中人们几乎看不到错误。偶尔有人发现一两处……（但）我们仍然在使用哈勃描述的方法确定离地球最近星系的距离。我们仍然主要在使用哈勃的分类方案。

我们仍然非常关注哈勃提出的问题"。[17]

然而，很显然，在陈述中有一点例外，冈恩没有提及。虽然哈勃的名字现在与宇宙膨胀的发现紧密地联系在一起，但他从来不是对其数据解释的积极拥护者。那是因为在20世纪30年代至40年代还有其他的假说。哈勃不愿意选择任何一方，当时他新挖掘的数据和爱因斯坦的理论都才是新鲜出炉。哈勃总是贪求完美无瑕——完美的妻子、完美的科学发现、完美的朋友、完美的生活。哈勃观察到的那些星系正在向外逃逸，其速度对他来说总是太快。哈勃想保护自己的理论，以防新的物理定律潜入，改变其解释。虽然到目前为止，还没有这样的定律。

哈勃在某种程度上是幸运的。如果某些事情不是按照原来的样子发生的话，哈勃太空望远镜很可能就是用其他人的名字命名了。例如，如果有人没有过早地离世（基勒），如果有人没有得到晋升（柯蒂斯），或者如果另外一个人（沙普利）不是顽固地专心致力于自己对宇宙错误的看法。现代宇宙的发现是一个充满了尝试、错误、偶然突破、意志较量、坐失良机、艰苦测量和精辟见解的故事。换句话说，它是大写的科学。

注释：

[1] 见 Fitzgerald（1925），p.133.

[2] 见 "Thirty–Third Meeting"（1925），p. 245.

[3] 据总统夫人格蕾丝·柯立芝称，一位年轻女性曾在一次晚宴上坐在她丈夫旁边，并与这位平时沉默寡言的总统打赌，她至少可以让他说三个词。

柯立芝迅速回应道："You lose（那你输定了）。"

［4］见 "Welfare of World Depends on Science, Coolidge Declares"（1925），pp. 1, 9.

［5］见 "Thirty-Third Meeting of the American Astronomical Society"（1925），p. 159.

［6］见 "Blanket of Snow Covers the City"（1925），p. 1.

［7］在第二次世界大战期间，科学家们根据政府合同为战争开发新技术，科克伦大厅的地下室是反坦克火箭筒的诞生地。

［8］见 "Thirty-third Meeting of the American Astronomical Society"（1925），p. 159.

［9］只有在特别好的条件下，才能用肉眼看到三角座星系的中心。在没有望远镜的帮助下，观察仙女座星系更容易。

［10］见 "Thirty-third Meeting of the American Astronomical Society"（1925），p. 159.

［11］见 Sandage（2004），p. 528; Berendzen and Hoskin（1971），p. 11.

［12］见 Frost（1933），p. 124.

［13］见 Newcomb（1888），pp. 69-70.

［14］见 Osterbrock，Brashear，and Gwinn（1990），p. 1.

［15］古罗马人会以更正确的方式说成是 "cosmos firmus"（为了使阳性形容词与阳性名词适当匹配），但我使用 "cosmos firma" 是想保持优美的声音及其与宇宙的隐喻联系。

［16］见 Mayall（1937），p. 42.

［17］见 "前言"，Hubble's *Realm of the Nebulae*（1936），1982 年版，pp. xv-xvi.

启航

第 1 章

小小科学共和国

　　一块叫作北美洲板块的巨大岩石大陆，势不可挡地滑向地壳上向东漂移的海洋板块。在两大板块碰撞的构造交界处，海洋板块向下俯冲，巨大的压力挤压出大块的页岩和砂岩。板块构造交界处，大陆板块底部的岩石向上持续抬升隆起，直刺苍穹，形成了迪亚波罗山脉（The Diablo Mountain Range）。山脉从旧金山湾（The San Francisco Bay）沿加利福尼亚海岸线向南延伸，绵延两百多英里。[1]就像是有意安排似的，大自然创造出的这片山地，为数百万年后的天文学家提供了绝佳的宇宙研究观测平台。这座位于太平洋东岸的巍峨山脉，成为 20 世纪天文学第一批重大发现的发祥地。

　　迪亚波罗山脉最引人注目的山峰距离大海约四十英里，被早期的移民称为 "La Sierra de Ysabel"。首次登临最高点的是长老会牧师劳伦廷·汉密尔顿（Laurentine Hamilton）、地质学家威廉·布鲁尔（William Brewer）和地形学者查尔斯·霍夫曼（Charles Hoffman）。布鲁尔曾完成了加州首次完整的地质调查工作。1861年夏季，三人对此山进行了探险。在低海拔地区，人们还可以使用骡子，但在到达山峰的最后三英里，只能靠双脚，艰难前行。背负沉重装备的两名科学家在荆棘丛生的山坡上缓慢行进。来自圣荷塞（San Jose）的牧师汉密尔顿走在前面，分开荆棘和茂密的灌木丛，提前冲顶。一到峰顶，汉密尔顿就挥舞着帽子，高喊道："我是第一个登顶的，这就是制高点！"为了向汉密尔顿表示敬意，布鲁尔优雅地用他这位"高贵、真诚"的朋友的名字命名了此峰。[2]

在此后的 30 年内，汉密尔顿山成为天文学家新的观测地点。1874 年，史密森学会（The Smithsonian Institution）*的院长约瑟夫·亨利（James Henry）在给著名的英国生物学家托马斯·赫胥黎（Thomas Huxley）的信中写道，在美国不断增长的财富的推动下，"这个国家的公众意识现在被引向重视原创性的科学研究。并且我认为有充分的理由相信，一些从贫穷走向富有的百万富翁，会在适当的时候寻求通过筹建项目，使自己名垂青史"。[3]旧金山的企业家詹姆斯·利克（James Lick）就是这方面的先驱，资助了世界上第一个在高海拔地区建立的永久性天文台。在此之前，专业望远镜通常都建在相对较低的地区，靠近大城市或大学校园，方便人们前往。

1888 年，当时最大的望远镜，在汉密尔顿山顶的利克天文台（The Lick Observatory）投入运行。这架望远镜的透镜口径达一码（3 英尺或 36 英寸，合 91.44 厘米），用来收集、汇聚天体发出的光。与伽利

---

* 华盛顿史密森学会是唯一由美国政府资助、半官方性质的第三部门博物馆机构。由英国科学家詹姆斯·史密森（James Smithson）遗赠捐款，根据美国国会法令于 1846 年创建于美国首都华盛顿。

略（Galileo）*当年使用的望远镜一样，利克望远镜是使光线穿过串联透镜组成像的折射式望远镜，但是口径要大二十多倍。为安置这架巨型的折射望远镜，天文台的建造者不遗余力。天文台的这座巨大的建筑是由华盛顿的建筑师S.E.托德（S. E. Todd）设计的，风格古典。从远处看，仿佛是一座欧洲的宫殿被神奇地搬到了美国西部。其圆顶的内墙壁，由手工雕刻装饰，与球形穹顶的风格相搭配，环形的木质地板擦得光彩照人。游客坐上几个小时的马车前来，就是为了一睹科学世界的这个新奇观。

不过，那些游客有所不知的是，利克天文台最具创意的工作，实际上是在一个不起眼的地方完成的。[4] 从光彩照人的利克望远镜向南，约四分之一英里处，位于号称托勒密岭（Ptolemy Ridge）[5] 的山脊尽头，有一个较小的圆顶屋，像古老的中世纪小教堂。在那里，詹姆斯·基勒竭力虔心地将一个反射望远镜投入运行，该望远镜使用镀银玻璃代替透镜放大图像。基勒的所有同事都不看好这架望远镜，并劝说他放弃。大口径折射望远镜是 19 世纪晚期的首选，但是基勒勇敢地冲破了这个传统，开创了一种专业天文研究的新途径，并最终传播到世界各个主要天文台。

虽然现在许多天文学历史都把基勒看作一个次要人物，但实际上他是现代宇宙学的一位先驱，是助力开拓天文学新领域的关键角

---

* 伽利略发明的望远镜在人类认识自然的历史中占有重要地位。它由一个凹透镜（目镜）和一个凸透镜（物镜）构成。这是一种物镜是汇聚透镜而目镜是发散透镜的望远镜。光线经过物镜折射所成的实像在目镜的后方（靠近人眼的后方）焦点上，这像对目镜而言是一个虚像，经它折射后呈一放大的正立虚像。伽利略望远镜的放大率等于物镜焦距与目镜焦距的比值。其优点是镜筒短而能成正像，但它的视野比较小。

色。与众不同的是，基勒会使用分光镜。当天文学家们刚刚开始将物理学方法应用于天文学研究时，他率先使用了这种新仪器。这个独立的领域，现在叫作"天体物理学"，最终使观测者能够分辨恒星、行星乃至星云的化学和物理性质。

在基勒的时代，宇宙相当简单，一目了然，至少在我们现代人看来是这样的。当时的人们认为，宇宙纯粹是一个浩瀚的恒星聚集体，盘状分布，有点扁平，太阳位于尊贵的中心位置附近。大多数天文学家认为，其他地方可能都是延伸到无限远处的无尽的虚空。

但天空中有很多奇异现象难以解释。通过望远镜观测，这些神秘星云就像水中的漩涡，薄雾般的星云呈螺旋状。天文学家早就熟悉了其他类型的星云，比如猎户星座（Orion）中巨大、混沌的星云和环状星云。他们认为，这些雾状物质处在银河系的范围之内，但是螺旋星云都是在银河系（恒星分布稠密）的带状区域之外发现的。为什么这些星云喜欢更空旷的宇宙空间，就像是要避开那些恒星一样呢？天文学家对这种独特的分布还没有充分、理性的解释。值得称赞的是，基勒将这些星云作为他的主要观测对象。而当时恒星和行星的研究对天文学家的吸引力更大。在使用摄像技术之前，天空中的朦胧星云据估计有数千个。在反射式望远镜上安装摄像机后，基勒开始意识到可能会有数以万计的星云。这是他的一个意外发现，在宇宙观测上却是巨大的飞跃，为天文学开辟了广阔的新天地。

基勒对天体的好奇心，最初可能是从目睹一场壮观的日全食燃起的。事件发生在1869年，那时他11岁。当月亮的阴影穿过美国时，狭窄的全食影带轰动一时。几个月后，他的家人从伊利诺伊州搬到了佛罗里达州的迈波尔。基勒在家自学，身边堆满了他父亲订阅的

《科学美国人》(*Scientific Americans*)。用从在杂志上刊登广告的一位经销商那儿订购的一些透镜，年轻的基勒建造了他的第一台望远镜——一个 2½ 英寸的折射望远镜，雪松木质镜筒。不久之后基勒就开始通宵观测、绘制月球的环形山和行星的草图了。[6] 基勒是美国新兴的天文学浪潮的弄潮儿。

19 世纪早期，在两个关键事件极大地改变局面之前，美国的天文学研究一直是相当随意的事情。1833 年秋季，全美国人见证了一场遍及全国的流星暴，持续不断的流星，史无前例。这场流星暴被描述为"接踵而来的火球，好似来自空中的焰火，从天空的某一点向各处发射"，为此，人们将这场蔚为壮观的天空烟花秀称为"星辰的坠落"。[7] 十年后，公众又急不可耐地想要一睹 1843 年大彗星（The Great Comet of 1843）的风采了，因为耶鲁大学的天文学家丹尼森·奥姆斯特德（Denison Olmsted）在那个前电子时代宣称："（该彗星）在现代所有已见过的彗星中，外观上是最壮观的。"[8] 巨大彗星即使在白天也能看见，其彗核亮如满月，彗尾绵延近二百万英里。流星暴和大彗星共同激起了公众对宇宙研究的极大兴趣。这也使美国政界人士非常清楚地意识到，美国缺乏一流的科学机构来研究这些迷人的天象。英国小说家弗朗西斯·特罗洛普（Frances Trollope）于 19 世纪 20 年代在美国度过了一段时间，他惊异地发现："在一个大张旗鼓地宣扬尊重科学的国度里，竟然没有天文台。无论是在人们学习的地方，还是在他们居住的城市里，都找不到天文台的踪影。"[9]

随着俄亥俄州的辛辛那提、北卡罗来纳州的查珀尔希尔，以及耶鲁、哈佛和威廉姆斯等大学天文台的建立，这种缺陷得到了迅速的改善。美国第一个国家天文台——美国海军天文台（The U.S. Naval

Observatory）也获得了第一架像样的望远镜。在南北战争之前的这一时期，其他的天文台迅速兴起，成为美国主要城市和大学不可缺少的科学研究设施。这些努力终于实现了美国第六届总统约翰·昆西·亚当斯（John Quincy Adams）的愿景，他长期以来一直在推动建立一座美国的"空中灯塔"。[10] 历史学家霍华德·米勒（Howard Miller）写道："一些美国人受到一种挥之不去的文化自卑感的困扰，对于与欧洲不公平的比较总是耿耿于怀，他们把发展天文研究当作提升民族自豪感的事业来做。"[11] 一旦时机成熟，这些开创性的天文学前哨就能激起人们持续的兴趣，特别是像基勒这样的年轻人，梦想着有朝一日也能在美国的新浪潮中搏击一把。

在熟人眼中，基勒是一个"瘦高、青涩的乡下男孩"，具有乡下人"漫不经心"的特质。[12] 基勒逐渐掌握了制造设备的特殊技能，使他得以进入美国第一所研究型大学——约翰·霍普金斯大学（Johns Hopkins），该大学一年前刚刚在马里兰州的巴尔的摩建立。1881 年毕业时，基勒开始在匹兹堡附近的阿勒格尼天文台（The Allegheny Observatory）工作，由塞缪尔·P. 兰利（Samuel P. Langley）领导。20 年后，兰利在制造有人驾驶、有自主动力的飞行器方面，几乎盖过了莱特兄弟。1883 年—1884 年间，在德国从事研究工作的基勒，在光谱分析方面获取了丰富的经验。机会总是留给有准备的人——基勒收到了利克天文台的聘用通知书。利克天文台是加州中部地区新兴的天文学圣地。詹姆斯·利克开了个好头。19 世纪末至 20 世纪初，在他的带动下，一大批捐赠者涌现出来。他们利用在美国积累的商业财富建造了一些天文学史上最富有成效的天文台。利克的慷慨捐赠，推进了美国天文学的发展。在此之前，最受赞誉的天文台都在欧洲，由大学或政府资助。由于资源稀少，这些机构往往无法及时更新技术和设备，每个天文台只有一架重要的望远镜，天文观测研究滞后几十年。但利克天文台展示了新的研究模式，私人资本的融入加快了其发展的进程。利克使建造大型望远镜成为美国新贵为自己树立"丰碑"的首选。此外，由这些私人资助的天文台都是从零开始，能够购买最好的仪器并采用最新的技术。因此，在科学史上，美国比以往任何国家的天文学发展得都要快。历史学家史蒂芬·布拉什（Stephen Brush）说："19 世纪初从零开始，至 19 世纪末，美国人已经超越了德国人，跃居第二位，并在挑战英国人第一的位置。"[13] 天文学的发展似乎与经济财富携手并进。

利克确实赚到了大钱。1796 年，利克出生于宾夕法尼亚州乡下的一个荷兰人家庭。就在新兴的美国刚刚迈上正轨的那段时间，利克在父亲身边学习做木工。在纽约市经营自己的店铺，过了一段相当惬意的生活之后，1821 年，一心想着发大财的利克突然决定搬迁到南美洲去。在南美洲，利克成了木质钢琴箱制作大师，在一个看重舞蹈和音乐的文化氛围中，这是有利可图的商业冒险。虽然在南美洲打拼了 27 年，先是居住在阿根廷，然后是智利，最后是秘鲁，但利克还是决定处理掉各种各样的生意，返回美国。1848 年，利克乘船抵达旧金山，当时加州正要脱离墨西哥。利克上岸时，携带了价值三万美元的金币和 600 镑由朋友多明戈·吉尔德利（Domingo Ghirardelli）制作的秘鲁巧克力。

事不宜迟，利克迅速开动他敏锐的商业头脑。利克用黄金在旧金山购置了土地，当时那里只是一个人口不到千人的镇子。想在加州淘金热中大赚一把的居民们开始迁往山里时，利克以便宜的价格买下了他们的土地。他还盘下了一家磨坊，进行了大规模扩建，并在加州修建了第一家豪华酒店——富丽堂皇的利克酒店，占据了整整一个街区。（该酒店后来在1906年可怕的地震之后那场横扫旧金山的大火中被摧毁了。）[14]

利克从未结婚，但他还是在圣荷塞建造了一座豪宅。在那里，利克种植来自世界各地的珍稀植物和灌木。周围的邻里乡亲都认为他是一个古怪的守财奴：穿得像个流浪汉，有时就在钢琴条板箱上放一张光秃秃的床垫睡觉。年轻时，利克曾使一个女孩怀孕，但女孩的父亲——一位富有的磨坊主，拒绝了利克娶他女儿的请求。他嫌弃利克太穷，社会地位太低。这位磨坊主很难想象，几十年后天文学会因为他这次势利的拒婚而受益。由于没有合法的财产继承人[15]，步入晚年时的利克开始思考如何利用他巨大的财富（他已经积累了近400万美元的财富[16]，约合今天的1亿美元）为自己树立巨大的"丰碑"。对于利克来说，这是可以让自己成为不朽的机遇。他特别想在旧金山市中心的第四街和市场街的转角处，建造一座巨大的大理石金字塔，其大小将超过埃及的吉萨大金字塔（Great Pyramid of Giza）。

但是，几次幸运的会面使这个虚荣的计划流产了。利克与来访的业余天文学家、讲师乔治·马德拉（George Madeira）一起度过了几天，他深深地为马德拉谈及的天文学最新发现所着迷。几年后，他们为了望远镜的事情又见了几次面。据说，马德拉曾对他讲过这样的话，"利克先生，我如果有你那么多财富的话，就会用来建造最大的望远镜"。[17]大约在同一时间，时任美国国家科学院（The National Academy of Sciences）院长、美国国立博物馆馆长的约瑟夫·亨利正在旧金山访问。他安排了与利克的会面，探讨了富人应该如何用他们的财富促进科学发展的问题。次年（1872 年），哈佛大学的博物学家路易斯·阿加西斯（Louis Agassiz），在加州科学院（the California Academy of Sciences）做了一次被广为报道的演讲[18]，演讲中阿加西斯附和了亨利的倡议。

所有这些对利克的触动都非常大。不久，他就将一块繁华地段的土地作为礼物赠送给了加州科学院，用于建造一座博物馆和更宽敞的总部。这的确令加州科学院无比震惊，因为利克并没有事先通知任何人。科学院的院长乔治·戴维森（David Davidson）是一名测量技师、天文学家。戴维森立即拜访了利克，向他表示感谢。两人自此成了好朋友。利克后来中风，在他自己酒店的两居室套房卧床将近一年的时间里，戴维森定期去拜访他，跟他闲聊有关土星环、木星的带域等天文学话题。利克很快就放弃了建造金字塔的计划，并决定在他最中意的那个地点——第四街和市场街的转角处建造一个"优于任何其他望远镜，且功能比任何其他望远镜更强大"的望远镜。[19]

（幸运的是），城内望远镜从未投入建设，这主要得益于戴维森一些想法的干预。作为业余天文学家、测量技师，戴维森经常要登到高耸入云的山巅。长期以来，他一直坚信，将仪器置于高海拔的地方，才最有利于天文观测。因为清澈、稀薄的大气，能极大地提高望远镜的分辨率。早在 18 世纪，艾萨克·牛顿（Isaac Newton）就首次指出了这一点。"因为我们只能透过空气观察星星，而空气却在不停地颤动"，他在其《光学》（Optics）一书中写道，"……唯一的补救办法就是找到最清澈、安静的空气，这样的地方也许可以在云层之上的山顶找到"。[20]并且季节干燥、无雨的地区最佳。

随着时间的推移，利克逐渐接受了戴维森引人入胜的想法，[21]并于 1873 年秋答应提供资金，在干旱的内华达山脉海拔一万英尺的地方建立一个最先进的天文台。处于这种新奇冒险的兴奋中，利克认捐了 100 万美元，这可真是一大笔钱！还从来没有天文台建在这么偏僻遥远、海拔这么高的地方。在这个决定性的转变中，天文学很快就会以一种显著的方式发生变化，使这一领域摆脱以前的城市环境。

在接下来的三年里，利克为他的受托基金机构制定了各项规定，解雇和聘用了各色董事会理事，将捐赠的款项降低到 70 万美元，并更换了望远镜的位置。利克曾一度将位置改设在内华达州边界的塔霍湖附近，但最终还是确定在圣荷塞以东一个较矮的山峰——汉密尔顿山（4,200 英尺高）上，这样从他的豪宅就可以望见它。对此，利克心里充满了骄傲和自豪。因为对于海拔的降低和利克的吝啬失望至极，戴维森离开了该项目，并拒绝再次与从前的捐赠人说话。

最终戴维森的怠慢对于利克也无关紧要了，因为他不久就与世长辞。利克于 1876 年 10 月 1 日去世，享年 80 岁。直到此时，在山顶建天文台的这项艰巨而前所未有的工程才徐徐拉开帷幕：国会终于批准了公共土地的转让；当地政府建了一条通往山顶的路；专家也认证过了，山顶上的大气特别稳定。汉密尔顿山拥有陡峭、刀削般的轮廓，空气从西部流入时，干扰最小。遵照利克的意愿，建造当时世界上最大的折射望远镜——其透镜比之前的纪录保持者，即美国海军天文台的透镜还要宽十英寸。它被安装在一个宏伟的、设计成意大利文艺复兴时期风格的圆顶建筑内。该建筑足够大，可以容纳得下望远镜的长镜筒。巨大的液压缸能够升降整个圆形地板，使天文学家可以与目镜保持平齐。山顶上还要建住房、车间、办公室和图书馆，因此，山顶被炸掉 30 英尺，为繁多的建筑群提供平整的空间。天文台就是一个小城镇，有家庭居住，还有每天都从圣荷塞用马车运送来的补给。因此，一位访客称其为"小小科学共和国"。[22]

利克成了这个新的小小共和国的守护神，因为即使在去世后，他的自大连同他给予天文学的高贵礼物都从未完全消失过。1887 年1 月，望远镜的基座刚刚建成，利克的遗骨就被运送到了山顶，进行重新安葬。利克就在自己资助的那台大型仪器的正下方安眠，即在支撑巨型折射望远镜的基座下面。今天，仍然有络绎不绝的游客瞻仰这座坟墓。当利克还活着的时候，戴维森就向利克提出了这样的建议（就像他提出其他建议一样）。令人惊讶的是，利克马上就同意了。当时戴维森还曾建议将其遗体火化，埋葬骨灰，但这位前木匠却迅速地回答道："不，先生！我打算像绅士一样腐烂。"[23]

爱德华·霍尔登（Edward Holden）被选聘为利克天文台的第一任台长。[24]他是西点军校*的研究生，在天文学方面没有取得什么成就。其唯一的资格似乎是他充沛的精力和工作的主动性，这些都给美国最受尊敬的天文学家西蒙·纽科姆（Simon Newcomb）留下了深刻印象。当时，霍尔登正在海军天文台给纽科姆当助手。霍尔登虽然是个骄傲自大的人，但至少在选聘人才方面可以说慧眼识珠。鉴于基勒在阿勒格尼天文台的杰出表现，霍尔登于 1886 年聘请他，

---

* 西点军校（West Point），全称为美国军事学院（The United States Military Academy），是美国陆军的一个军事学院。该校位于纽约北部哈德逊河西岸的橙县西点镇，故又被称作"西点军校"或"西点"。

让他加入天文台的建设及其运行的工作。到那时为止，在所有霍尔登的雇员中，詹姆斯·基勒是受过最好训练的人。把基勒带到山上，是霍尔登在其混乱的任职期间做出的最好决定。

注释：

[1]见 J. McPhee（1998），pp. 125，542.

[2]见 Wright（2003），pp. 25–27.

[3]同上，p. 14.

[4]20 世纪 50 年代，利克天文台台长 C. 唐纳德·肖恩说："（基勒）用克罗斯雷望远镜所作的工作……是当时在山上完成的最重要的工作。"AIP，详见海伦·赖特于 1967 年 7 月 11 日对 C. 唐纳德·肖恩的采访。

[5]见 Keeler（1900b），p. 326.

[6]见 "The New Director of Lick"（1898），p. 7. 另见 Osterbrock（1984）；唐纳德·奥斯特布罗克撰写的基勒传记比较权威，许多基勒的个人生活细节都是来自这本杰出的 19 世纪美国天文学著作。

[7]见 Olmsted（1834），p. 365.

[8]见 Olmsted（1866），p. 223.

[9]见 Trollope（1949），p. 158.

[10]见 White（1995），p. 124.

[11]见 Miller（1970），p. 27.

[12]见 Osterbrock（1984），pp. 8–10.

[13]见 Brush（1979），p. 48.

[14]同上，pp. 36–37; Wright（2003），pp.2,5; Osterbrock, Gustafson, and Unruh（1988），pp.3–4.

[15]利克的私生子约翰·利克成年之后，来到加利福尼亚州与父亲相见，并

在那里待了好几年。但是他们相处不睦，利克拒绝承认约翰是他儿子，只在遗嘱中遗赠给约翰 3000 美元。然而，利克去世后，约翰为他父亲的财产提起诉讼，声称他是合法的继承人。经过多年的法律纠纷，利克的董事会终于同意和解，给约翰和其他竞争的亲属共 533,000 美元。见 Osterbrock（1984），pp. 40–43.

[16] 见 Wright（2003），p. 6.

[17] 同上，p. 7.

[18] 见 Miller（1970），p. 100.

[19] 见 Osterbrock（1984），p. 38; Wright（2003），p. 28; Osterbrock, Gustafson, and Unruh（1988），p. 12.

[20] 见 Newton（1717），p. 98.

[21] 见 Osterbrock（1984），p. 39.

[22] LOA，基勒档案，盒 31; Shinn（c. 1890）.

[23] 见 Osterbrock（1984），p. 53; Wright（2003），p. 61.

[24] 见 Osterbrock（1984），p. 42.

第 2 章

基勒的众多星云

　　基勒坐着马车，踏上了那条通往利克天文台的路。当时，那条路是一个工程上的奇迹。虽然汉密尔顿山还不到一英里高，但从山脚到山顶的路程却超过 20 英里。蜿蜒曲折、回转盘旋着逐渐向高处延伸，大概总共有 360 个转弯。有些转弯甚至被赋予了专门的名字，如"隧道""鳄鱼下巴"和"哦，天啊"。[1] 这些名字就是坐在马车上的人，在峭壁的边缘惊恐地向下看时发出的惊叫。迂回曲折的设计是为了保持平缓的坡度，以便 19 世纪的马匹拉车时可以比较省劲。

　　到达山顶后，基勒即刻被令人惊叹的美景迷住了。他后来在一本游客手册中写道，"山顶的景色非常美丽怡人，特别是在春天，周围的小山都覆盖着翠绿的草木，满眼看到的都是大片的野花。西边是圣克拉拉山谷，一些比汉密尔顿山脉稍低的山将之与海洋隔开。有时，充满山谷的云雾，在清澈的天空和明亮的太阳下奔腾向前，就像是一条雪河……雾气环绕的山峰，就像黑色的岛屿"。[2] 海上的雾气通常在日落时分抵达，从太平洋向北飘向金门大桥，向南铺满蒙特雷湾。

不是山上的所有人都对基勒的到来表示热情欢迎。天文台的主管托马斯·弗雷泽（Thomas Fraser）起初对这个新人将信将疑，他说："如果基勒有这个金刚钻，那一切都不成问题，但如果他固执己见，做事出错，那他就得打铺盖卷儿走人。事情就这么简单。"[3]然而，没过多久，在调试望远镜的工作中，基勒表现出的独特技能，赢得了弗雷泽的信任。

望远镜的巨大镜头终于在1887年的新年前夜被安装完毕。但是由于恶劣的天气，几天之后工作人员才对望远镜进行了调试。通常在冬季，暴风雪带来的大风会以每小时超过60英里的速度席卷大山，将雪堆积在民居周围高达十多英尺。[4]等到暴风雪停了之后，工作人员对望远镜进行了调试，但试运行并不顺利。令人担忧的是，天文学家们发现，望远镜制造商阿尔万·克拉克（Alvan Clark）搞错了仪器的长度。就像一个世纪之后的哈勃太空望远镜那样，不能正常聚焦。望远镜的镜筒本来应该是56英尺，但实际却长了6英寸。工作人员只好拿出工具，花费宝贵的几天时间将镜筒切割成正常的尺寸。克拉克的儿子负责调试，他是望远镜公司的合伙人。其间小克拉克坚持认为，他公司生产的镜头质量上乘，目镜是"辉煌的艺术品"，并将问题归因于圆顶屋。基勒告诉霍尔登说，克拉克是个"吹牛大王，不靠谱"。[5]

镜筒缩短后，望远镜终于在1888年1月7日通过了调试。这是一个晴朗、寒气逼人的夜晚。因为穹顶冻结，几个工作人员和在场的嘉宾，只好通过圆顶向东南方向张开的狭窄的缝隙观察恰巧经过的天体。不过，基勒事后回忆说，"除了需要一点时间等待之外，还算顺利"。基勒非常高兴地发现，仪表运行平稳，设备运转良好。他们首先观察到了蓝白色的双星参宿七（Rigel）*，其次是猎户座星云，其醒目的丝状纹理成为望远镜下最具魅力的天文景象之一**。基勒指出，"物镜强大的聚光线能力是显而易见的"。再次，就在午夜刚过的时候，土星进入了视场。基勒报告说，毫无疑问，这颗行星的影像"是人类从未见过的、最大的望远镜奇观。这颗巨行星连同其奇妙的土星环、明暗带***和卫星，清晰明亮，显示出前所未见的精致细节"。在场的每个人都欣赏了一遍。之后，基勒花了一些时间仔细观察土星，于是，利克天文台有了第一个发现。基勒在土星的外环中观测到了一条细黑的线条，他将之描述为"细如蜘蛛丝"。[6]这条环缝〔人们现在知道，它之前被称作恩克裂缝（the Encke Gap）是有历史原因的，德国天文学家约翰·恩克（Johann Encke）于19世纪早期发现了它，并以他的名字命名〕是一项突破性成果，以前从未被清楚地观测到。根据那天晚上画的草图，基勒又绘制了一张精致的土星图，在1893年的芝加哥世博会上展出。[7]

　　六英尺高、梳着漂亮卷发的基勒超群出众。尽管在佛罗里达州的乡村接受的是家庭教育，但基勒对人性有着极其敏锐的判断力，经常受邀调解天文台里员工的矛盾纠纷，以及学术争议。他总能保持外交官似的冷静和克制态度。为基勒写传记的作家唐纳德·奥斯特布罗克

---

* 　猎户座 β，中国人叫它"参宿七"，英文名 Rigel，源自阿拉伯语，有"左腿"的意思。银河系中最亮的恒星之一，又是最亮的蓝超巨星。它是双星，A 星等 0.1，B 星等 6.7，双星间视距 9.4 秒。

** 　透过望远镜看猎户座大星云，色彩斑斓丰富，形状像一只展翅飞翔的火鸟，故亦有"火鸟星云"的称号，但不常用。

*** 　行星表面的明暗带可能是由大气中化学成分与温度变化造成的。光亮的表面带被称作区（zones），暗的被称作带（belts）。

（Donald Osterbrock）表示："他容忍、风趣，不偏袒。对任何人的事他总是尽其所能，强调积极肯定的一面，绝对不要批评，除非绝对有必要。这可能不是世界上最无畏的哲学，但却使他行得远。"[8]

基勒是一名杰出的天文学家，他的研究涉及从日食到行星特征的一系列课题。当时摄影术的发展仍处于起步阶段，因此，基勒只能继续绘制被同事们誉为奇妙再现的天体图。利克天文台的天文学家爱德华·E. 巴纳德（Edward E. Barnard）在给英国皇家天文学会（The Royal Astronomical Society）的一份通告中称，他的图"美丽、准确……（基勒）具有极少数人才能拥有的真正的艺术能力"。[9]然而，基勒的真正特长是使用分光镜，这是最近才加进天文学工具库的仪器，其科学依据形成于 17 世纪。

1666 年，年轻的艾萨克·牛顿坐在一个黑暗的房间里，通过百叶窗上的一个小洞，让一缕阳光穿过一个玻璃三棱镜，在他身后的墙上形成一道彩虹，即那种自古以来用玻璃碎片观察到的迷人景象。牛顿清晰地展示了，白光是许多色调的混合物：一端是红色，其次是橙色、黄色、绿色和蓝色，直到另一端达到深紫色。牛顿把这种现象称为光谱（spectrum），这一单词以前用来指特异景象或幻影。直到 19 世纪初，德国巴伐利亚州的一位配制眼镜的技师约瑟夫·冯·夫琅和费（Joseph von Fraunhofer）*巧妙地将一条狭缝、一个棱镜和一个小型望远镜组合在一起，可以更细致地研究太阳的光谱。这就是所谓的分光镜。通过目镜观察，他惊奇地发现，光谱上有数百条黑线条，

---

* 夫琅和费开发制造了分光镜，并对太阳及其他光源的光谱进行了精确的研究，从而成为现代光谱分析之父。

好像一连串的黑线条被缝在了一条彩虹上。它们类似于现在消费品上普遍使用的条形码。但不幸的是，夫琅和费还没来得及探究出那些神秘线条的起源，就去世了。

答案来自化学实验室里创造性的实验。早在夫琅和费的光谱测试之前，化学家们就已经注意到，当加热到炽热时，金属或盐会发出某种确定颜色的光。例如，含钠的盐在高温加热时焰火中会发出黄橙色。当通过分光镜观察这一加热的材料时，化学家发现其光谱是由不连续的彩色线组成，类似于彩色的栅栏。太阳光谱是彩虹背景上布满了黑色线条；而在实验室里得到的光谱恰恰相反，是以黑背景为映衬的彩色细线条。

到1859年，物理学家古斯塔夫·基尔霍夫（Gustav Kirchhoff）和化学家罗伯特·本生（Robert Bunsen，传说中的实验室加热器本生灯的创始人）终于揭示出这些明暗线条的意义。随着本生灯的改良，燃烧的火焰变得清晰，两位德国同事摆脱了早期研究人员所遭受污染的干扰，最终证明了，通过分光镜观察，每个化学元素在加热时，都可以产生独有的由彩色线条构成的特征图案。这些元素不会发出整个一条彩虹的所有颜色，而只是几种有限的颜色。更重要的是，这些独特的图案就像指纹一样，具有可区分性。周期表上的每个元素都有自己的特征图案。从实验室窗口，基尔霍夫和本生可以望见河对岸的莱茵平原。一天晚上，用分光镜遥望在港口城市曼海姆市的一处火光时，他们在熊熊燃烧的火焰中检测到了钡和锶的光谱特征，为此他们兴奋不已。不久，他们就彻底搞明白了，可以用类似的方式分析太阳和星星的光谱，因为光线的性质与其在空间上传播的距离无关。无论光是源自一英尺、十英里，还是十亿光年的距离，都可以通过分光镜解读其携带的原始信息。在这一发现之前，天文学家们只知道恒星发光，在天球上占据一定位置，在某些情况下移动。但是现在他们正在获取确定恒星构成和温度的方法，这些信息一度被认为是不可能收集的。

当元素发热发光的时候，会辐射出其特有的光谱颜色图案。但在其他时候，元素可以吸收那些相同的波长，这说明了夫琅和费在太阳光谱中发现的黑线条的起源。在太阳较冷的外部大气层中的每个元素都吸收其指定的颜色，减少那些特定波长的阳光到达地球的数量。明亮的线条仅仅是这一过程的逆过程——这些元素在被高温加热时发出同样波长的光。无论是暗黑还是明亮，线条图案标志了这些元素的存在。直到 20 世纪初，随着原子物理学的出现，科学家们才开始理解，这样的现象是由原子中的电子，从一个能级跃迁到另一个时引起的。当原子失去能量时发射光子，而在得到能量时吸收光子。

天文学家们很快意识到，通过分析恒星的光谱结构，也可以揭示恒星的运动状态。19 世纪 40 年代，奥地利物理学家克里斯蒂安·多普勒（Christian Doppler）猜测，只要波源运动，波的频率就会改变，例如声波的音调或光波的颜色。当警车或救护车向我们呼啸而来时，我们能听到警笛音调的升高。这正是多普勒效应：在警车向我们接近时，警笛发出的声波聚集在一起，波长缩短了，音调提高了，笛声刺耳。相反，当警车开走时，声波延展，音调降低。类似地，当光源接近，光波缩短（变得"更蓝"）；当光源远离，光波拉长（变得"更红"）。

不过，天文学家不会通过恒星或星系的颜色变化来测量其速度，那太难了。有更简便的方法。将天体光谱与已知的实验室光谱进行对比，找出天体光谱的移动量，就可以测得天体的运动情况。运动的方向不同，天体的谱线会朝着光谱的蓝色端或红色端移动。例如，恒星或星云朝着我们运动时，其光谱线将向蓝色端移动，即谱线有"蓝移"现象；如果天体远离我们而去，线条则向红色端移动，因此谱线"红移"。光谱线移动的数量与天体速度的大小有关。光谱线的蓝移和红移就是宇宙中天体的速度表。

基勒有着像鹰一样敏锐的目光。在他看来，分光镜中的每条谱线条都能提供珍贵的线索。在美国，他是这种新技术的首位实践者，在测量银河系中星云的速度方面做出了很大贡献。在拉丁语中，"nebulae"一词是"云"或"雾"的意思，正好可以用于描述通过望远镜看到的这些物体的形态。有些星云是圆形的，在18世纪被英国天文学家威廉·赫歇尔（William Herschel）称为"行星状星云"。他认为，通过望远镜观察，这些星云形如行星。今天，天文学家们知道，这样的圆形星云是由衰老的恒星剥离掉的外壳形成的。其他星云，如著名的猎户座星云，到处弥漫，形状更不规则，被诞生在这些巨大的宇宙气体海洋中的新星照亮。

19世纪80年代后期，基勒三十多岁。在对天体进行探索的过程中，基勒遇到了职业危机。他渴望与理查德·弗洛伊德（Christ Floyd）的侄女科拉·马修斯（Cora Matthews）结婚。弗洛伊德时任天文台的建造总监，并担任利克受托基金机构的董事长。基勒和马修斯在山上邂逅，一见钟情，但是不能结婚，因为利克天文台的行政官员还不能为他们提供适当的住房。另外，基勒对台长霍尔登日渐不满。因为霍尔登暴虐成性、缺乏幽默感，经常试图分享基勒的荣誉，有时还命令这位年轻人进行他不愿意做的观测。霍尔登在西点军校学习过，因此，据说他将天文台看成是"敌人领土上的一座堡垒"[10]，而他是负责围攻堡垒的将军。就像指挥攻城的将军那样，他咆哮着向手下发出命令。除此之外，山上的与世隔绝也令人厌烦，几乎没有机会参与城市里更丰富多彩的社会生活。基勒向一个朋友坦言道，"首先，我是人，其次才是天文学家"。[11]

面对诸如此类的问题，基勒开始与天文学家熟人朋友多方联系，并于 1891 年获得了阿勒格尼天文台的董事职位，重新回到了他的第一个就业单位。那时他以前的老板兰利已搬迁到华盛顿特区。在那里，兰利担任史密森学会（the Smithsonian Institution）的秘书长，并开始了研制飞行器的工作，这是他的终生梦想。

阿勒格尼天文台位于美国钢铁之都北部，河对岸的山上。返回阿勒格尼天文台，从各方面来讲，对于基勒都是巨大的倒退。天气较差，匹兹堡工业烟尘污染了空气。大气层极不稳定，不适合天文观测。天文台主要依靠一台口径只有 13 英寸的折射式望远镜，远远小于利克天文台的 36 英寸望远镜。然而，在某些方面基勒又因祸得福。这些限制迫使他专注于诸如星云这类天体的研究，这是一个不太时髦的领域，也因此成就了基勒的发现。与恒星相比，星云的体积较大，即便是规模较小的星云，其绒毛般的物质也仍然可以较好地观测到。此外，天文摄影技术已变得更加高效和便利。通过延长曝光时间，基勒得以看到以前肉眼看不到的光谱细节。他迫切地追踪分光镜和摄影器材的每一个新进展，希望在这些方面抵消利克天文台的优势。这段经历虽然辛苦，但增强了基勒天文学方面的研究能力。

从宾夕法尼亚州的新职位起步，基勒最终登上了世界各地报纸的头条。在阿勒格尼天文台，他一直在使用分光镜来测量金星、木星和土星等一些主要行星的旋转速度。从测量太阳旋转的方法中，基勒得知，在转动的行星上，由速度指向我们的一侧发出的光线，谱线将朝光谱的蓝色端移动；而速度背离我们的一侧，光谱会向红色端移动。随着时间的推移，基勒敏锐地意识到，可以用同样的技术来测定土星环的运动速度。

1856 年，著名的苏格兰物理学家詹姆斯·克拉克·麦克斯韦（James Clerk Maxwell）从理论上证明了，土星环并不像唱片那样是固体的，而是由无数的颗粒组成。[12] 这些小"卫星"在各自的轨道上围绕着土星旋转。麦克斯韦声称，土星巨大的引力会撕裂任何一种固体"光盘"。如果这是真的，那么依据牛顿的引力定律就可以预测，位于土星环外部的无数个小块，将比在土星环内侧，或者说受到更大土星引力的小块，运动得更慢，就像轨道远离太阳的冥王星那样。冥王星比太阳系的内行星的运动速度慢。

1895 年 4 月 9 日晚上拍摄的光谱给了基勒直接的证据。光谱数据表明，土星环的颗粒是按照牛顿的引力定律在土星周围旋转的，土星环根本就不是一整块片状物体。几天之内，基勒就向新创办的《天体物理杂志》（Astrophysical Journal）投送了一份报告[13]，并在报纸和杂志上连续发表文章，报告他的后续发现。基勒在科学界的名望急剧上升。特别是他以这样一种优雅而简洁的方法，对麦克斯韦的猜想进行了测试。其他天文学家知道后感叹，如果脑瓜够聪明的话，这是早在几年前就可以做到的事情。

当基勒忙着观测土星时，利克天文台的台长爱德华·霍尔登则在策划如何扩大他的天文帝国的影响。为此，他将有历史影响的克罗斯雷反射式望远镜[14]引进到天文台。这是一架首先由伦敦人安德鲁·康芒（Andrew Common）于1879年建造的望远镜。建造这架望远镜是为了测试一些设计思想，康芒甚至因为该望远镜拍摄出的精美照片（包括猎户座星云的第一张照片），而于1884年获得了皇家天文学会颁发的金质奖章。望远镜的反射镜由玻璃制成，直径三英尺，涂有薄薄的银，这在当时是最先进的反射式望远镜。早期的反射镜是由金属制成的，容易失去光泽和变形。[15]直到19世纪中期，专家们学会了如何铸造大而坚固的玻璃反射镜，才出现普遍使用反射式望远镜的现象。首先将玻璃研磨抛光，做成理想的形状，用于聚焦光线。然后在表面镀上薄薄的金属涂层，以提高反射率。

康芒很满意自己的设计，很快就急于制造更大口径的望远镜，并于1885年将使其屡获殊荣的这套设备卖给了爱德华·克罗斯雷（Edward Crossley）。克罗斯雷是一名富有的纺织品制造商，收购望远镜后，将其安装到了他在约克郡的庄园。不过，几年后，克罗斯雷悲哀地认为，英国农村不适合进行体面的天文观测。他于1893年将该望远镜（以及为此建造的特殊圆顶屋）拿出来出售。

霍尔登可能不是一个出色的天文学家，但绝对是一个强大的游说者。他说服英国这位大亨免费向加利福尼亚大学捐赠了整套装备。当时利克天文台归加州大学管辖。1895年，一俟该套设备的零部件和圆顶屋到达，霍尔登就开始大力推动尽快重新组装该系统。当圆顶屋在托勒密岭边缘重建时，人们将一个时间胶囊砌入墙中。那只小镀锌盒子现在仍然埋藏在墙壁里，其中包含一封来自克罗斯雷的信、利克天文台在职天文学家的名片、一本利克的游客小册子和一套美国邮票。[16]

　　然而，利克的天文学家对引进的这套设备根本不感兴趣。一位心怀不满的职员宣称该设备就是"一堆垃圾"。[17] 经过一番敷衍了事的安装调试，该望远镜恢复了正常工作。对于许多人来说，克罗斯雷望远镜的到来就是一场旷日持久的搏斗中的最后一击：台长与员工之间的对决。厌倦了霍尔登军阀式的命令、喧宾夺主的做派以及毫无底线的干涉，全体职员终于起来反抗了。霍尔登（背地里被利克的雇员们称为"沙皇""独裁者""骗子""一个十足的无赖"以及"唯我独尊的家伙"）被迫辞职。[18] 加州大学的董事会成员也对他失去了信心。霍尔登于 1897 年 9 月 18 日，最后一次乘坐马车从那条尘土飞扬的"利克大道"上离开利克天文台。只有一位年轻的助手出去跟他道别。[19]

　　就在这个时候，回到宾夕法尼亚州的基勒变得越来越不安起来。匹兹堡地区的一些势力强大的钢铁厂正在扩张，煤炭燃烧释放出的黑烟，使天空变得更加肮脏不堪。而且，尽管被誉为美国最具才干的光谱学家，但基勒的研究却越来越受到他的 13 英寸折射式望远镜的阻碍。这是一架 40 年前为业余天文观测者建造的望远镜。其老化的镜片吸收了较短波长的光——蓝色和紫外线。这将基勒的研究限制在了光谱的黄色至红色区域。更糟糕的是，他在利克天文台的前任助理威廉·华莱士·坎贝尔（William Wallace Campbell），已经着手为利克天文台引进一台新的光谱摄制仪（是一种不仅可以将光分散成其组成的颜色，而且可以记录光谱的仪器）。这台光谱仪正在匹兹堡建造，基勒也同意在装船运往加州之前，对其进行测试。经验使基勒意识到，他很快就不可能与利克天文台的人竞争了。特别是那场始于 1893 年并持续多年的经济危机，已使基勒的资金来源枯竭。他无力更新设施，自己也很久没有得到加薪了。[20] 对于基勒来说，霍尔登的下台恰逢其时。

在寻找台长的继任者时，进入候选人名单的人很多，其中包括德高望重的西蒙·纽科姆、乔治·戴维森（最初正是他哄劝利克为天文台提供资金），还有几位资深的利克天文学家。基勒作为一匹黑马，也加入了混战，并很快受到更具前瞻意识的大学董事会成员的青睐。他们想要一位年轻人、一位有着引人瞩目成就的人，可以帮助加州大学取得一流的地位。最终基勒以 12 比 9 的投票结果，遥遥领先，戴维森屈居第二。[21]

听说可能会失去自己的台长，阿勒格尼天文台的支持者们发起了最后的努力。他们试图从匹兹堡上层那里筹集足够多的资金，以便为基勒建造一座新的观测大楼，并配备一架威风八面的 30 英寸望远镜。甚至有人写诗，发表在报纸上，为此事作大肆渲染：

> "留下来吧，基勒"，有人这样说，
> "我们付两倍于利克的薪水"。
> 或许这样他就不会辞职了
> 就这样留下，让我们的观测继续。[22]

如果所需的全部款项募集到位的话，基勒可能会留下来，他可不是那种想要背叛自己所钟爱城镇的人。但是，这场挽留运动无果而终（基勒最终还是拗不过妻子，因为她渴望回到西海岸阳光明媚的地方）。位于威斯康星州的耶基斯天文台（The Yerkes Observatory）

拥有一架 40 英寸口径的折射望远镜，是当时最先进的望远镜。它也为基勒提供了一份工作机会，但不能保证是永久职位。急于推进研究和职业生涯的基勒，打电报给加州大学的官员，表示愿意接受利克台长这一职位。[23]此时正是美国终于摆脱经济大萧条的时期。希望和乐观情绪在上升，因为美国在生产总值上最终超过了英国，攫取了世界金融强国的地位。人们用沥青铺设高速公路，在城市安装各种各样的电灯，使夜幕下的城市仍然可以亮如白昼。电话线和电报线在城市的大街小巷往来穿梭，如纵横交织的人造蜘蛛网。基勒的职业生涯得益于这个浪潮。

1898 年 6 月 1 日，基勒离开西海岸七年后，又回到了汉密尔顿山，或者被当地居民亲切称为"小山"的地方。[24]在那里，他发现自己的新职务相当于一个小镇的镇长。肯尼思·坎贝尔（Kenneth Campbell）在父亲威廉还是天文台的工作人员时，曾在山上生活过。他回忆说，"就像是遭遇海难后滞留在孤岛上一样。我得说，天文台的台长就是……那种船长……他得操心麦克唐纳夫人有没有在后山的台阶上摔断了腿，还要对螺旋星云牵肠挂肚"。[25]那时候，在这片建筑群里，居住着三位资深天文学家、三位助理天文学家、一小群工人，以及他们各自的配偶、仆人和子女，总共有五十人左右。如果一位女主人发出了晚上聚会的邀请，大家都心知肚明：只要天气晴好，就不会有什么聚会，天文观测始终是第一位的。[26]几乎每一年，一间房的校舍都会来一位新老师（最终的结果往往是，她嫁给了其中的一位天文学家）。为了消遣，居民们会到简陋的高尔夫球场上打球。其中一名高级天文学家在山顶下的一片平坦土地上铺设了八个洞。不需要人工挖掘，那都是天然的沟渠、山脊、峡谷和乱石；"草坪"

是涂油的泥地。偶尔会有松鼠误将高尔夫球当成了美味的坚果而拖走。[27]

一位访问汉密尔顿山的生物学家下山后，感觉好像他在"西奈山*上居住了一段时间一样……观看了为恒星编号和星座的划分"。[28]星期六晚上经常要留给游客，因为有时会有二三十辆满载的马车陆续上山。从圣荷塞出发，马车可能需要花费长达七个小时的时间，行驶在25英里长的"之"字形路上。但首先都要穿过一个果园，里面有无花果树、橘子树、橄榄树和桃树等果树。在缓慢的上升过程中，人们始终能看见的是天文台那明亮的白色圆顶屋。直到1910年，汽车才将这段路程缩短到两个小时。

基勒与妻子和两个孩子（亨利和小柯拉）住在一栋被称为砖房的三层住宅楼内，距望远镜所在的主楼仅一箭之遥。工作的变动毫无疑问影响了他的日常事务。基勒的研究工作现在被数不清的事务性工作所"绑架"，特别是与大学官员、供应商、未来的学生、同事和公众的通信联系。他曾非常礼貌地这样回复一位通信者："没有任何天文现象会伴随着或者先于基督的再次降临。"[29]在办事风格和性情方面，基勒与霍尔登正好相反。利克的天文学家威廉·华莱士·坎贝尔说："没有任何工作人员需要牺牲自己哪怕是一丁点儿的个性；也没有任何人的计划被连根拔起，看看它们是否还在生长。基勒的管理如此友善、温和，但却如此有效，人们很少看到或者感受到管

---

* 西奈山意即"月亮山"，根据古代闪米特民族神话中的月亮老人辛（Sin）而命名。希伯来语作Har Sinai。据《圣经》记载，上帝的仆人、以色列领导人摩西，带领以色列人民走出埃及，过红海，到达西奈。在西奈山上，上帝亲授摩西"十条诫命"的石板，即上帝子民必须遵守的十条戒律，包括不杀人、不奸淫、不偷窃、不贪图他人财产等。西奈山现已成为朝拜圣地。

理的痕迹。"[30]

科学依然是基勒接受台长一职的首要目标。远离工业污染的大气，他再次有机会使用位于极好观测环境中的大型望远镜。到利克天文台的一个月内，基勒就完成了第一篇论文，内容是对一颗特殊恒星外层的光谱分析。为此，他使用了那架著名的 36 英寸口径的折射望远镜。作为台长，基勒本可以运用自己手中的权力，成为 36 英寸口径望远镜的主要使用者，但他却做出了一项大胆而重大的决定。基勒下令说，在他不在的时候，已经成为利克首席光谱学家的坎贝尔将继续使用 36 英寸口径望远镜，来完成一项坎贝尔早就启动了的重大项目——测量恒星的速度。令所有人惊讶的是，基勒选择了完全不同的工作：安装不被认可的克罗斯雷反射望远镜，并让它运行起来。

当基勒还是阿勒格尼天文台的台长时，就对反射望远镜产生了兴趣。他知道，这样的望远镜对于发挥自己的专长——光谱学特别有利。折射望远镜中的厚玻璃透镜通常会选择性吸收某些波长的光（取决于玻璃和透镜构造），使这些光看不到，感光片也拍不到。对于光谱学家来说这是令人沮丧的，光谱学家想要的是来自天体的每一束光线。而反射式望远镜不存在这个问题。反射镜向焦点处平等地汇聚所有光，无论什么颜色。此外，在 19 世纪末，透镜尺寸已达到制造极限，如果比 40 英寸再大的话，透镜就会因为自身的重量而产生变形。相比之下，反射镜可以做得更大。根据基勒的判断，反射望远镜过去名声不好，主要是因为所配备的托架太廉价、太脆弱。[31]

1896 年，基勒访问葛兰德期间，亲眼见证了反射望远镜的威力，并参加了英国科学促进协会（The British Association for the Advancement of Science）的一次会议。前商人、才高八斗的业余天文学家艾萨克·罗伯茨（Isaac Roberts）展示了一些用 20 英寸反射望远镜拍摄的引人注目的照片。罗伯茨开创了许多长时间曝光的技术，并首次揭示出仙女座星云（the Andromeda nebula）是螺旋形的。[32]那时摄影术对天文学产生了巨大的影响，从根本上改变了观测方式。就在利克天文台启动之前，霍尔登写道，现在的天文学家"可以将照片留给后来者，锁在盒子里保存"。[33]观测者们能够在办公桌前继续研究，用数学方法精确分析图像，而不再依赖粗糙的手绘图、日志里仓促的笔记，或快速逝去的望远镜里整夜的记忆。结果是，他们可以持续地精确监测天体几年乃至几十年的变化。

在利克天文台，发生反对前台长的"宫廷政变"之后，克罗斯雷望远镜被束之高阁，成了汉密尔顿山的鸡肋。因为其声名扫地，没有任何利克的观测者会对这架望远镜感兴趣。这也在情理之中，毫无意外可言。甚至在霍尔登离任之前，一位在职天文学家就已在备忘录里，对克罗斯雷望远镜可以从事的研究工作进行了总结。他的文章题目以无可救药的率直口吻向世人揭晓了答案："（它）无法承担任何重要的工作。"[34]

基勒可不这么看，虽然他从来没有使用过反射望远镜。之所以对克罗斯雷望远镜感兴趣，是因为基勒追踪的是罕见猎物：那种星云和特定恒星，由于它们发出的光非常微弱，以至于在这之前光谱学家们未能拍摄到光谱。而克罗斯雷望远镜的特性有利于获得出色的光谱。克罗斯雷望远镜不是普普通通的望远镜，是当时美国同类望远镜中最大的。但基勒面临数不清的工程问题，在克罗斯雷望远镜恢复良好工作状态之前，必须解决所有这些问题。[35]首先，基勒承接的光谱仪太大，每次关闭圆屋顶时，都必须从望远镜上拆下来。而望远镜用来跟踪恒星的系统，原本是为了在英国追踪恒星设计的，现在不得不重新调整，以适应汉密尔顿山更偏南的地理位置。其次，需要新的目镜以及一个转仪钟，以保持望远镜与移动的天空同步。为了给口径为一码宽的反射镜镀银，他们不得不收集硝酸银、氢氧化钾、氨水之类的化学品，以及由冰糖、硝酸、酒精和水组成的还原性溶液。电话线从附近天文学家的住宅拉到圆顶屋，以便有电灯照亮目镜中的十字叉丝。

改造这架望远镜可谓一波三折，困难重重。1898年9月，在基勒回到利克四个月后，他和同事们才最终让望远镜勉强运转起来。在那个月的15号，基勒第一次测试了相机的拍摄功能。首个拍摄目标是天鹰座（Aquila）中最明亮的那颗恒星牵牛星（Altair），对焦不成功，但再次拍摄该星的东面时则好多了。他在观测日志中写道："较暗淡的恒星看起来相当清楚，但较明亮的恒星影像却边缘模糊。"[36]两周后，基勒拍摄了接近满月时的月球照片。他简短地写下这样一行字："底片相当好。"在克罗斯雷望远镜的圆屋顶内，上壁被漆成了黑色[37]，以吸收来自环境中的零散反射光，下壁被漆成鲜红色，这样，基勒和助手们就可以在黑暗中看到要去的地方。整个房间沐浴在一盏深红玻璃外罩灯笼的微光中，因为感光板对红光不敏感。这些措施是必要的，因为望远镜的反射镜片固定在开放的铁架子上，没有封闭的镜筒。

在深秋，布鲁克斯彗星（Comet Brooks）出现在天空中。根据用克罗斯雷望远镜进行的观察，基勒写出了第一篇学术论文。在其助手哈罗德·帕尔默（Harold Palmer）的帮助下，基勒连续拍摄了 11 个夜晚。他拍摄的照片比以前的彗星照片显示出更清晰的细节。他们甚至捕捉到了这颗彗星双核的影像。基勒说："11 月 10 日晚，经过 50 分钟曝光的底片上，彗星的头部呈现出两个明显分离的模糊团块，四周环绕着几乎是圆形的彗发……我倾向于相信，慧核的分裂是真实的。"[38] 虽然基勒不是第一个识别出这种彗星结构的人，但这一发现的确令人振奋。

基勒不久就在这个秋天的夜空中观看到了昴宿星团（the Pleiades）*，这是一个令人印象深刻的疏散星团（又称为"七姊妹星团"），靠近金牛座和猎户座。基勒对其进行了一系列的拍摄，有时曝光持续超过一个小时。他的照片向人们展示，昴宿星团隐藏在丝状、透明的气体云中。他报告说："朦胧的丝状结构……是该区域独有的特征。"[39] 基勒后来向天文学家展示了一张猎户座星云的壮观照片，呈现出了以前因为光线太微弱而无法辨识的特征，使他们认识到了反射望远镜的强大能力。这张令人叹为观止的照片成为《太平洋天文学会会刊》（the *Publications of the Astronomical Society of the Pacific*）的封面，连基勒自己都感到无比惊讶。他写道："至少对于那些到目前为止只使用过折射式望远镜的人来说，在晴朗的夜晚，克罗斯雷反射望远镜强大的摄影能力出人意料。"[40]

基勒继续使用克罗斯雷望远镜记录其他引人注目的天文景观，如拉古恩星云（Lagoon）、欧米茄星云（Omega）和三叶星云（Trifid

---

* 昴宿星团（又译作昴星团，简称 M45）是疏散星团之一。在北半球看，它是位于西方大而明亮的疏散星团，位于金牛座，在晴朗的夜空单用肉眼就可以看到它。

nebulae）。奥斯特布罗克指出，"我们今天对它们已十分了解，所以，我们很难体会到，他拍摄的照片在当时的天文学家中有多么轰动。……这些照片提供的细节远多于早期裸眼观测者手绘的最好图画"。[41]基勒拍摄的照片就是他那个时代的哈勃太空望远镜照片。

除了履行利克天文台的台长之职外，基勒把所有的时间都花在了托勒密岭上，难怪他会成为世界上星云研究方面的专家。他跟一位朋友说："（克罗斯雷望远镜的）做工很差，设计也过于复杂，但在晴好的夜晚，它的拍摄能力却非同寻常。似乎值得花时间进行星云的日常拍摄，因为在这方面还没有看到过比克罗斯雷更好的设备。"[42]

新月出现之前和之后的一周，是观测星云的最佳时机，因为月球运行到了地球的阴影中。只有那时，才满足拍摄基勒想要观测的暗弱星云的条件，不会受到明亮月光的干扰。在澄净的夜晚，基勒经常花时间拍几张照片。但是，即使是天空没有云彩时，也可能因为刮大风，望远镜在底座上摇晃不定，使观测无法进行。

1899年4月4日，基勒终于成功拍摄了他的第一张螺旋星云的照片。他用简洁的名称M81为其命名。它位于大熊座，就在北斗七星"勺子"的上方。那天晚上，从9点钟到11点钟，基勒一直在追踪拍摄，因为需要持续曝光两个小时，才足以在感光板上形成图像。底片冲洗出来后，基勒立即注意到了一个微弱的螺旋形影像，但他认为它"毫无价值"。[43]因为不幸的是，望远镜轴线的角误差导致恒星的影像扭曲成了小弧形。

次月，基勒的运气要好些。在固定好克罗斯雷望远镜后，他拍摄了几张编号为M51的漩涡星系（Whirlpool）令人惊叹的正面照片。

基勒花了四小时进行曝光，捕捉到了这个星系从未见过的一些细节。这主要归功于汉密尔顿山上清澈、稳定的空气。基勒给他的朋友乔治·埃勒利·黑尔（George Ellery Hale）送去了一张这次拍摄的照片。时任耶基斯天文台台长的黑尔看到这张照片后，惊讶得透不过气来，"天文台的所有人都认为（这张照片），远远优于他们所见过或期望见到的任何同类照片"，他热情地回应说。[44]

尽管基勒并没有马上意识到这张照片的重要意义，但是照片上还有更为重要的东西需要辨识。在照片上的 M51 周围，还出现了另外七个星云，尽管看起来很小、很微弱。在发给伦敦皇家天文学会的简报中，基勒列出了这些星云的确切位置并对其进行了描述。有些是圆形的，其他的是纺锤形或细长的。而这仅仅是个开始。他写道："在搜索过程中，还在从未标记过的位置，观察到其他几个微弱的星云。事实上，这个区域似乎充斥着微小却显然独立的星云，长时间曝光的照片揭示出，其数量的巨大是毫无疑问的。"[45] 这是一个引人瞩目的发现。但他只是假设这是一组罕见的星云，不普遍，或许仅存在于天空的这个区域。

1899 年 9 月，在耶基斯天文台举行的第三届天文学家和天体物理学家大会上，展出了从基勒日益增长的图片库里挑选出来的部分照片，引发了人们的热议。以前对反射式望远镜的价值持怀疑态度的天文学家，如爱德华·E.巴纳德，从此改变了看法。巴纳德在霍尔登帝国土崩瓦解的时候从利克天文台逃到了耶基斯天文台。他站在基勒拍摄的照片前数个小时，对猎户座星云、昴宿星团和漩涡星系（M51）进行仔细研究，不放过任何蛛丝马迹。[46]

基勒深谙媒体宣传之道，充分利用媒体提升天文台的声誉，助力自己的成功。对一次日食做完广泛宣传之后，他曾建议一位想要在会议上发布观测结果的天文学家，要侧重"成功的而不是失败的方面。如果你告诉记者，十个当中的三个底板洗出来经常是不成功的，和你告诉他们说，十分之七是成功的，他们得到的印象会完全不同"。[47]基勒将其最好的一些照片发给了皇家天文学会、纽约科学院（The New York Academy of Sciences）和费城的美国哲学学会（The American Philosophical Society），以及在科学界所有具有影响力的机构。他给这套反射望远镜的前主人——克罗斯雷也寄去了一张特别漂亮的猎户座星云照片。这位英国商人答复说："（这是）我见过的最好的照片。"[48]"这件事告诉我，不仅设备（望远镜）要强大，而且能够发挥设备（望远镜）最大功能的恰当位置是多么重要"。看来基勒已收到广泛宣传的成效。1900年，基勒被选拔进国家科学院。一年后，他因天体物理学方面取得的成就获得了著名的亨利·德雷珀奖章（Henry Draper Medal）。基勒现在是美国著名的天文学家之一。

在夏末，就在耶基斯会议召开之前，基勒开始更密切地关注微弱的星云。拍摄螺旋星系 NGC6946 时，曝光了一小时。这片模糊的斑状物首先是由天文学家威廉·赫歇尔（William Herschel）在 18 世纪末发现的，在 J. L. E. 德雷尔（J. L. E. Dreyer）1888 年出版的《星云和星团新总表》（The New General Catalogue，简称 NGC）中被列为第 6946 号天体。将照片冲洗出来后，基勒立刻就发现，这又是一个螺旋星云，类似于 M51 和 M81，但要比它们小很多。几天后的一个夜晚，基勒又观测到了两个更模糊的星云。他再次发现，每个螺旋星云的旋臂都环绕着一个发亮的中心运动。所有这些昏暗的星云似乎都是扁平状的圆盘，就像仙女座星系一样，但处于不同的方位。

随着这项工作的不断推进，更令人惊讶的事情发生了。每次基勒拍出照片时，都会发现更微弱的星云在影像背景里游荡。在星云探索之初，首次看到 M51 底片上的七个星云时，他说："在一个覆盖仅约一个平方度*天空的底板上就有这么多，这个数量真的可以称得上是众多了。"[49] M51 位于天空中两个满月那么大的区域。但他很快就发现，这个数量与后来发现的星云数量相比，简直是小巫见大巫。随着照片数量的增加，基勒发现了越来越多的星云。1899 年的整个秋季，每当夜晚天空晴好，又无月光时，基勒就会跑到克罗斯雷望远镜那儿，不停地拍摄。他发现的星云数量不断增加。拍摄螺旋星系 NGC891 的侧面时，基勒进行了四个小时的曝光，底板上显示出 31 个新星云，就像电影场景中的背景那样，分散在中央螺旋星系的周围。在星系 NGC7331 的一张照片上发现了二十多个星云。基勒说："其他几个底板上的数量也差不多。除了这些新星云……这些底板还包含相当数量的可能是星云的物体，但它们非常小，望远镜的分辨率不足以辨识其真实的形状，并呈现它们的真实特征。"[50]

这令基勒目瞪口呆：太空里竟然充斥着这么多微小的星云！从各种角度看，大多数星云都呈现明显的螺旋形状。基勒报告说："在我们的 36 英寸反射望远镜力所能及的范围内，如果不是数千，至少也有数百个星云还未被记录。"[51]假设每平方度有三个新星云（他承认，这个数字还太保守），基勒估计"整个太空里的新星云数量会达到 12万"。他确信，实际的数量要更多。在此之前，天文学家已经编目了

---

* 在半径为 R 的球体上，取大小为 πR × πR/180×180 的面积，它对圆心的夹角是一平方度。

大约 9000 个星云，但只有 79 个被认定为是螺旋形状的，不到 1%。[52]当时，威斯康星州的耶基斯天文台大张旗鼓地启用了一个更大的望远镜，镜头口径为 40 英寸，但仍然不能与基勒的反射望远镜相匹敌。甚至巴纳德也承认，位于海拔仅有 1000 英尺的耶基斯新家园，"气候不适合巨大的望远镜，发现少之又少"。[53]

在备受尊敬的德国天文学杂志《天文学通报》（*Astronomische Nachrichten*）上发表的一篇论文中，基勒以令人困惑的发现引起了人们的关注："螺旋星云迄今被认为是一种很难见到的、奇特而不易观测的天体，由特别感兴趣的观测者发现，并在目录中标有感叹号……但是许多其他星云也被证明是螺旋形状的，故此这种分类……很快就失去了其意义……相同的形状以较小的规模在更微弱的星云中重复出现。"[54]螺旋星云现在是天空中的标准形状，而不是特例。基勒认为，它们一定是宇宙的重要组成部分，"大小不等，有大到像仙女座的巨大星云，也有小到几乎与暗弱恒星无法区分的微小星云"。[55]

但是螺旋星云究竟是什么？没有人确切地知道，只因为还没有办法确定距离，这是天文学家经常会遇到的问题。如果螺旋星云就在附近，属于银河系的一部分，那么在太空中，它实际上就比较小，每一个都可能是正在形成中的新星。但是，如果螺旋星云非常远，实际上就会很大，就像银河系本身一样。

对于基勒来说，不论本质如何，螺旋形状似乎都表明该种物体是在旋转的。像许多同时代的人一样，基勒推测螺旋星云与恒星的形成有关。他仔细思考过这个问题，"如果……螺旋星云通常是由云雾状物质凝聚形成的话，那么这个想法立刻可以自证，即太阳系是从螺旋星云演化而来的"。[56]鉴于这个观点，每个螺旋星云都是新星及其伴星正在孵化的场所。旋转的气体星云通过凝聚形成我们的太阳系，这一想法已经在几十年前由伊曼努尔·康德（Immanuel Kant）和皮埃尔·西蒙·拉普拉斯（Pierre-Simon de Laplace）提出。在斯坦福大学的一次演讲中，基勒又提及了这一点："最近，在利克天文台我们用克罗斯雷反射望远镜，拍到了大型螺旋星云各冷凝阶段的照片。这些照片表明，天空中充满了拉普拉斯所描述的美丽星云。"[57]

就像爱因斯坦的相对论一样，19 世纪的星云理论，也给予数不清的艺术和文学作品以启迪和灵感。可以从英国桂冠诗人阿尔弗雷德·丁尼生（Alfred Lord Tennyson），1847 年发表的《公主》（*The Princess*）中的以下小节略见一斑：

这个世界曾经弥漫着流动的光的薄雾，

直到星空的潮汐迭起，向中心聚集，

旋转出恒星，

旋转出行星……

思量基勒在这个领域可能已经走了多远，是件有趣的事情。凭借在望远镜方面的杰出技能，基勒有很好的机会获得光谱数据，这迫使他考虑螺旋星云性质的其他解释。奥斯特布罗克声称，"基勒……是一个比任何（同时代的其他天文学家）都更训练有素、经验更丰富的光谱学家。毫无疑问，他本可以得出这样的结论：螺旋星云就是星系"。[58] 70 年后奥斯特布罗克成为了利克天文台的台长。基勒也可能比别人更早注意到了，螺旋星云正高速远离银河系而去。基勒智力超群，又有良好的设备。他已经获取了众多行星状星云的速度，并计划着转向螺旋星云的研究。他的朋友黑尔对他就有这样的印象。黑尔确信，基勒的意图是"用克罗斯雷反射望远镜继续他非凡的开始，为新的星云编目，并用光谱去做一些研究"。[59]

但是谁也未曾料到，基勒于1900年8月12日骤然离世，距他43岁的生日还差一个月。[60]在整个1900年的春天和夏天，基勒忍受着所谓"重感冒"的痛苦。[61]自从大学时代以来，基勒就是雪茄的铁杆粉丝，一直有心脏方面的问题。虽然被医生诊断为胸膜炎，"没什么大不了的"，[62]基勒自己也这样告诉朋友，但他可能患有肺气肿或肺癌。在从克罗斯雷望远镜回家的陡峭山路上，基勒因为呼吸短促而不得不中途停下几次。医生禁止他继续做观测，基勒于是于7月底离开了汉密尔顿山，与家人一起作短暂休息。基勒期待着回到山上后使用为克罗斯雷望远镜刚刚配备的一个新的光谱仪，准备开始动手研究螺旋星云。但在两次中风之后的几周时间之内，基勒就在旧金山病逝了。他的朋友兼同事坎贝尔说，基勒的逝世给天文学界造成的损失是"无法估量的"。[63]哈佛大学天文台台长爱德华·皮克林（Edward Pickering）写道："损失难以估量……在我看来，没有人的未来会比基勒的更辉煌……或者说在最前沿的工作上取得重要进展方面，基勒的地位无可取代。"[64]《科学》（Science）杂志在其1900年9月7日那期的首页上向基勒表达了敬意。[65]

在汉密尔顿山上，基勒的地位至今无人能够撼动。基勒是理想的台长和天文学家，即使是在他的全盛时期，他也并未受到任何影响。但在利克天文台之外，基勒广受好评的声誉逐渐褪去。在百科全书中，主要记载（如果提到他的话）的是他为土星环所做出的贡献，而对他在高海拔地区使用反射望远镜，记录无数螺旋星云的事迹却着墨不多，只是轻描淡写地一笔带过。然而，基勒用克罗斯雷反射望远镜对星云的顽强追求，才是他留给我们真正恒久的遗产。奥斯特布罗克说："折射望远镜的时代已经结束了。尽管还有几个中等规模的在建设中，但在基勒用克罗斯雷望远镜拍摄后，美国就没有任何其他的专业天文学家，认真考虑过建造非常巨大的折射望远镜了。"[66]

拥有创新精神的基勒，成功地修复了曾经被人鄙视的望远镜，将反射式望远镜推向了天文研究的前沿。坎贝尔一直在实施绘制恒星运动图的项目。他知道，利克天文台还需要在南半球建造另外一架望远镜来完成这些观测。在基勒去世后，坎贝尔被提升为台长，他决定再建造一架 36 英寸口径的反射望远镜，类似于基勒使用的那一架。[67]1903 年，这个望远镜架设在智利圣地亚哥郊外的某处，并在那里运行了 25 年。利克天文台的折射望远镜花费了数十万美元，而坎贝尔在智利建造的这架，只花费了 24,000 美元。

在 1901 年的秋季，即基勒逝世一年后，耶基斯天文台在一小圆顶屋内组装了一架自己的反射望远镜。凭借远远优于克罗斯雷望远镜的机械系统，它的反光镜非常稳定。虽然耶基斯天文台的这架反射望远镜口径较小，只有 24 英寸，但拍摄出来的星云照片甚至比基勒的还要好。该望远镜的建造师乔治·里奇（George Ritchey）报告说，"从两英尺口径的反射望远镜获取的结果表明，极好的大气条件是获取最佳拍摄效果所必需的。取得如此好的拍摄效果想来很幸运：这需要大型反光镜的正确安装、良好的气候、稳定的大气条件，以及出入交通便利的地方，特别是在加州。"[68]

基勒不仅将反射望远镜变成天文学研究的首选工具，而且还启迪天文学家们对宇宙进行重新审视。是将宇宙仅仅定义为银河系，还是有更多的东西有待去发现？基勒要解决的问题原先是由业余爱好者提出的，大多涉及螺旋星云，而他将其变成了专业天文学家的首要关注点。在19世纪末，基勒的研究极大地动摇了传统天文学的宇宙观念，意外重启了一场已经持续了几个世纪的论辩。那些弥漫于太空中的未知星云，其真实性质是什么？它们如此神秘，又如此迷人。宇宙有可能会更大吗？

注释：

[1] AIP，详见大卫·德沃金1977年7月23日对道格拉斯·艾特肯（Douglas Aitken）的采访。

[2] LOA，基勒档案，盒6，文件夹4。

[3] 见 Osterbrock（1986），p. 53.

[4] 见 Holden（1891），p. 73.

[5] LOA，见基勒1888年1月6日写给霍尔登的信件。

[6] 见 Keeler（1888a, 1888b）; LOA，基勒1888年1月14日写给霍尔登的信件。当旅行者探测器（the Voyager probe）在20世纪80年代发现土星光环上一条新的缝隙时，将其命名为基勒环缝（the Keeler Gap），以纪念这位利克天文学家。

[7] 见 Osterbrock and Cruikshank（1983），p. 168.

[8] 见 Osterbrock（1984），p.235.

[9] 见 Barnard（1891），p. 546.

[10] AIP，见大卫·德沃金1979年8月18日对劳伦斯·阿勒（Lawrence Aller）的采访。

[11] 见 Osterbrock（1984），p. 108.

［12］见 Maxwell（1983）.

［13］见 Keeler（1895）.

［14］见 Keeler（1900b），p. 325.

［15］见 Osterbrock, Gustafson, and Unruh（1988），p. 22.

［16］见 Babcock（1896）.

［17］见 Osterbrock（1984），p. 246.

［18］同上，pp. 233，240.

［19］AIP，见伊丽莎白·凯尔西亚诺（Elizabeth Calciano）1969 年对 C. 唐纳德·肖恩的采访。

［20］见 Osterbrock（1984），pp. 239–244.

［21］同上，p. 268.

［22］LOA，基勒档案，盒 31，剪报。

［23］见 Osterbrock（1984），p. 270.

［24］见 Campbell（1971），pp. 9，53–54，66; Osterbrock（1984），pp. 278–279.

［25］见 Campbell（1971），p. 9.

［26］见 Hussey（1903），p. 32.

［27］同上，p. 30.

［28］见 Shinn（c. 1890）.

［29］见 Osterbrock（1984），p. 291.

［30］见 Campbell（1900a），p. 144.

［31］见 Osterbrock（1984），p. 245.

［32］同上，p. 169.

［33］见 Pang（1997），p. 177.

［34］见 Osterbrock（1984），p. 297.

［35］LPV，见詹姆斯·基勒 1898 年 6 月 1 日至 1899 年 4 月 10 日使用克罗斯雷反射式望远镜的观测日志。

［36］同上。

［37］见 Keeler（1899d）, p. 667.

［38］见 Keeler（1898a）, p. 289.

［39］见 Keeler（1898b）, p. 246.

［40］见 Keeler（1899a）, pp. 39–40.

［41］见 Osterbrock（1984）, p. 306.

［42］HP，见基勒 1899 年 2 月 5 日写给黑尔的信件。

［43］LPV，见詹姆斯·基勒 1898 年 6 月 1 日至 1899 年 4 月 10 日使用克罗
斯雷望远镜的观测日志。

［44］LOA，见黑尔 1899 年 6 月 12 日写给基勒的信件。

［45］见 Keeler（1899b）, p. 538.

［46］见 Osterbrock（1984）, p. 309.

［47］LOA，见基勒 1900 年 6 月 14 日写给坎贝尔的信件。

［48］见 Osterbrock（1984）, p. 310.

［49］见 Keeler（1899c）, p. 128.

［50］同上。

［51］同上。

［52］见 Dewhirst and Hoskin（1991）, p. 263.

［53］见 Osterbrock（1984）, pp. 320–321.

［54］见 Keeler（1900a）, p. 1.

［55］见 Keeler（1900b）, p. 347.

［56］同上，p. 348.

［57］LOA，"Abstract of Lecture at Stanford University,"基勒档案，盒 31。

［58］见 Osterbrock（1984）, p. 357.

［59］LOA，见黑尔 1900 年 9 月 14 日写给坎贝尔的信件。

［60］见 Osterbrock（1984）,pp. 327–329; Tucker（1900）,p. 399; Campbell（1900a）,
pp. 139–146.

［61］LPV，见詹姆斯·基勒 1899 年 12 月 1 日至 1900 年 7 月 24 日使用克罗

斯雷望远镜的观测日志。

［62］见 Osterbrock（1984），p. 327.

［63］见 Campbell（1900b），p. 239.

［64］见 Jones and Boyd（1971），pp. 428–429.

［65］见 Hale（1900）.

［66］见 Osterbrock（1984），p. 347.

［67］同上，pp. 345–46.

［68］见 Ritchey（1901），pp. 232–233.

第 3 章

比事实更强大

对壮丽浩瀚的宇宙进行思考、研究并不是最近才有的事情。在公元前 1 世纪，罗马诗人、哲学家卢克莱修（Lucretius）用巧妙的逻辑推理来探讨这个问题。他提出："让我们先假设宇宙是有限的。如果有人来到宇宙的边缘，向宇宙的边界快速地投出一支标枪，则我们会看到以下两种情况之一：标枪穿过边界飞向远方，这说明宇宙并无边界，它是无限的；或者这只标枪一头撞上了宇宙边界停了下来，这说明宇宙是有限的。"[1]卢克莱修和他之前的几位希腊思想家，都很难想象宇宙中会存在不可逾越的屏障。这听上去似乎荒唐可笑。

但是卢克莱修的论断从未得到广泛接受。它被亚里士多德在公元前 4 世纪所倡导的权威宇宙学所遮蔽。这位著名的希腊哲学家更倾向于认为，地球是不动的，悬在具有固定大小的天球的中心。这种概念的影响力持续了几个世纪。在这段时间里，学者们只是偶尔会想到宇宙要大得多的可能性。例如，16 世纪英国的托马斯·迪格斯（Thomas Digges）就想象星星散落在整个广阔无限的宇宙空间里；而意大利的乔达诺·布鲁诺（Giordano Bruno）则预见性地宣称："宇宙没有固定的中心，也没有界限。"[2]就连艾萨克·牛顿也有充分的科学理由相信，宇宙是没有界限的。如果宇宙有边界，引力会逐渐将其所有的物质向内拖拽，最终宇宙会塌缩。为了保持宇宙的稳定性——不可改变亦不可移动，恒星必须在各个方向上无限向外延伸。牛顿在给一位朋友的信中写道，"如果物质倾向于在无限的空间里均匀分布，就永远不会聚成一团"。[3]

然而，大多数人发现，这样的巨大（空间）难以接受，也不敢想象。在托马斯·哈代（Thomas Hardy）19世纪写的小说《塔中恋人》(*Two on a Tower*)中，有一位名叫斯威逊·圣·克利夫（Swithin St. Cleeve）的天文学家，对浩瀚的宇宙有自己的精彩描绘："当事物的尺寸达到某个界限，人们就会对其心怀尊重；对于在其之上的东西人们就会称之为壮观；而若比壮观还要大，人们就会对其肃然起敬；要是比这还要大上一档，人们的态度就会变得虔敬；对于那些超出了这一范围的事物，人们只会感到恐惧。而这一尺寸界限刚好和恒星宇宙差不多大。那么我所说的那些绞尽脑汁一头扎进宇宙奥秘中的智者们，不过是在竭尽所能地挖出更大的恐怖来，又有何不对呢？"[4]

即使在18世纪末，大多数天文观测者们仍然对宇宙的真实大小和性质问题避而不谈，因为当时的专业天文学家大多是学数学出身，运用牛顿定律来预测月球、行星和彗星的运动。对于他们来说，研究不同的天体本身，并没有以极高的精度确定天体在星图上的坐标（本质上是天体的天际纬度和经度）那样有趣或刺激。因此，对宇宙的大小、形状和力量的宇宙学猜想，大多是由处在边缘的那些人提出的。如托马斯·赖特（Thomas Wright），一个浅薄的天文学涉猎者和钻营者。赖特是木匠的儿子，出身卑微，通过钻营，跻身上流社会。赖特做过钟表匠学徒、海员，也做过数学和航行学教师。而后，他给贵族家庭提供关于建筑和科学方面的私教课程，继续在英国过着惬意的生活。赖特曾担任康沃利斯勋爵的女儿们（美国独立战争期间担任过北美英军总司令的约翰·坎贝尔的姐妹们）的家庭教师，与哈利法克斯伯爵一起狩猎，还定期与肯特公爵和公爵夫人共进午餐或晚餐。

在富有的资助者的帮助下，赖特于1750年出版了一本发行量很大、名为《宇宙原创理论或新假说》（*An Original Theory; or, New Hypothesis of the Universe*）的书，试图解释银河系的结构。这位39岁的英国人，将自学来的测量和几何学专业知识，应用于他多年来一直在断断续续思考的问题：为什么横亘天际的银河系呈现出朦朦胧胧的特征？伽利略已经用望远镜揭示出，这种云雾状的结构是由无数星体组成的，但是为什么这些星体会呈现河流一样的形态呢？

因为接受的正规教育有限，赖特的书中充斥着晦涩难解的题外话，即神学的讨论，这也是那个时代的写作风格。但是在胡诌八扯式漫谈之余，赖特提出了令人吃惊的想法，即我们在太空中的位置影响着我们对天体的观测结果，尽管这一想法现在看来稀松平常。赖特认为，银河系的形状可能"只是由观测的位置引起的特定效果。即使这不是事实，我想你至少会理性地接受这个答案。这就是从我的新理论中得出的结论"。[5] 为了增强说服力，他提出了关于银河系外貌的两种模型。其中一种将银河系描绘成一个巨大环形物，非常类似于土星环，星体围绕一个中心点移动。但是，受到宗教观的强烈影响，赖特更倾向于认为银河系是由星体组成的气态薄球壳。太阳系位于其表面，而上帝之眼（the Eye of Providence）*，"造物主"则居于其中心的位置。

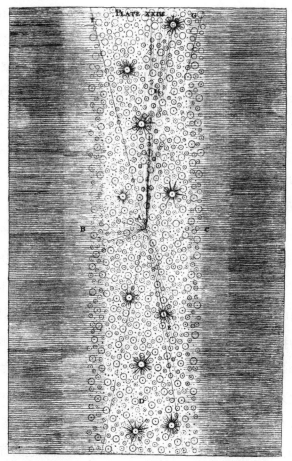

托马斯·赖特的银河系雕版图，将银河系描绘成是布满星体的盘状物
（资料来源：托马斯·赖特 1750 年出版的《宇宙原创理论或新假说》）

---

* 音译为普罗维登斯之眼、普洛维顿斯之眼，还有全知之眼、上帝之眼等译法。这是由一颗类太阳恒星在生命末期所产生的螺旋星云（Helix Nebula），是离地球最近的行星状星云，处于距地球 700 光年远的宝瓶座。因为从浩瀚太空拍摄到看似目不转睛的"宇宙眼"的壮观照片，因此被人们称为"上帝之眼"。

赖特的书中总共有32幅精致的插图。这些插图比文字本身更好地传达了他的开创性思想。其中一幅今天仍出现在教科书中的雕版图，将银河系描绘成一个星体的平面层。这是他想象巨型球形壳的第一步。赖特写道："事实上我并不是想说（圆盘）真的就是这个样子，而只是想提出这个问题，帮助大家想象，以更好地理解我的解释。"[6] 沿着赖特那个巨大、轻轻弯曲的球形壳的平面看，地球人很容易理解圆盘状的结构。赖特想到，当我们在球壳里向边缘方向看时，银河系就像一条带子；当我们向这个球壳之外看时，能看到的星体就比较少。

赖特继续思考，那些在天空中观察到的大量的朦胧的点，是否是上帝额外的创造，是无数具有"神圣中心"的天球。它们虽与我们毗邻，但却"太遥远，甚至用望远镜都看不到"。[7] 赖特似乎在附和瑞典哲学家伊曼纽·史威登堡（Emanuel Swedenborg）。后者在1734年也提出，"可能有无数的其他天球和无数与我们非常类似的天空，它们数量众多，甚至更加浩瀚，而我们可能只是其中的一个点而已"。[8]

如果故事就此结束的话，赖特富有想象力的思想和令人注目的插图，在天文学历史上就很可能几乎不会留下任何痕迹。几年后，他甚至回到了一个更中世纪的宇宙模型上，其中地狱之火的臆想令人无法容忍。但正如英国历史学家迈克尔·霍斯金（Michael Hoskin）首先指出的那样，当人们广泛传播他的思想的时候，赖特成功获得了一定程度的赞誉。[9] 在《宇宙原创理论或新假说》出版几个月后，汉堡的一家杂志概述了其主要思想。这份评述选择性地强调了赖特将银河系看成是一个平面环，而不是球体的概念。用太阳系比喻这个环，环中的星体围绕着中心运动，就像行星围绕着太阳运动一样。受到杂志上这份简短评论的启发，一名年轻的普鲁士家庭教师也就这个主题撰写了自己的书。像赖特一样，他将夜空中的星云斑描述为"都是不同的宇宙，可以这样说，就是多个银河系……这些更高的宇宙并不是彼此无关的，通过这种相互关系，它们又构成了一个更为巨大的系统"。[10]直到世界上伟大的哲学家之一伊曼努尔·康德成名之后，他的这些话才引起了人们的注意。但即使是那个时候，康德对宇宙构造的见解也差点被遗忘。康德的印刷厂破产时，他的手稿也被毁了。[11]幸运的是，在1763年出版的另一本书的附录中，收录了精简版。

受过科学训练的康德将赖特的星体环状结构想象成一个连续的圆盘。这可不只是出于想象，康德还从最新的天文学证据中得到了启发。法国的皮埃尔·路易·莫佩尔蒂（Pierre-Louis de Maupertuis）一直在观察天空中的昏暗物体，即他所谓的"朦胧星体"，形状呈椭圆形，恰好是以某种角度倾斜圆盘时，圆盘会呈现出的样子。康德写道："我很容易就说服了自己，这些星体不过是一堆恒星而已……基于它们发出的光线特别暗淡，所以它们非常遥远，遥远到令人难以置信。"[12]通过这样的推理，康德就得到了银河系基本结构的正确概念。令康德感到惊讶的是，以前的观察者并没有弄清楚我们星系的结构。银河系就像一个扁平的圆盘。而且，它只是散布在天上的众多星系之一。德国科学家亚历山大·冯·洪堡（Alexander von Humboldt）后来称之为康德的"宇宙岛"（island universes）*。[13]一石

---

* 即河外星系，又译为"岛宇宙"。

激起千层浪，这个短语的出现，在整个天文学界引起了巨大反响——一些人支持康德的看法，另一些人则对它嘲弄讥讽。约翰·兰伯特（Johann Lambert）以前在阿尔萨斯做过裁缝学徒，凭借自学，掌握了一些科学知识。1761 年在他的《关于宇宙大厦结构的天文学通信集》(*Cosmological Letters on the Arrangement of the World-Edifice*)中，兰伯特独立地得出了相似的结论。随着这些著作的出版，"星云的奥秘"引发了哲学家和天文学家们长达一个多世纪的争论。

从托勒密的时代，天文学家们就开始谈及天空中看上去"朦朦胧胧"的星体。最著名的是位于北半天球的仙女座。这位神话中的公主在天空中与其父母（仙后座和仙王座）以及丈夫（英仙座）毗邻。在她的腰部有一块椭圆形的光斑，在漆黑的夜晚看得尤其清楚。早在 10 世纪，波斯的天文学家阿尔苏菲（Al-Sufi）在他的天体目录册中就将其称为天上的"小云彩"。随着望远镜的发明，更多的星云被观察到。到 17 世纪初，爱德蒙·哈雷（Edmond Halley，与那颗著名的彗星同名）记录到了其中的六个。[14]对一些观察者来说，这些苍白的天体是最高天（the Empyrean）*透过天球上的缝隙，照耀下来的光。其他人则认为，它们是围绕遥远星体的朦胧大气。然而，哈雷认为它们是独特的天体，与穹宇中的其他天体都不相同。他写道，它们"用肉眼看就像很小的不动的恒星一样，但事实上，是来自以太中一个特别巨大的空间的光。一些透明的介质穿过这些光，散发出特有的光芒"。[15]

渐渐地，人们发现了越来越多的这种天体。1781 年，当著名的

---

* 古宇宙论认为该处存在纯火，早期基督教认为该处是上帝的家园。

彗星猎手查尔斯·梅西耶（Charles Messier）在法国发表了包含一百多个星云的梅西耶星云星团表之后，这些星体就更为重要了。[16]这个星表今天仍然在使用。如仙女座星云，通常被称为M31，因为它在梅西耶星表中排在第31位。梅西耶虽然对星云本身也很感兴趣，但主要是想让观察家们知道，这些天体常客中的佼佼者不应该被误认为是彗星。梅西耶为同僚们提供了宇宙路标，标记了从巴黎纬度的地平线以外可见的星云。

对于梅西耶星云星团表，没有人比威廉·赫歇尔更了解它的价值。赫歇尔不久之后就成了英国天文学界的王子。当赫歇尔收到梅西耶星云星团表的副本时，立即将天文望远镜瞄准了这些星云。几年后，赫歇尔写道："我非常高兴地……看到，在适当的机会和恰当的位置，大多数星云都臣服于我（望远镜）的光和力量，里面的星体都能看得很清楚。"[17]赫歇尔是第一个发现这个现象的人，使用的是一个长20英尺、口径为12英寸的望远镜。这是当时最强大的望远镜，赫歇尔通过它看到的许多星云（我们现在称之为疏散星团和球状星团）实际上都是由成百上千的恒星组成的。这使赫歇尔相信，所有星云都是遥远的恒星系。他认为，透过目镜，任何处于朦胧状态、辨不清个体恒星的星云，都仅仅是距离太过遥远的缘故。

赫歇尔迅速发起了对星云的大搜索，用他的巨型反射望远镜仔细地扫视天空。以前的努力与这次相比黯然失色。截至1786年，他已观察到了1000个新的星云和星团。三年后，又增加了数百个。赫歇尔写道："不仅是数量众多，而且所带来的影响巨大，这些奇怪的东西不少于整个星系的恒星。"[18]赫歇尔甚至吹嘘自己发现了1500个新宇宙。他兴奋地写道，每一个宇宙"完全能在宏伟壮观上胜过我们的银河系"。[19]

赫歇尔较晚才开始从事天文学方面的研究。他出生于汉诺威公国（现为德国的一部分）的一个音乐世家。在战争期间，十几岁的赫歇尔逃到了汉诺威公国的同盟国——英国。在那里，靠抄写音乐手稿、作曲、提供私人课程和在当地音乐会上演出来谋生。最终，赫歇尔成为巴斯市合唱团的指挥，音乐天赋帮助他站稳了脚跟。然而，他乐于接受更多的智力挑战。

1773 年 5 月 10 日是赫歇尔人生的一个转折点。时年 34 岁的赫歇尔在这一天购买了一本通俗天文学课本。赫歇尔说："当获悉许多迷人的发现都是通过望远镜完成的时候，我对天文学产生了浓厚的兴趣，真想通过这样的仪器亲眼看看苍穹和行星。"[20]到了秋天，他开始手工制作反射望远镜的金属镜片。赫歇尔痴迷于新爱好，很快将兴趣从地球上的音乐转移到了星空中的音乐。赫歇尔致力于天文学的决心高涨，他的妹妹卡罗琳早些时候也搬来英国和他一起住。[21]当他专注于打磨或抛光镜片时，卡罗琳就给哥哥喂饭，这样他就不用停下来了。架设起了自制的望远镜，赫歇尔开始进行巡天观测，并在 1781 年发现了天王星，轰动一时。这颗行星的发现，拉开了行星发现的序幕。赫歇尔被迅速选为皇家学会（The Royal Society）院士，并获得了英国国王乔治三世颁发的年度津贴。这项津贴最终使赫歇尔能够全身心地致力于天文学方面的工作，特别是在建造更大的望远镜上（他所建造过的最大望远镜有 40 英尺长）。

赫歇尔遥遥领先于那个时代，他用望远镜观测宇宙的方式，与现代天文学家几乎完全相同。虽然同时代的其他天文学家只专注于恒星和行星的运动，但赫歇尔就是要弄清楚"天穹的构造"。这也是他一篇著名论文的标题。赫歇尔想要拓展到的遥远空间，远远超出同时代人研究最多的领域。赖特和康德也是这样做的，但仅止步于猜测，不是真正的天文学家。赫歇尔坚持认为，他的想法是"被一系列观察证实和确定的"。[22] 摄影术在几十年后才出现，所以要做到这一点，他不得不蜷身于望远镜顶部的一个平台，花费数小时通过目镜进行观测。好在赫歇尔制作望远镜的技术已经达到炉火纯青的境界，他的望远镜是当时唯一能够观测到宇宙学距离的仪器。[23] 不知疲倦的助理卡罗琳经常与他在一起，随时记下他在巡天时观测到的众多星云的位置和对它们的描述。

　　赫歇尔报告说："我已见过双星云和三星云，它们的形状大小各不相同。有的大星云附近有小星云，好似其形影不离的随从。有的星云狭窄，但延展得很长，像透明的或明亮的破折号。一些扇子形状的星云，类似于电刷，从一点向外发散，其他的则呈彗星状，在中心有类似于彗核一样的东西。当观测到一个星云时，通常在附近还可以找到其他一些星云。"[24] 赫歇尔甚至曾一度认为，在这些星云中有其他生物正在望着我们："那些陪伴在恒星周围的行星上的居民们，也一定意识到了同样的现象。正是基于此原因，也可以称它们为其他形式的银河系。"[25] 赫歇尔似乎正在证实赖特和康德的观点：宇宙比以前想象的要大得多，也更复杂。银河系是一个凝聚恒星的系统，在银河系之外则是无限的宇宙，充斥着与我们类似的其他恒星系统。

　　如果不是因为赫歇尔突然否定了对数百个"新宇宙"的论断，在哈勃证明这一点之前一个多世纪，天文学家很可能就已经接受了存在其他星系的观点。新的观测发现迫使赫歇尔重新思考以前的断言。那是在 1790 年 11 月的一个寒冷夜晚，赫歇尔发现了一颗亮度为八等的恒星，明显是由发出微弱光线的气体包围着。"最怪异的现象！"他在笔记本上记下了这样一句话。[26] 赫歇尔称这种朦胧气体为"行星状星云"，因为它与行星盘相似（如前所述，现在已知是从衰老的恒星上剥离出的外部气体）。赫歇尔写道："请仔细看这个云状的星体，其结论将是决定性的……这个星体的云状物，并不是由恒星构成的……也许臆测所有乳白色的星云都是恒星组成的太过草率了，要知道天上有那么多这样的物质。"[27] 在赫歇尔的心中，星云要么是由恒星组成，要么是由"发光的流体"组成，而不是两者兼具。[28] 所以赫歇尔决定，先前通过望远镜发现的任何未知星云不再是遥远的恒星系统，而是发光物质的集合，可能恒星最终就是这些气体凝结而成的。

赫歇尔的望远镜比任何同时代的设备都精良得多，所以同行们都相信他对这个问题的判断。他们只是没有精良的设备来证实赫歇尔的发现而已。因此，赫歇尔的判决成为公认的智慧。宇宙迅速地退缩到了银河系的边缘。至少在一段时间内，我们又一次在宇宙中茕茕孑立，形影相吊……[29]

在整个 19 世纪，对于尚无定论的星云的两种解释经历了持续的拉锯战。一会儿是这一方，一会儿又是另外一方，赢得天文学家们的心。有些人坚称，星云是恒星附近的气体云，而其他人则声称它们是遥远太空里的恒星岛。每个派系都在寻求唯一的解释——简单而优雅。这意味着，人们要在两个可能的选项之间做出选择。

在这个时候，民间天文学家比大学或政府雇佣的观测员对宇宙学更感兴趣。正是私人观测者之一再度给那些秉持下列观点的人带来了新的希望：暗淡星云就像银河系一样，是独立的星系。在辽阔遥远的太空中，那些星系中单个恒星的光无法分辨……当罗斯伯爵三世威廉·帕森斯（William Parsons），在他的祖籍地比尔城堡建造了一台巨型望远镜时，人们变得兴奋起来。比尔城堡位于爱尔兰中部，都柏林以西 70 英里处。望远镜的镜筒如此之大，在天文台开幕式上，爱尔兰教会的一位主任牧师甚至带着大礼帽，撑着一把张开的伞，从那个巨大的镜筒上走下来。[30]

年轻的罗斯伯爵（在继承其父亲的伯爵爵位之前，是奥克斯敦爵士）担任英国议会议员，但他最钟爱的事情还是建造望远镜。根据认识他的人所述，罗斯伯爵的既定目标就是"利用当时可能获取的资源制作出最大的望远镜"。[31]1834 年，34 岁时，罗斯伯爵脱离了政坛，投身于全新的职业，即成为一名绅士科学家。[32]他早就想制作一个比赫歇尔的望远镜还要大的望远镜。罗斯伯爵发明了铸造和抛光金属镜片的新方法，并在自己的车间里亲自训练庄园里的劳工来协助他。虽然是贵族，罗斯伯爵却从来不摆架子。一名英国记者曾经恰好看见他在用老虎钳工作的情景：衬衫袖子高高挽起，露出强壮的胳膊。[33]他的镜片是由锡和铜的合金制成的。这种合金的反射率几乎和银一样高。罗斯伯爵的第一个成就是一个直径三英尺的镜片，安装在一个二十六英尺长的镜筒中。一位朋友说："用这架望远镜看到的月亮，清晰程度无法用语言来表达。"[34]

成功使罗斯伯爵信心倍增，他决定建造一个两倍大的镜片，全然不理会雨天比晴天还多的爱尔兰臭名昭著的恶劣天气。1845 年，该反射镜第一次投入使用。据说，它像爱尔兰一座古老的圆塔，被称为"帕森斯镇的怪兽"(Leviathan of Parsontown)*。[35]一位访客说,"从护城河向湖边眺望,两座塔楼庄严矗立,墙面布满常春藤。因为比其他普通的房子高出很多,所以异常醒目。当有访客到来时,首先映入眼帘的可能是这两座塔之间横卧着的一个汽船的烟囱"。[36]这就是望远镜的巨大木制镜筒,超过 50 英尺长,其中镶嵌着口径为 6 英尺的研磨抛光金属镜片。反射镜可用来汇聚光线的面积,比赫歇尔著名的望远镜大 14 倍。连接到镜筒顶部的滑轮系统,方便地面上的两个人调节望远镜的方向。观测者可以通过楼梯和走廊接近大镜筒口。这么大口径的望远镜在当时是令人震惊的,在之后的 70 年中一直独占鳌头。

这个大家伙的主要观测目标就是"那些在苍穹黑暗穹顶上斑驳闪烁的奇怪星云"。[37]罗斯伯爵决心看看能否将那些仍然顽固地呈现云雾状的星云分解为恒星,但他所发现的是更吸引人的东西。

1845 年春天,罗斯伯爵和助手约翰斯通·斯托尼(Johnstone Stoney),开始研究梅西耶星表中那个著名的第 51 号星云(M51)。多年前当威廉·赫歇尔观测这个星云时,只看到一个明亮的圆形星云。他的儿子后来发现,M51 呈环状,带有两个枝状物。但罗斯伯爵惊奇地发现,该星云具有明显的盘绕形态,气体旋臂包裹在 M51 周围,像一个旋转的烟花。没有人曾预料到有这样的星体存在。英国皇家天文学会报告说,一些星云呈螺旋形,"其结构和排列比迄今为止已知存在的任何天体,都更加美妙和费解"。[38]

在天文摄影术出现之前的这些日子里,罗斯伯爵花了很多心血,绘制了一张 M51 星云图。他说,"随着光强度的逐次连续增加,该构造变

---

* 亦被称为"罗斯六英尺望远镜"(Rosse six-foot telescope)。

得越来越复杂、越来越超出我们的想象。如果没有内部运动，这样的系统几乎是不可能存在的"。[39] 因其呈现出的漩涡形态，M51 当时被称为旋涡星系。罗斯伯爵又在穹宇中分辨出十几个这样的螺旋星云。

尽管有罗斯伯爵绘制的精彩图画，有些人仍认为，星云物质的旋转"只存在于天文学家的想象中"。[40] 罗斯伯爵的镜片如此之大、聚集光线的能力如此之强，以至于没有其他望远镜可以佐证他的发现。但是对于另外一些人来说，这一发现与赫歇尔早期的猜测一脉相承，即在银河系边界之外有其他星系存在。苏格兰天文学家、科普作家约翰·P. 尼科尔（John P. Nichol）对此当然兴奋不已，因为长期以来他

罗斯伯爵大口径望远镜的绘制图

［资料来源：《伦敦皇家学会的哲学议事录》（Philosophical Transactions of the Royal Society of London），1861，第 151 期，第 681—745 页，底片 XXIV］

一直在推动这种观点："数不清的、与我们同样宏大的世界，确定无疑地构成了一个巨大的体系。"[41]他是一个康德主义的支持者。尼科尔将星系（他称之为一个"大集团"）看成是宇宙的主要特征。他写道："在宇宙无尽的荒漠中，只有我们这一个（生物）群体孤零零地生活，的确是完全不可能的。"[42]对尼科尔来说，宇宙"充满了类似的星系，它们像大海上的岛屿，彼此相距甚远"。他继续说道，"太空深处的那些星系距离太遥远，从那里发出的光要穿过宇宙空间中遥远的距离才能到达地球。其间花费的时间之长，到了令人无法想象的程度"。尼科尔甚至推测有些星系太过遥远，以至于光从那里发出的那个时刻，

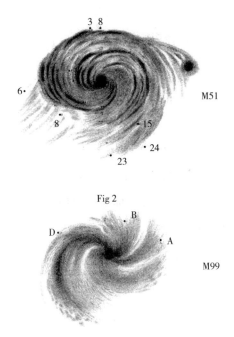

罗斯伯爵绘制的 M51（上图）和 M99（下图）的图画。M51 和 M99 是 19 世纪 40 年代最早发现的具有螺旋结构的星云

（资料来源：《伦敦皇家学会的哲学议事录》，1850，第 140 期，第 499—514 页，底片 XXXV）

"比人类出现还要早至少有3000万年！"在1846年就能提出这样的观点，的确需要勇气。[43]当时公众仍然坚信《圣经》中所说的，上帝在6000年前创造了万物。而科学家仅是在这之前15年，才找到（人类存在）更长时间的证据（那时仍然有争议）。

据说，罗斯伯爵的望远镜"安装巧妙，连孩子都可以操控"。[44]一位天文学家推算，它收集光的能力是肉眼的两万倍。但这个怪物确实有一个显著的缺陷。与罗斯伯爵同时代的理查德·普罗克特（Richard Proctor）曾有机会用这架巨型望远镜巡视天空。他说："它不能完美、清晰地呈现景物。在过去，人们经常评论威廉·赫歇尔的4英尺反射镜，'会把星星呈现成三角帽的形状'。"普罗克特认为，罗斯伯爵的大口径望远镜也会如此。巨大的罗斯望远镜镜片重达4吨，其重量有时会使图像发生扭曲。普罗克特评判说，通过罗斯望远镜获得的行星图像真是"糟糕透顶"。虽然金属反射镜有好的一面，也有糟糕的一面，但这种批评削弱了人们对反射望远镜进一步发展的热情。赫歇尔和罗斯伯爵的大口径望远镜取得了长足的进步。然而，大多数天文学家宁愿用透镜收集天光。直到詹姆斯·基勒在19世纪90年代得到了克罗斯雷反射望远镜，并在利克天文台成功运行，天文学家们才最终对反射式望远镜改变了看法。

罗斯伯爵是一位工程奇才，相较于使用，他更乐于制作望远镜。他的天文学工作持续了大约二十年，但大多数的观测都是由同事完成的。罗斯伯爵对天文学的最大贡献，就是在巨型望远镜首次投入使用时发现了螺旋星云。在这一过程中，他发现了一种全新的天体，一种将在接下来的几十年里不断诱惑和挫败天文学家的奇异星云。

19世纪，公众对天文学的兴趣得到了极大的提高，这可能是由于摄影术的使用越来越多的缘故。摄影术的使用最终使公众能够在闲暇时间，欣赏天空中绚丽的景象。天体的第一个银板照相底片——月球的知名照片，是美国医生约翰·德雷珀（John Draper）于 19 世纪 40 年代拍摄的。不久，人们拍摄了最亮的一些星体。到 19 世纪 70 年代，随着感光度更高的感光板的应用，拍摄到的星体越来越多，包括像星云这样更暗弱、更模糊的天体。

同时，分光镜的发明为天文学家探索星云奥秘提供了新工具。光谱学被广泛称为"新天文学"或天体物理学，特别受到那些缺乏古典天文学所需的正规数学训练的业余爱好者们的青睐。专业天文学家对这种新工具并不认同。事实上，当看到高耸的圆顶建筑中，像宏伟的金属雕塑一样的望远镜，被那些进行光谱工作所必需的、毫无秩序的化学和电气新装置包围时，他们感到忧心忡忡。但是非专业人士敏锐地意识到，光谱仪器尽管看上去不好看，但却开辟了天文领域的处女地。使用光谱仪，不是为了提高星体坐标的精确程度，而是要辨别天体的本质，即探寻这些星体是由什么构成的。[45]

在这个新领域里，没有人比威廉·哈金斯（William Huggins）更专注、更执着了。30 岁时，他卖掉了在英国的纺织品公司，在伦敦市中心以南约 4 英里的塔尔斯山上建造了一座私人天文台。然而不久，哈金斯就厌倦了常规的天文观测。当哈金斯听说了最新的光谱发现时，重新振作起来，将之比作是"久旱逢甘霖"。[46]到 1862 年，哈金斯已能够证明，在地球和太阳上发现的元素也存在于遥远的星体。哈金斯说："凡是有星星闪烁的地方，就普遍存在太阳系的化学成分。"[47]

1864 年 8 月 29 日晚上，哈金斯把注意力从星星转移到星云。他用望远镜瞄准了天龙座的一个明亮的行星状星云。几年后哈金斯在自传中回忆说，当他把眼睛贴近分光镜时，感到自己"既兴奋又疑惑，还夹杂着某种程度的敬畏"。哈金斯注意到，这个光谱令人惊讶："只有一条亮线！"他写道，"起初我怀疑是棱镜的移位造成的，我看到的是被照亮的狭缝的倒影……但这种想法不过是一时的，然后真正的解释闪现在我的眼前……星云之谜终于解开了。答案就在眼前的光谱里：星云不是恒星的聚集地，而是发光的气体"。[48]哈金斯认为，恒星太复杂，不能只发出一条光谱线，发光体一定是气体云，正在准备孕育新恒星。根据哈金斯和其他人的发现，把所有的星云想象成胚胎星和正在形成的行星系统，变得越来越受欢迎。1888 年，英国天文摄影师艾萨克·罗伯茨（Isaac Roberts）拍摄到了仙女座星云的全貌，使这一想法得到了有力的印证。因为仙女星云太微弱了，能拍摄到其全貌实属惊人之举。当这张照片在皇家天文学会的一次会议上展示时，观众席上传来一些低语声："星云假说变得可见了！"[49]这张照片显示出明亮的核心周围是一片朦胧的云。当哈金斯看到这个景象时，他声称，该星云肯定是"一个行星系统，正处在其进化的晚期，已经形成了几颗行星"。[50]

在哈金斯观点的巨大影响下，天文学理论的钟摆荡向了相反的方向。于是，宇宙岛论成了明日黄花，不再是一个潜在的竞争者了。天文学家查尔斯·杨格（Charles Young）在 19 世纪晚些时候出版的一部经典教材《大学和科学学院普通天文学教程》(A Text-book of General Astronomy for Colleges and Scientific Schools)中强调，天文学家不再把螺旋星云看成是"就像我们和太阳所在的'银河星团'一样，是由恒星组成的一个宇宙……在某些方面，这一古老的信仰对人的影响甚至比事实更强大。它使我们的视野更深入地渗透到了比我们现在敢想到的更远的地方"。[51] 对于杨格来说，银河系大约有 1 万光年到 2 万光年那么宽。他说："银河系之外，布满星体的空间是否无限延伸，还无法给出确切的答案。"[52]

到 1885 年，宇宙岛论已经摇摇欲坠了。就在那时，人们在仙女座星云中心附近精确定位了一颗新星，一个橘黄色的亮点。这颗新星最亮的时候能达到六等，几乎和整个星云一样明亮。格林尼治天文台的天文学家爱德华·沃尔特·蒙德（E. Walter Maunder）说："这个奇怪而美丽的家伙终于打破了沉默，尽管它所表达的东西难以解释。"[53]

把仙女座看成遥远的外部世界是合乎逻辑的，因为这颗新星辐射出的能量，大约相当于五千万个太阳的能量。19 世纪的天文学历史学家阿格尼斯·克莱克（Agnes Clerke）说，"这样的能量规模超乎人们的想象"。[54] 这实际上还是大大低估了新星的能量。但即便如此，在 1885 年，这样的估算结果也太荒谬，因此没有引起天文学界的重视。恒星完全可以通过爆炸变成超新星而湮灭自身，这在当时的人们看来，是连想也不敢想的事情，因为没有任何物理学的理论可以解释这种现象。人们一贯认为恒星是恒定、不朽的。看起来，这颗新星更有可能是一个处于婴儿期的太阳，在银河系边缘一个巨大的发光物质集合体中凝缩，引起爆炸而形成，或者可能是一颗暗星撞进了星云物质而引起剧烈爆炸，突然增亮。

在新星出现的那一年，天文学家埃德温·弗罗斯特（Edwin Frost）才 19 岁，刚刚进入达特茅斯学院学习。他十分生动地回顾了这一事件："这颗新星位于大星云的中心……亮度大约为七等。它因此成为这片星云中唯一可清晰分辨的星体。当时我们本以为星云应该是纯粹的气体……人们并不认为这片星云到地球的距离，比银河系中的恒星到地球的距离远……天文学家以及公众都认为，我们可能正在观测星云突变为恒星的过程，"[55]也可能是一个行星系统。十年后，另一颗被称为半人马座Z星（Z Centauri）的伟大新星出现在螺旋星云 NGC 5253 中，强化了螺旋星云距离相对较近的信念。考虑到天文学家当时对恒星的了解，没有其他解释。

所以，到 20 世纪之交，大多数天文学家已经在螺旋星云的问题上达成了共识：它们是新生的恒星和行星。当受人尊敬的地质学家托马斯·钱伯林（Thomas Chamberlin）与天体力学专家福雷斯特·雷·莫尔顿（Forest Ray Moulton）一起为太阳系的诞生建模时，这种想法大有势如破竹的上涨趋势。钱伯林—莫尔顿假说认为，很早以前另外一颗游荡漂泊的流浪恒星，从我们的太阳附近经过时，抽出了一些气体物质。这些物质最终形成带旋臂的螺旋星云，而那些留在太阳附近的物质云团后来就凝缩成一些小的"星子"，然后这些"星子"又慢慢发展成行星*。还在芝加哥大学研究这个想法时，钱伯林就听说在汉密尔顿山上，詹姆斯·基勒用反射望远镜，获得了令人惊异的螺旋星云的影像。这似乎表明，他和莫尔顿正在做的事情是有意义的：螺旋星云可能是气体的，只是最近才被撕裂，并准备凝缩成行星，它们最终会围绕居于星云中心的恒星运行。钱伯林写信给基勒说："（我认为），如果能够利用你们新型望远镜所取得的影像来论证我们的想法，那会对我们帮助非常非常大。"[56]基勒欣然应允了他的要求。

---

* 这就是所谓的"星子假说"。

"星云是否为外部星系这一问题几乎不需要再讨论了，因为随着研究发现的不断推进，该问题已经得到了解决"，克莱克在她颇有影响力的著作《恒星系统》（*The System of the Stars*）中信心满满地总结道，"在基于所有可用证据的基础上，没有一个称职的思想家，可以肯定地说，现在就可以把任何一个星云归入与银河系同样等级的星系类别"。对于克莱克来说，那样的思考是"好大喜功的"，会将人们"引入歧途"。[57]我们的星系和宇宙的含义是相同的，在天文学的词典里是同义词。

但在克莱克写下这段评论之后不久，新的观察资料开始揭示出非常不同的现象。1899年1月，在德国的波茨坦天文台，朱利叶斯·沙奈尔（Julius Scheiner）花了七个半小时采集仙女座星云的光谱。他所看到的光谱完全出人意料。这个光谱根本不像大家所说的，如猎户星云那样是由气体云构成的。相反，这个光谱与大量恒星发出的光谱相似。沙奈尔说："现在已经确定了，螺旋星云是星团。"[58]他由此猜想，银河系本身就是一个螺旋星云，与仙女座非常相似。但在这一点上，沙奈尔单丝不线、孤掌难鸣。在利克天文台，基勒特别注意到了这个德国人的发现，但他还未来得及跟进，就去世了。

直到1908年，利克天文台的一位研究生爱德华·法斯（Edward Fath）使用克罗斯雷望远镜，证实了沙奈尔对仙女座（M31）以及其他几个螺旋星云光谱的研究发现，并将结果发表在他的硕士论文中。[59]这是一项令人疲惫不堪的工作，因为法斯需要连续拍摄几个晚上。其中一个底片曝光整整八个小时零四十七分钟，而另一个底片则花费了他十八个多小时。但繁重沉闷的工作得到了应有的回报。对法斯来说，结果是明白无误的：从光谱特征分析来看，仙女座看起来是由无数的恒星组成的，其中许多恒星与我们自己的太阳相似。作为双重保证，法斯拍摄了一些球状星团的光谱。这些球状星团后来也被证明是恒星的集合体，每个光谱看起来都与仙女座的一模一样。

法斯说："除非我们从根本上改变已被普遍接受的关于恒星是什么的观点，否则星云的中心部分，就像著名的仙女座那样，是一颗恒星的假设可能会立刻被拒绝。"[60]法斯怀疑螺旋星云距离地球非常遥远，因为恒星不能被进一步分解成独立的光点，但他没有确凿的证据支持这种猜测。在1908年，人们还没有办法直接测量地球到仙女座的距离。

因此，法斯并没有把他的猜想作为论文的结论，或许因为他只是一个低学位的研究生，还不足以推翻星云是个新太阳系这样的信念。[61]又或许是过于谨慎、保守的利克天文台台长威廉·华莱士·坎贝尔让法斯保持低调。不管出于什么原因，法斯在正式报告结尾处采取了特别谨慎的态度。法斯说，他的解释的"成败"建立在地球与螺旋星云真正距离的确定上。[62]

人们对法斯的报告反应平平。除了少数几个局外人之外，几乎没人在意。不久，法斯在威尔逊山天文台获得了一个职位，在那里做了几年的后续工作，但没有取得任何突破。法斯最终选择到明尼苏达州卡尔顿学院从事教学工作。

这项研究就这样被束之高阁，无人问津，直到1910年，有一个人接管了克罗斯雷反射望远镜，并继续基勒和法斯的开创性工作。此人就是赫伯·柯蒂斯。基勒曾拒绝为他提供利克天文台的研究生奖学金。柯蒂斯想要以坚定的决心来挑战传统的智慧。他带着百倍的勤奋和热情，承担起螺旋星云的研究工作，并独自取得了成功。

注释：

[1] 见 Webb（1999），p. 9.

[2] 见 Impey（2001），p. 38.

[3] 见 Kerszberg（1986），p. 79.

[4] 见 T. Hardy（1883），p. 38.

[5] 见 Wright（1750），p. 48.

[6] 同上，p. 62.

[7] 同上，p. 84.

[8] 见 Swedenborg（1845），pp. 271–272.

[9] 见 Hoskin（1970）.

[10] 见 Kant（1900），p. 63.

[11] 见 Hetherington（1990b），p. 15.

[12] 见 Kant（1900），p. 33.

[13] 康德从未使用过这一词语。洪堡在 1845 年出版的《宇宙》（*Kosmos*）一书中首次用这个词来描述康德的理论。他用自己的母语写成了 "Weltinsel"（世界之岛），后来变成了现在人们更熟悉的这个词语。

[14] 并不是哈雷目录上的所有天体都是真正的星云。其中包括：（1）猎户座星云；（2）仙女座星云（现为星系）；（3）人马座球状星团 M22；（4）半人马座欧米伽球状星团；（5）盾牌座开放星团 M11；（6）武仙座球状星团 M13。在哈雷的时代，所有这些都是通过望远镜观测到的未解星云。

[15] 见 Halley（1714–16），p. 390.

［16］见 Messier（1781）.

［17］见 Herschel（1784b），pp. 439–440.

［18］见 Herschel（1789），p. 212.

［19］见 Herschel（1785），p. 260.

［20］见 Bennett（1976），p. 75.

［21］卡罗琳·赫歇尔不仅仅是哥哥的女仆，她自己也是一位有成就的天文学家。卡罗琳善于搜寻彗星（是第一位找到彗星的女性），于 1828 年被授予皇家天文学会的金质奖章。

［22］见 Herschel（1785），p.220.

［23］见 Hoskin（1989），pp. 428–429.

［24］见 Herschel（1784b），pp. 442–443,448. 早在 60 年前，亚历山大·冯·洪堡就原创了"宇宙岛"这个词。威廉·赫歇尔确实在其 1785 年的经典论文《论宇宙的构造》中提及，银河系有可能是"宇宙岛"。赫歇尔写道，"诚然，如果我们没有真正发现自己身处汪洋大海的包围之中，就不会自信地断言我们在一个岛上，因此，我将不会超过（测量仪器）标定的范围；但是，考虑到实际上所有已经（测量）过的地方的范围很小……我们只能预测我们的星云和任何邻近星云连接的可能性比较小"。见 Herschel（1785），pp.248–249.

［25］见 Herschel（1785），p. 258.

［26］见 Belkora（2003），p. 109.

［27］见 Herschel（1791），pp. 73，84.

［28］同上，p. 71.

［29］这个直白的说法有一些限定词。当其他人以为赫歇尔已放弃了其他宇宙的想法时，这位伟大的英国天文学家却似乎坚持认为，他已经解决的某些星云是遥远的恒星系统。因此，他对可见宇宙的理解确实超越了银河系。（引自罗伯特·史密斯 2008 年 5 月 5 日的个人信件。）

［30］见 Hetherington（1990b），p. 16.

[31]见 "Report of the Council to the Forty-Ninth General Meeting of the Society," *Monthly Notices of the Royal Astronomical Society* 29（February 1869）: 124.

[32]帕森斯家族出了很多工程方面的人才。1884 年，罗斯的儿子查尔斯发明了第一台可以将蒸汽动力直接转化为电力的蒸汽轮机，这是全球发电站所普遍采用的一种方法。

[33]见 Singh（2005），p. 181.

[34]见 *Proceedings of the Royal Irish Academy* 2（1844）: 8.

[35]见 Clerke（1886），p. 151.

[36]见 Ball（1895），p. 193.

[37]见 Proctor（1872），p. 64.

[38]见 "Report of the Council," p. 129.

[39]见 Rosse（1850），p. 504.

[40]见 MacPherson（1916），p.132.

[41]见 Nichol（1840），p. 10.

[42]见 Nichol（1846），pp. 17，36-37.

[43]1831 年，英国地质学家查尔斯·莱尔（Charles Lyell ）根据海洋软体动物的化石，得出了地球的年龄有二亿四千万年的结论，但这仍然极具争议。1836 年，查尔斯·达尔文在著名的贝格尔号上航行时，带了一本莱尔的《地质学原理》（*Principles of Geology* ）。这本书对达尔文的进化论产生了很大的影响。

[44]见 Proctor（1872），pp. 64-67.

[45]见 Keeler（1897），pp. 746，749.

[46]见 Huggins（1897），p. 911.

[47]见 Whiting（1915），p. 1.

[48]见 Huggins（1897），pp. 916-917.

[49]见 Turner（1911），p. 351.

［50］见 Huggins and Huggins（1889），p. 60.

［51］见 Young（1891），p. 509.

［52］同上，p. 512.

［53］见 Maunder（1885），p. 321.

［54］见 Clerke（1902），p. 403.

［55］见 Frost（1933），p. 45.

［56］LOA，见钱柏林 1900 年 1 月 30 日写给基勒的信件。

［57］见 Clerke（1890），pp. 368，373.

［58］见 Scheiner（1899），p. 150.

［59］见 Fath（1908）.

［60］同上，p. 76.

［61］见 Osterbrock，Gustafson，and Unruh（1988），p. 188.

［62］见 Fath（1908），p. 77.

第4章

这就是在荒无人烟的西部所取得的天文学进展

当利克天文台的运行进入第三个十年时，汉密尔顿山上的生活仍然保持着质朴的乡村气息。居民们徒步走在山间的小道上，上演一幕幕业余戏剧，并在天寒地冻的夜晚在燃烧的壁炉旁高声朗诵诗文。只要天气晴好，一年中的几乎每个夜晚，望远镜都要正常使用。唯一的例外是平安夜。放假期间，所有工作都停止的时候，研究生们会悄悄地潜入巨穴似的圆顶屋内，将长筒袜挂在巨型望远镜的齿轮上。[1]

天文台附近的空场地又增加了一个新的设施——网球场。一位旁观者描绘了周六下午在球场上举行的活动，"壮观的表演持续进行，疯狂的网球大战，罗马焰火，之后是在峡谷中的尽情追逐戏耍"。[2]人们用一个糖水壶来充当7月4日年度锦标赛的纪念杯。

那些想要进城的人经常会搭乘赫伯·柯蒂斯的车子，因为他是少数拥有私家车的幸运者。这位天文学家会把人们装进他的绰号叫"伊丽莎白"的米切尔汽车里，并在后备箱里藏一袋子亚麻籽，这样，每当散热器开始泄漏时，他就把种子倒进去。柯蒂斯晚年大病一场之后拍摄的照片显示，他个子不高，表情严肃。但在工作的时候，学生们心目中的柯蒂斯却是一个"非常善良、快乐的人，总是面带微笑、一副开心的样子"。[3] 不得不打喷嚏的时候，柯蒂斯那温和的沉稳劲才会被打破。这一行为曾被称为"非凡"的壮举。[4]

到 20 世纪 10 年代，蛰伏多年的宇宙岛理论，又慢慢地被美国和欧洲的一批精英科学家重新拾起。这些天文学家指出，只有将螺旋星云看作是银河之外的星系，它们的大小和新星的亮度才能解释得通。[5] 这一思想的浩瀚博大将备受推崇的英国天体物理学家亚瑟·爱丁顿（Arthur Eddington）迷住了，引发了他的理论遐想。爱丁顿指出，"如果假设螺旋星云位于银河系之内，我们就不清楚它们的本质是什么了。这个假设完全将我们引向了死胡同。然而，如果假设这些星云位于银河系之外，是实际上与银河系平等的星系的话，那么至少存在一个值得研究的假说……（它）在我们的想象力中，开拓出一个超越现有体系的真正宏大的系统远景……在这个远景中，拥有亿万颗恒星的巨大银河系……将会显得微不足道"。[6] 对于爱丁顿来说，从这个更宏观的角度来看宇宙，似乎才更有意义。

宇宙岛理论复兴的中心就在利克天文台，台长威廉·华莱士·坎贝尔终于被越来越多的证据说服。他公开宣称将螺旋星云看作是巨大的遥远天体，"与已知的证据最为一致"。[7] 而这些证据主要是由他最得力的员工之一柯蒂斯收集的。坎贝尔当时正专注于他的巨大工程——一套虚拟流水线，可以系统地对目标恒星逐一测量，把银河系内的恒星按其运动速度进行编目登记。这项研究的目的是希望收集的数据能够提供恒星演化的新线索。运行克罗斯雷望远镜的重任就落在了柯蒂斯的肩上，他恢复了天文台对螺旋星云的调查研究工作。这是自基勒去世以后一直没有被优先考虑的项目。[8] 但是，结构紧凑的反射望远镜仍然是用于拍摄和分析朦胧天体云的最佳工具之一。

天才的机械师柯蒂斯马上对望远镜做了重大的改进。[9]首先，他搭建了一个新的观测平台，可以用电动机升降。他还安装了电动圆顶百叶窗，并设计了更好的驱动望远镜的机械装置。望远镜的反射镜已在1904年被重新安装在一个厚厚的金属镜筒内，侧面的铆钉使它看起来像战舰上的一根横梁。[10]现在这架望远镜依然在运转，正用于寻找太阳系外行星。这可能是目前仍然在使用的专业研究中最古老的反射望远镜。

当柯蒂斯重新拾起基勒对螺旋星云的研究时，凭直觉，人们认为宇宙岛理论是很好的猜想。就像基勒所做的那样，为了寻找更多证据，柯蒂斯开始更深入地研究这个问题。但基勒去世前，只使用克罗斯雷望远镜工作了两年时间。而幸运的是，柯蒂斯活得比基勒久，有更多的时间从事研究工作。这让他在整个20世纪10年代都在不断扩大人们对螺旋星云的天文知识。用另一位天文学家的话来说，对螺旋星云的探索变成了柯蒂斯的"杰作"。[11]

赫伯·道斯特·柯蒂斯的职业生涯道路曲折，连他本人都感到无比惊讶。柯蒂斯在密歇根大学安娜堡分校上大学的时候，坎贝尔碰巧也在那里教书。但是他们的生活从来就没有过交集，因为柯蒂斯是一位专注于学习古老语言学的学生，如拉丁语、希腊语、希伯来语、梵语和亚述语。[12]柯蒂斯先是获得了学士学位，而后又获得了硕士学位。柯蒂斯在此阶段对科学丝毫不感兴趣，也从未踏足过天文台。在底特律高中短暂教学后，柯蒂斯于1894年移居到了加利福尼亚州，成为旧金山北部一个小机构——纳帕学院的拉丁语和希腊语教授。柯蒂斯似乎注定要潜心研究古希腊和古罗马文化，过一种平静的学术生活，但是他在学院里偶然看到了一个小望远镜之后，一时冲动，就开始鼓捣起它来。

1896 年，柯蒂斯的小学院与位于圣荷塞地区的太平洋大学合并，于是他就跟着搬迁过去，碰巧他的住所离利克天文台很近。柯蒂斯继续从事天文观测活动，并深深地为新发现的爱好所吸引。他因为很善于观测而被推选为小学院里的数学和天文学老师。1897 年和 1898 年的夏天，柯蒂斯甚至作为一名特殊的学生，在汉密尔顿山上度过一段时间。这些经历使柯蒂斯确信，可以将天文学作为终生职业。当时利克天文台的台长基勒正在寻找一个更专业的光谱学专家，柯蒂斯希望继续以研究生的身份留在利克天文台[13]，但是他的专业基础不佳，这成了不折不扣的拦路虎。被拒的柯蒂斯不得不转而谋求其他的机构，并最终获得了弗吉尼亚大学提供的奖学金。在攻读博士学位时，他很不情愿地攻读主要以数学计算为基础的研究方向——天体力学，尽管在这一过程中，柯蒂斯尽可能多地获取使用天文工具的经验。柯蒂斯辞去了大学教授的职务，作为学生在一个先前没有接受过任何训练的领域里重新开始学习，而且还需要成员不断增加的家庭来支持他。这是十分冒险的举动。

但机遇造人。当柯蒂斯 1900 年去东部开始做博士研究时，利克天文台的天文学家威廉·坎贝尔和查尔斯·珀赖因（Charles Perrine）正要前往佐治亚州观察日食。这一次的日食预计横跨美国东南部。柯蒂斯报名做他们的助手，说他已经"准备好，并且很高兴会从中受益"。[14] 趁此机会，柯蒂斯向利克天文台的人证明了，他能够熟练使用望远镜和摄谱仪，就好像他已经用了一辈子似的。坎贝尔也的确注意到了这点。1902 年，在弗吉尼亚大学完成学业后，时任利克天文台台长的坎贝尔聘请他担任助理。[15] 在弗吉尼亚州一座小山上的居住经历，使他和家人很快适应了汉密尔顿山上的生活。[16] 在夏季，孩子们喜欢到处搜寻响尾蛇玩儿，乐此不疲。

柯蒂斯乘坐覆盖着厚厚黄色尘埃的马车，一路长途跋涉。[17] 虽然风尘仆仆，但一到利克天文台，他就迫不及待地开始做起了研究。在最初的几年中，柯蒂斯专注于天文台的传统特色项目，如测量恒星速度、计算双星的轨道和进行日食观测。柯蒂斯的生活平平淡淡，按部就班。1906 年 4 月一个令人难忘的早晨，发生了轻微的地震。天文台的损坏很小，只有一些煤油灯翻倒，一些建筑物上的砖块有所松动。但是，当利克天文台的居民们眺望旧金山时，发现那里黑烟四起。直到中午他们才意识到这场灾难有多么严重。圣荷塞市大街上原来像钟表一样应该准时出现的熙熙攘攘、热闹非凡的景象，现在都不见了。到了晚上，天文学家把利克天文台的 12 英寸望远镜完全转向水平方向，瞄准了连接旧金山湾和太平洋的金门大桥。透过望远镜，他们看到了三英里的大火，在猛烈地燃烧着。[18] 道格拉斯·艾特肯（Douglas Aitken）那时还是个小男孩，正好住在山上。他说："当然，镜头显示的一切都是倒置的，所以，我们看到的建筑物是往上倒塌，火焰是向下肆虐的，这真是太诡异、太诡异的景象了……这令我想起了……但丁所描绘的地狱。"[19]

柯蒂斯错过了所有这一切，因为两个月前，他前往智利，在圣地亚哥郊外的圣克里斯托瓦尔山上负责利克天文台在南美的建设工作。母亲、妻子和三个小孩和他在一起。几年后，他们在智利的生活慢慢安定下来，可以讲一口流利的西班牙语了，而且越来越喜欢南美的生活方式。因此，他们打算长期逗留。柯蒂斯说："我们在这里已经扎根了，听上去似乎很美好。"[20]但在 1909 年，柯蒂斯收到了意外邀请，不是作为助理或副手，而是作为一名资深天文学家返回利克天文台。由于工作人员短缺，天文台需要一位对克罗斯雷望远镜的使用有经验的人。柯蒂斯在接受这个职位时，就成了基勒的指定接班人，是下一个揭示螺旋星云奥秘的人。

柯蒂斯首先花时间了解了克罗斯雷望远镜的长处和短处：它能拍摄到的最微弱的星体是什么？需要多少小时的曝光时间？他有幸用 1910 年重新出现在天空中的那颗著名的哈雷彗星一试身手，要知道它每隔 76 年左右才出现一次。[21]这为测试克罗斯雷望远镜的拍摄能力提供了极好的目标。这次彗星的轨道与地球相对较近，在全世界引起了不小的轰动。到 1911 年它从望远镜里完全消失的时候，人们用克罗斯雷和其他利克望远镜拍摄了近四百张壮观的照片。

对克罗斯雷望远镜拍摄能力的测试完成后，柯蒂斯终于把注意力转向了神秘的星云。基勒和其他利克的天文学家以前已经用克罗斯雷望远镜积累了大约一百个星云和星团的照片库。[22]到 1913 年夏，柯蒂斯把这个数字提高到了两百多。[23]他在天文台的报告中写道："这些星云中有许多显现出不寻常的外形。随着研究的不断深入，螺旋形式的星云数量上的优势越来越引人注目。"[24]柯蒂斯开始确认并为星云编目。他特别关注螺旋星云，希望总结出能够揭示它们本质的模式。柯蒂斯描述了螺旋星云外形的多样性：螺旋星云可以是"斑状的""棒状的""不规则的""拉长椭圆形的"或"对称的"。[25]目前，柯蒂斯只记录他所看到的，而不冒险讨论它们可能是什么。

这是一项艰辛的工作。柯蒂斯对一位同事说："克罗斯雷望远镜拥有比山上其他任何仪器都更耗费体力的名声。"[26]尽管他在望远镜上做了改进，但在某些位置到达目镜的水平还是很困难的。一位后来的使用者说："如果晚上有点昏昏欲睡，那是很危险的，因为（从观测平台）到底部的地面有好几英尺高。"[27]一位爱说俏皮话的人建议，唯一能够用克罗斯雷望远镜安心观测的方法是用水填满圆顶屋，然后从船上观测。[28]

柯蒂斯刚开始研究螺旋星云时，他认为它们的大小与中等恒星群的大小相当，宽度不超过几百光年。这是一个合理的假设。在威尔逊山天文台，乔治·里奇用新的 60 英寸反射望远镜拍摄螺旋星云，并得出结论，螺旋星云是"均匀的朦胧物质和松散的星状冷凝体或模糊的恒星"的混合体。[29]里奇揣测，他看到的是一群正在形成中的恒星——相当大的一群，当然不是一个完整的"宇宙岛"。

但当用克罗斯雷望远镜收集到了更多的证据后，柯蒂斯开始怀疑这个观点。柯蒂斯重新拍摄了基勒先前拍摄的一些星云，第一批疑点就浮出了水面。柯蒂斯将最近拍摄的螺旋星云图像与多年前的图像相比较，希望观察到涡旋星云的旋转，测量星云的转动量能帮助他判断距离。但是柯蒂斯并没有发现任何移动的迹象。柯蒂斯说，没有发现一丁点儿的"旋转或其他方式的移动。螺旋星云显然是在旋转，对星云的螺旋形态进行任何其他解释似乎都是不可能的。没有找到任何旋转的证据，说明它们的实际大小肯定是巨大的，与我们的距离也是超级远的"。[30]如果螺旋星云比较大，同时又距离我们很远，那就不可能单凭肉眼来测量其移位了。

甚至在更早的时候，柯蒂斯就已经报告说，他拍摄的一些螺旋星云角度太倾斜，侧向看上去很像"希腊字母 Φ……因为实在找不到更好的词语来表达"：一条黑色直线从一个椭圆形的环中间穿过。[31]他在研究笔记中明确地提到：NGC 891"显示出中间有黑暗带"。NGC 7814 很小，但也有一条"非常清晰"的黑暗带。[32]

当时，耶基斯天文台的爱德华·巴纳德告知其他天文学家，银河系内存在无数的"黑暗星云"。巴纳德收集精美的照片，证明银河系内的煤黑色区域似乎没有恒星（被赫歇尔称为"天上的洞"）。那里实际上是宇宙气体和尘埃云，即没有一丝发光迹象的巨大暗黑流云。柯蒂斯立刻将这一发现与他的工作联系在一起：他在螺旋星云上看到的黑暗带肯定是"由于相同的原因在星系中产生某种掩蔽效应……"。[33]黑暗带几乎可以肯定是某种物质，但这种物质不发光。

这也解释了为什么在宇宙空间的某些区域，以前没有发现螺旋星云。这些区域可以被恰当地命名为"隐带"。螺旋星云是非常独特的物体，往往聚集在星系南北两极的附近，就好像有意避开银河系长长的银白色长带。天文学家长久以来一直对这种特殊的分布百思不得其解。如果螺旋星云确实是新星的诞生地，为什么人们在恒星最多的区域没有发现它们？为什么人们仅在那些恒星稀少的区域能找到螺旋星云？而在银河系恒星稠密的区域，人们没有发现任何螺旋星系的踪迹。[34]柯蒂斯敏锐地推断出，这种宇宙区域分隔的现象只是一种假象。如果他发现的有黑暗带的螺旋星云真的是遥远的星系的话，那么银河系也肯定有自己的黑暗带。银河系内所有黑暗的气体云集起来就像一面不透明的墙，将位于这个屏障之外的螺旋星云隐藏起来，使人们不可能看到它们。柯蒂斯解释说："银河系平面上巨大的不透明物质带，遮挡了那些沿银河系平面方向分布、太空中的遥远的螺旋星系。"[35]除非这些螺旋星云离得相当远，否则，这种情况是不可能发生的。

对于柯蒂斯来说，这个论点是完全有道理的，但是当时大多数天文学家仍然认为，恒星之间的巨大空间是原始的虚空，而银河系透明如玻璃窗。柯蒂斯的推理不像他所希望的那样容易被接受。

在20世纪10年代，柯蒂斯的大部分时间都花在了这个课题的研究上。柯蒂斯收集数据，举办讲座，提出新的论点。他就像一个大侦探，搜集各种破解宇宙奥秘的线索。柯蒂斯推断说："如果仙女座大星云是现在测定位置的五百倍远，那么，它看起来就会像一个无结构的椭圆……有着非常明亮的中心，而且与数千个在任何发现螺旋星云的地方都能找到的非常小的、圆形或椭圆形的星云没有什么不同。这些微小的物体和仙女座大星云本身，都处于不间断的变化发展中。我认为没有理由相信这些非常小的星云与它们大块头的邻居有什么不同。"[36] 但是柯蒂斯越来越确信的论点，即他拍摄到的螺旋星云，无论大小，都是散落在宇宙空间里遥远的星系，完全是基于间接证据。柯蒂斯说服了利克天文台的同僚们，利克天文台逐渐成为宇宙岛理论的根据地。但大多数天文学家仍然倾向于认为，所有的恒星和星云都是在同一个大系统——银河系中。柯蒂斯是绝对正确的，但是要说服更多的天文学家则完全是另外一回事儿。

之后发生了一些有趣的、非常不寻常的事情。

1917年7月19日，在汉密尔顿山东南约300英里处，乔治·里奇在威尔逊山天文台用60英寸的反射望远镜拍摄了一个螺旋星云的常规照片。这是他在过去七年中一直为NGC 6946拍摄的一系列长时间曝光照片中的第四张。不过这次里奇注意到了螺旋星云外部区域的一个新光点。它肯定是一颗新星，因为这颗"新星"没有在他以前拍摄的任何照片中出现过。更为重要的是，这颗新星与 32 年前在仙女座发现的发光星体截然不同。这一颗发出的光非常、非常微弱。

1885 年，仙女座中那颗令人难忘的新星已经达到了肉眼可以辨别的亮度（仅仅为勉强），而 NGC 6946 中的新星[37]比它弱大约 1600 倍。里奇知道，照片是新星处于爆发早期时拍摄的。一个月前，在用另一架望远镜拍摄的该星云的底片上没有发现这个光点。通过电报，里奇迅速将这一新发现的消息发送到了其他天文台。

柯蒂斯收到电报时，可能情绪会比较低落，因为他在几个月前也曾看到过类似的新星。就在利克天文台收到里奇电报的那一天，事实上柯蒂斯坐在书桌旁，正撰写一篇有关他在其他螺旋星云中发现的三颗暗弱新星的文章。自 3 月份首次观察到新星爆发以来，他就一直在关注这方面的消息。柯蒂斯非常慎重，没有发布任何消息，直到他确定这些爆发并不是因为变星达到其最大亮度引起的。[38]柯蒂斯的谨慎使他没能成为首位发布者。

柯蒂斯发现的第一颗新星位于处女座的细长螺旋星云 NGC 4527 中。通过检查早先在哈佛、耶基斯和利克天文台对这块区域拍摄的底片，柯蒂斯证实，在过去的 17 年里，这片星云里没有可见的恒星。他照片上的那个小光点亮度达到了 14 左右（比北斗星座中的恒星弱了大约六万倍）。在检查那些底片的过程中，柯蒂斯还发现了另外两个暗弱的新星：这次是在 M100（也被称为 NGC 4321）中。从正面看，NGC 4321 是后发星座中一个壮观的螺旋星云。其中一个新星于 1901 年爆发，另一个于 1914 年爆发。柯蒂斯说，"这两颗新星本应该出现在同一个螺旋星云中，这一点特别值得注意"。[39]到柯蒂斯 1917 年 7 月公布他的发现时，所有这三个新星已经完全消失了。但在公告中，柯蒂斯明确地指出，这些新星"一定与'宇宙岛'理论有着非常密切的关系"。[40]

威尔逊山天文台和利克天文台都发布了这样惊人的消息后，探索新星就像野火一样在美国顶级天文台中蔓延开来。在旧的天文底片中寻找新星成为热潮，新的候选新星马上被挖掘出来，名单一周一周地变长。一位威尔逊山天文台的天文学家开玩笑说："这就是在荒无人烟的西部所取得的天文学进展。"[41]柯蒂斯对所有的发现都异常兴奋。每次在螺旋星云中发现一个新星时，他都会拿着底片在天文台里大肆炫耀一番，就像医院妇产科病房里新晋升为父亲那样的人一样感到无比骄傲。[42]

柯蒂斯很快就获得了足够大的新星样本，可以做出判断了：他怀疑1885年发生在仙女座以及1895年发生在人马座的新星爆发是罕见、特殊的天体事件。柯蒂斯猜测，它们引人注目的光芒使天文学家误以为新星的宿主星云就在附近。他认为，新星爆发实际上有两个变种：较为罕见的是大且壮观的（现在已知是恒星在爆炸），而更常见的是爆发力不那么强烈的（后来确定是发生在白矮星表面上的爆发）。而且由于在螺旋星云中看到的大部分新星更类似于在银河系内定期看到的普通新星，所以，柯蒂斯得出的结论是，螺旋星云肯定距离地球有数百万光年，新星才会看起来如此暗淡。他对美联社也是这么说的。[43]柯蒂斯大胆地告诉记者，他发现的新星爆发发生在两千多万年前，这意味着星云上的光到达地球时已穿越了2000万光年[44]（1光年约等于6万亿英里，因此这个距离超过了10^{20}英里）。对于柯蒂斯来说，暗淡的新星很好地证明了，星云位于远离银河系边界的地方。但是柯蒂斯在物理学能够解释此现象之前就过早地提出了这个想法。他的许多天文学家同事还是持相当怀疑的态度，不愿意违心地去想象新的天体。沿用已久的"奥卡姆剃刀定律"（Occam's Razor）主导了他们的思想。它是由 14 世纪英国哲学家奥卡姆的威廉（William of Occam）提出的经验规则。奥卡姆声称，"*Pluralitas non est ponenda sine necessitate*"，这句话可以译为"避繁逐简"，意即"如无必要，勿增实体"。（最好选择最简单的解释，而不是不必要的复杂解释，除非迫不得已。）* 一种新星比两种新星更可取。

尽管他的创造性假设缺少支持，但是柯蒂斯的工作至少在第一次世界大战干扰之前仍然获得了可观的发展势头。就在美国 1917年正式对德宣战，参加第一次世界大战几个月后，柯蒂斯首先去了圣地亚哥，然后又去了伯克利，教军官新成员航行学。之后，他前往华盛顿，为标准局工作，设计和开发军用光学设备。不过，在离开利克天文台之前，柯蒂斯设法为他自己用克罗斯雷望远镜拍摄的螺旋星云编制了一份星表，迄今为止已有 500 多个星云位列其上。和以前一样，柯蒂斯的每一幅照片都显示出更多苍白或昏暗的星云，围绕在他正式编目的那些更重要的螺旋星云周围。仅在一个底片上，他就数出了 304 个额外的螺旋星云。[45] 基勒曾估计，在克罗斯雷望远镜的观测范围内有 12 万个螺旋星云。另一位利克天文台的天文学家后来把这个数字提高到了 50 万个。现在柯蒂斯把这个数字提得更高了。他说："在我拍摄的远离银河系区域的几乎所有的底片上发现的大量小螺旋星云，早就让我相信（以前的）50 万个的估计

---

* 这个原理又称为"简单有效原理"。

可能低于而不是高于真实的数量。（我）认为，用克罗斯雷望远镜曝光两到三个小时拍摄出来的底片，所获得的星云总数可能会超过100万个。"[46]在对螺旋星云的估计中，这是个惊人的增长。

1918年停战之后，柯蒂斯还在美国首都滞留了一段时间。在他即将结束标准局的工作时，华盛顿科学院（Washington Academy of Sciences）和华盛顿哲学学会（Philosophical Society of Washington），邀请他就螺旋星云方面的话题作略通俗化的演讲。他在这方面的专业知识正在得到关注。柯蒂斯大为兴奋，写信给利克天文台的坎贝尔说，"请尽快收集大约40张漂亮的幻灯片，马上邮寄给我"。[47]此次机会确实让柯蒂斯激动不已。要知道，这实际上是他首次在颇有影响力的科学会议上，展示来之不易的证据，以支持宇宙岛理论。柯蒂斯计划使用20世纪初的幻灯片，展示他发现的各种类型的螺旋星云，指出居于其间的黑暗带，并揭示许多潜伏在螺旋星云照片背景中的更微弱的星云。

在约定的日子（1919年3月15日），众多听众聚集在华盛顿著名的宇宙俱乐部（Cosmos Club，当时位于拉法伊特广场）的新演讲厅，聆听柯蒂斯的演讲。这个俱乐部是华盛顿的知识分子惯常聚会的场所。柯蒂斯首先脱帽向威廉·赫歇尔致敬。他说："科学发现史提供了很多这样的例子：那些具有某种奇特直觉天赋的人能够从不足的数据中探明未来，领悟或猜测到几十年或几百年之后才被充分证实的事实。就螺旋星云而言，我们现在已经回到了幸运之人赫歇尔的观点，尽管我们不能完全保证该推论的正确性……这些美丽的物体是独立的星系，或者采用更具有表现力、更恰当的由洪堡发明的'宇宙岛'这个词语。"[48]因为这番话，柯蒂斯成了宇宙岛理论最明确、直言不讳的倡导者。

柯蒂斯当时估计，我们的恒星系大约有三万光年宽，包含有大约十亿颗恒星，太阳正好位于中心附近。在下面两点上他错了：银河系的规模被向上修正了，太阳失去了银河系的前排位置。但柯蒂斯关于螺旋星云是遥远星系的说法是正确的。

在那个3月的夜晚，柯蒂斯逐条陈述观点。[49]首先是螺旋星云的特殊分布。如果它们是在形成中的恒星，他问，为什么在恒星最多的地方——银河系中没有螺旋星云呢？他回答说，"神秘物质"遮蔽了我们的视线，使得螺旋星云看起来，就好像正在躲避银河系的平面。然后我们还要考虑螺旋星云的光线问题：螺旋星云的光谱显示，其光线是从巨大的星团，而不仅仅是从一团气体云发出的。

他的逻辑无懈可击。通过查找历史记录，柯蒂斯确定，在过去的300年中有近30颗"新星"在银河系内出现过，每一颗都是突然达到极高的亮度，然后再次陷入昏暗状态。但是在短短的几年里，人们已经在螺旋星云中看到15颗新星，这使得"螺旋星云本身就是由数亿颗恒星组成的星系"的可能性更大。而且，因为新星如此微弱，因此它们肯定位于数百万光年远的地方。柯蒂斯承认说："距离的确遥远，但是如果这些物体是像我们自己的银河系这样的星系，这个距离应该是在意料之中的。"

柯蒂斯充分意识到他提出的新宇宙体系的重要性和复杂性。柯蒂斯告诉听众："我们知道，太阳系在银河系中所占据的相对空间，与一滴水在切萨皮克湾所占据的空间大致相同。宇宙岛理论迫使我们从一个更浩瀚的整体来思考宇宙，正是对这样一个概念的进一步推进。这个宇宙包含有成千上万个像我们自己银河系一样的恒星宇宙，每个恒星宇宙又包含数以千百万计的太阳……这个新想法胜过所有令人敬畏的天文学的概念，超出了人们的想象。"柯蒂斯被这个惊人的想法所吸引，显然有些忘乎所以。他的听众也被迷住了。最后，听众热烈地鼓掌，并挽留他继续做长时间的进一步讨论。

在战争结束时，标准局的官员希望柯蒂斯留在该机构，但他婉拒了。柯蒂斯向坎贝尔祖露了心迹，"如果永久待在这里，我根本不知道该做些什么"。[50]他向坎贝尔保证，"（我）渴望回到汉密尔顿山，回到克罗斯雷望远镜身边，在那里定居下来……我比以往任何时候都更想，像你和黑尔一样……投入全部努力，从观测中获得生活的全部乐趣"。柯蒂斯是坚定的观测者，渴望回去观测星云。1919 年 5 月，柯蒂斯回到汉密尔顿山，收集了更多支持遥远星系的证据。

柯蒂斯的事业已几经波折。格林威治皇家天文台的天文学家安德鲁·克罗梅林（Andrew Crommelin）也赞成宇宙岛理论，但提出了警告："河外星系的假设无疑是令人赞叹和伟大的，（但是）在科学上的结论必须建立在证据的基础上，而不是基于情感。"[51]他的天文学家同僚们把这个标准设得很高。为了赢得胜利，柯蒂斯必须提供更多合理的论据。他需要具体的证据。新的线索是已经出现了，但并不是来自柯蒂斯，而是来自利克天文台的长期竞争对手——位于亚利桑那州北部的洛厄尔天文台。

注释：

[1] AIP，详见查尔斯·韦纳（Charles Weiner）1977 年 2 月 11 日对玛丽·李·

肖恩的采访，以及伯特·夏皮罗（Bert Shapiro）1977年2月11日对查尔斯·唐纳德·肖恩的采访。

［2］LOA，见柯蒂斯档案，一封给柯蒂斯的未署名的信件，写于1905年8月9日。

［3］AIP，见查尔斯·韦纳1967年7月15日对玛丽·李·肖恩的采访。

［4］见Trimble（1995），p. 1138.

［5］见Very（1911）and Wolf（1912）.

［6］见Douglas（1957），pp. 26–27.

［7］见Campbell（1917），p. 534.

［8］查尔斯·珀赖因（Charles Perrine）在基勒去世后，接管了克罗斯雷望远镜，并对其底座、驱动器、齿轮和反射镜系统进行了一些实质性的改进。虽然珀赖因确实在星云方面开展了一些研究工作，但他用克罗斯雷望远镜取得的最受称赞的成就是发现了木星的第六、第七颗卫星。见Osterbrock, Gustafson, and Unruh（1988），pp. 142–144.

［9］见McMath（1944），pp. 246–247; Curtis（1914）.

［10］见Perrine（1904）.

［11］见Stebbins（1950），p. 3.

［12］见Aitken（1943），p. 276.

［13］LOA，详见柯蒂斯1900年3月24日写给基勒的信件。

［14］LOA，详见柯蒂斯1900年4月11日写给坎贝尔的信件。

［15］见Osterbrock（1984），p. 342.

［16］LOA，详见柯蒂斯1902年6月9日写给坎贝尔的信件；AIP，大卫·德沃金1977年7月23日对道格拉斯·艾特肯的采访。

［17］见Stebbins（1950），p. 2.

［18］见Campbell（1971），pp. 62–64.

［19］AIP，详见大卫·德沃金1977年7月23日对道格拉斯·艾特肯的采访。

［20］LOA，详见柯蒂斯1909年3月23日写给理查德·塔克（Richard

Tucker）的信件。

［21］LOA，柯蒂斯档案，文件夹1，哈雷报告。

［22］见Curtis（1912）.

［23］LOA，见柯蒂斯档案，"Report of Work from July 1，1912，to July 1，
1913."

［24］同上。

［25］见Curtis（1912）.

［26］见MWDF，盒153，详见柯蒂斯1913年5月27日写给沃尔特·亚当
斯的信件。

［27］AIP，详见查尔斯·韦纳1967年7月15日对玛丽·李·肖恩的采访。

［28］这个在利克天文台流行的故事是利克的天文学家托尼·米施（Tony
Misch）讲给我听的。

［29］见Ritchey（1910b），p. 624.

［30］见Curtis（1915），pp. 11–12.

［31］见Curtis（1913），p. 43.

［32］LOA，柯蒂斯档案，文件夹1，"Edgewise or Greatly Elongated Spirals."

［33］见Curtis（1918b），p. 49.

［34］罗斯科·桑福德（Roscoe Sanford）在利克天文台进行博士研究时，在银
河系内到处寻找螺旋星云的迹象，希望利用长时间的曝光，照亮以前隐
藏在银河系内的微弱星云。但他什么都没找到。见Sanford（1916–1918）.

［35］见Curtis（1918b），p. 51.

［36］见Curtis（1918a），p. 12.

［37］见Ritchey（1917）.

［38］见Curtis（1917c），p.108.

［39］同上。

［40］见Curtis（1917b），p. 182.

［41］HUA，详见哈罗·沙普利1917年9月3日写给亨利·诺利斯·罗素的

信件，HUG 4773.10，盒 23C.

［42］AIP，详见海伦·赖特 1967 年 7 月 11 日对 C.唐纳德·肖恩的采访。

［43］LOA，详见剪报第 9 辑（1905—1928），"Three New Stars Are Seen at Lick."

［44］柯蒂斯离此目标不远。他发现的第一颗新星的位置 NGC 4527，目前估计离地球大约 3000 万光年。

［45］见 Curtis（1918a），p. 13.

［46］同上，pp.12–14.

［47］LOA，详见柯蒂斯档案，文件夹 3（1919—1920），柯蒂斯 1919 年 2 月 6 日写给坎贝尔的信件。

［48］见 Curtis（1919），pp.217–218.

［49］LOA，详见柯蒂斯档案，文件夹 3（1919—1920），以《螺旋星云的现代理论》为题的演讲。

［50］LOA，详见柯蒂斯档案，文件夹 2，柯蒂斯 1918 年 12 月 8 日写给坎贝尔的信件。

［51］见 Crommelin（1917），p. 376.

第 5 章

请转达我对南瓜的问候

火星（Mars）的名字来自罗马战神玛尔斯*，是太阳系由内往外数的第四颗行星。说来奇怪，火星与天文学家渴望解决的螺旋星云难题有关，至少其中曲折的一步，应该感谢火星。

千百年来，这颗有着耀眼红宝石般光泽的红色星球令天文学家心驰神迷，尤其在望远镜发明后，他们的兴趣变得更加浓厚了。通过放大了多倍的图像，天文学家终于得以识别出火星表面的斑纹。与地球北极和南极地区的外观颇为相似，火星的两极附近有明亮的斑块，随火星不同的季节而变化。因此，1784 年，威廉·赫歇尔报告了这种类似于地球的季节变化，认为火星"不是没有大气层……所以其居民可能在许多方面也享有类似于我们的生活条件"。[1]

1877 年的秋天，特别适合对火星进行仔细研究，因为当时地球和火星在各自轨道上正向彼此靠近，最接近时的距离不到 3,500 万英里。极好的观测条件使意大利天文学家乔范尼·夏帕雷利（Giovanni

---

* 阿瑞斯是古希腊神话中为战争而生的神，奥林匹斯十二神之一，被视为尚武精神的化身。其形象源于色雷斯人，据希腊神话的说法，阿瑞斯是宙斯和赫拉的儿子。玛尔斯是阿瑞斯在罗马神话中的名字。

Schiaparelli）得以看到许多穿过火星赭红色地带（那时被称为"大陆"）的黑色条纹。他用自己的母语将这些细小的阴影带称为"canali"，意思是"峡谷"。许多人认为，它们是在自然的地理过程中形成的。

但是，夏帕雷利的这一词语被误译为"运河"，就此开启了人们富于想象力的猜想大门。到目前为止，最有争议的假设是这些"运河"是由高级生物建造的灌溉工程，以引导稀有的水资源用于耕作。1892年，法国天文学家卡米尔·弗拉马里恩（Camille Flammarion）写道："在（火星）沟渠网络中观察到的显著变化证明，这个星球充满了生命的活力……可能也有雷电交加、火山喷发、暴风雨和社会动荡以及各种各样的生存斗争等情况。"[2]富有的商人帕西瓦尔·洛厄尔（Percival Lowell）最热衷于这个观点，他的倡导激发了公众对火星研究的狂热情绪。1907年，《华尔街日报》甚至报道说，火星人存在的证据超越了当年的金融恐慌，成为年度新闻。[3]

洛厄尔出身于新英格兰一个名门望族，是家中五个子女里最大的，也是波士顿最富有的上层人物之一。这些波士顿上层人物通过缔造美国的棉花产业而变得十分富有。[4]1876年从哈佛大学毕业几年后，洛厄尔开始到处旅行，尤其是到远东地区。他因此撰写了几本介绍该地区风土人情及其宗教的著作。不过，到了19世纪90年代，洛厄尔想摆脱漂泊不定的生活，追寻自己的梦想，于是重拾孩童时期就对天文学产生的兴趣。他的兄弟回忆说："在沉睡了好多年之后，这一梦想又一次成为他生活中的主宰。"[5]富甲一方的洛厄尔决定在亚利桑那州弗拉格斯塔夫镇*，靠近一个小村庄的一座平顶山上建一个私人天文台。

---

* 又译作旗杆镇。

洛厄尔最初的目的是要观察 1894 年到 1896 年特别接近地球时的火星。后来，整个太阳系的天体都成了他的研究对象。他始终牢记家庭座右铭，"occasionem cognosce"（抓住机遇）。[6] 对于没有任何专业经验的业余天文学家来说，这是大胆的冒险，特别是当洛厄尔发现，自己正与当时由大学和研究机构建立的新的、更大的天文台竞争的时候。在这场角逐中，洛厄尔因将天文台专用于探求那些只有他感兴趣的问题而成了圈外人。鉴于洛厄尔对那颗红色星球的痴迷，天文台建在了海拔 7,250 英尺的高处。不久，这座山就被称为"火星山"。

洛厄尔将余生都奉献给了这项自己痴迷的事业。他是一个顽固的个人主义者和爱出风头的人，曾在朋友的留言簿上将自己的地址写成"宇宙"。[7] 虽然经常保持风度是很有必要的，但如果这位波士顿显贵的观点或者科学能力受到挑战时，洛厄尔还是很容易被激怒的。他最终解雇了一名观测团队的创始成员，因为这名成员一直坚持说火星上的运河可能是不靠谱的。[8]

洛厄尔在火星山上安装了一架 24 英寸的折射望远镜。虽然是中等大小的望远镜（当时世界上还有其他几个口径 30 英寸以上的望远镜），但它比坐落在历史悠久的利克天文台的那个巨大望远镜高出了 3000 英尺，而洛厄尔处处都想超越他的对手。有时候因太争强好胜，洛厄尔和职员们偶尔也会发布一些根本就不存在的大发现，如某些难以发现的恒星或行星上的标记。利克天文台的天文学家在面对来自弗拉格斯塔夫的可疑报告时，气得直翻白眼，他们暗示洛厄尔的望远镜（或视力）有问题。不久之后，两个天文台发生了大战。一个拥有加利福尼亚州顶尖的仪器，另一个拥有亚利桑那州最好的仪器。一家报纸把它们之间接连不断的冲突称为"望远镜之战"。[9]

1900 年，洛厄尔在订购定制的摄谱仪时，加大了赌注。该定制仪器是利克天文台摄谱仪的改进版本。他让其制造商"尽可能高效地建造"。[10] 为了实现这一目标，洛厄尔聘请了印第安纳大学天文学专业的研究生维斯托·梅尔文·斯里弗（Vesto Melvin Slipher）。斯里弗对此感激涕零，因为他能够在为数不多的几个拥有大型望远镜的美国天文台之一工作，又加之海拔高，空气纯净，以及"观测"效果好，受大气活动的影响小。

洛厄尔原本以为斯里弗的工作是暂时的（"我……聘请他，只是因为我答应要这么做"，洛厄尔这样告诉斯里弗的一个教授[11]），但是这位年轻的天文学家留了下来，一直工作到 1954 年退休。在工作期间，斯里弗曾担任台长 38 年。洛厄尔慧眼识珠，让斯里弗负责那台专门用于观测行星的摄谱仪。斯里弗技术精湛，极有耐心，最终将天文台的天体观测延伸到了太阳系以外。他没有从火星上看到新的特征（这是天文台存在的理由），而是发现自己揭示了以前不为人知的宇宙令人惊讶的一面。尽管天文学家花了十多年时间才充分认识到他所做的一切，但的确是斯里弗最早发现了宇宙正在膨胀的少许数据，找到了第一个线索。

在 19 世纪，美国的乡村农场大多相隔数英里，人们只能用蜡烛或煤油灯照明，没有来自附近大都市的干扰，农场夜晚的星空令人叹为观止。银河像幽灵一样划过天空。这种壮丽的星空景象一定具有强大的诱惑，因为一个世纪以前许多美国最伟大的天文学家都出生在中西部的农场，包括斯里弗在内。他的朋友和同事们都知道，斯里弗是家里 11 个孩子中的一个，他在印第安纳州的学校里，表现出敏锐的数学天赋。21 岁时，斯里弗去布卢明顿的印第安纳大学学习，获得了包括机械学和天文学的学位。斯里弗在 1901 年夏天抵达弗拉格斯塔夫镇时，内心一定有些忐忑不安。在去洛厄尔天文台之前，他曾经操作过的最大望远镜是一个小小的 4.5 英寸反射望远镜。斯里弗当然从来没有处理过像洛厄尔让他操作的那样庞大复杂的摄谱仪。对初学者来说，这是一项艰巨的任务。这个年轻人艰难地摸索了一年后，就能够驾轻就熟了。起初，斯里弗甚至混淆了光谱的红色端和蓝色端，这可是不靠谱的科学失误。[12] 在陷入困境时，斯里弗曾请求洛厄尔，让他去利克天文台接受指导，但他的老板坚决地否决了。鉴于两个天文台之间的敌意，洛厄尔不希望利克天文台知道他的一名工作人员需要帮助。洛厄尔声称："如果你掌握了所有关于分光镜的知识，并可以尽可能多地传授别人时，那就另当别论了。"[13]

　　斯里弗和洛厄尔二人的个性形成有趣的啮合，就像从两个不同的音调产生出来的和声。洛厄尔的张扬、好斗以及冲动使他不愿被别人抢风头，特别是在发布天文台的发现的时候。所幸的是，斯里弗的性格正好与洛厄尔的相反。有人说，斯里弗"总是使自己远离公众视线，甚至很少在科学会议上露面"。[14] 斯里弗内心谦和，知道抢洛厄尔的风头不是明智之举。不仅如此，他连抢别人功劳的想法都没有。这位谦逊而庄重的男人在观测之余，总是穿着西装，打着领带去上班。[15] 斯里弗言辞谨慎，总是刻意地保持着审慎的态度。刚从中西部回到天文台的斯里弗拍了一张照片。照片中的他英俊潇洒，头发黝黑，一双大眼炯炯有神，似在凝视着什么，脸上浮现出蒙娜丽莎般的微笑。斯里弗宁愿与同伴们交谈，也不愿意出去旅行，还常常让别人去发布他的发现。因此，台长和下属相处得相当融洽。

因为要旅游或照管波士顿的生意，洛厄尔经常远离天文台，所以他常常通过信件和电报与斯里弗保持联络。当斯里弗作为天文台的得力台长代替他行使职权时，洛厄尔还是给予斯里弗各方面事务的远程指导，有天文学方面的（"不要太多地观察太阳，会损坏镜头"[16]），有行政方面的（"天文台办公室里不允许任何人进入"[17]），也有私人方面的（"请你帮我看看是否可以在黑柴夫买到小麦饼干，好吗？"[18]）。他们就人员聘用、设备、预算甚至蔬菜进行交流。洛厄尔不论何时离开天文台，都最为关注自己在天文台的菜园子，并坚持询问它的最新状况。有一年临近秋收的时候，洛厄尔问道："南瓜怎么样了？"他在一周后的信末写道，"请转达我对南瓜的问候"。最后他还说，"南瓜成熟时，你可以用快车给我送来一个"。[19]

斯里弗没有回应他。圣诞节刚过，洛厄尔就急切地拍电报问："为什么我没有收到南瓜？如果可能的话，请马上给我送来一个。"[20]斯里弗很不情愿地回答说，可怜的南瓜，唉，已经枯萎，死了。

不过，到了第二年春天，洛厄尔已经原谅了斯里弗。洛厄尔写道，"你对菜园子已经尽力了，非常感谢！只要继续种植，终会有所收获"。[21]斯里弗确实做到了。到 7 月份时，他给洛厄尔运送去了最新的收获。洛厄尔回复说，"你送来的蔬菜非常好，我太高兴了"。[22]10 月份时，斯里弗送去了更多的蔬菜。

斯里弗不仅园艺大长，而且在摄谱仪上也取得了进展，最终成为操作上的行家里手。斯里弗先用它验证木星、土星和火星的旋转周期，接下来是金星。对太阳系中的行星进行研究始终是洛厄尔的首选项目。洛厄尔指示斯里弗使用该仪器来分析行星的大气层。当斯里弗试图测量火星的空气中是否存在水汽时，这个任务使他深陷到洛厄尔与天文学界的激战中。[23]斯里弗相信自己已经探测到了微量的水汽，于是，洛厄尔立即对外公布了消息，宣示在火星上是否有水汽方面他们的研究进展。但利克天文台的天文学家威廉·华莱士·坎贝尔在进行同样的观察之后，并没有发现任何水汽的迹象。[24]

尽管存在分歧，但斯里弗通过尝试不同的棱镜和感光板，提高摄谱仪的灵敏度而获得了自信心。到 1909 年，斯里弗证实在恒星之间看似空洞的地方存在着某种气体[25]，这一成就后来为他赢得了世界各地天文学家的赞誉。这些探索最终导致了斯里弗最大的发现——一个关于螺旋星云的意外发现。

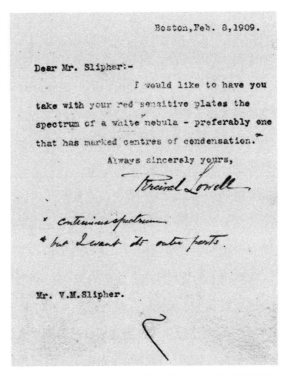

在 1909 年写给维斯托·斯里弗的信中，帕西瓦尔·洛厄尔指示他拍摄一个白色星云的光谱

（资料来源：洛厄尔天文台档案馆）

开始时的动机十分单纯。1909 年 2 月 8 日，远在波士顿的洛厄尔给斯里弗寄来了一封打字信，向他作了简明扼要的指示："亲爱的斯里弗先生：我希望你能用那些红色的感光板，拍摄一个白色星云的光谱，最好拍摄那个有冷凝中心标记的星云。"[26] 洛厄尔这里用的"白色"一词，是指螺旋星云。在 1909 年，螺旋星云通常被认为是正在形成中的新的行星系统。洛厄尔在便笺底部一个手写脚注中强调，他想要了解螺旋星云的"外层部分"。他渴望看看在螺旋星云边缘发现的、由其特征谱线所揭示的化学元素，是否与远离太阳系中心的巨大行星的元素相匹配。如果匹配，那么就意味着螺旋星云可能确实是正在形成中的婴儿期太阳系。

起初，斯里弗还犹豫不决。他告诉洛厄尔说："依我看来，拍到白色星云的希望不是很大。"[27] 他知道，用天文台的 24 英寸望远镜拍摄一张普通的老式星云照片，至少需要 30 个小时。透过镜头所看到的星云极其暗淡，又加之穿过摄谱仪后照射到感光板上的光线极少，因此拍摄到星云光谱的可能性微乎其微。

但斯里弗要证明一些事情。利克天文台的坎贝尔新近又写了一篇批评洛厄尔天文台的文章。[28] 这是两个天文台之间持续不断冲突的延续，是有关谁的折射式望远镜效果更好的争论。洛厄尔在早些时候曾声称，火星山上的优质空气，使他的 24 英寸折射望远镜得以在天空的某个区域看到 173 颗恒星，而利克天文台的 36 英寸望远镜只能看到 161 颗。[29] 对洛厄尔天文台忠心耿耿的斯里弗想要一劳永逸地解决此事。他渴望通过比较相同感光板同一时间拍摄的恒星照片，让两个天文台进行一场真正的较量，但洛厄尔拒绝了这个想法。为了挽回一些面子，斯里弗决定把重点放在获取螺旋星云光谱这一艰巨任务上。就在几个月之前，斯里弗在写给印第安纳州以前的天文学老师约翰·A. 米勒（John A. Miller）的信中说，"我已经得出结论，可以确定结论的正确性了……必须这样做，否则，我们将失去信誉"。[30]

虽然认为拍到光谱的希望不大，但斯里弗还是坚持拍摄。到1910年12月，已经能够从仙女座的大星云中获得一些粗糙的数据。斯里弗在信中告诉洛厄尔，"在我看来，底片隐约可见有些不曾见过的特点"。[31]本来打算说"隐约可见，也许"，但他划掉了"也许"一词。斯里弗确信，已经在光谱上捕捉到了某种其他光谱学家以前未曾见过的东西，就像19世纪90年代的谢纳（Scheiner）那样。

通过反复试验，再加上敏锐的技术头脑，斯里弗开始对摄谱仪进行改进。他决定只使用一个，而不是一组三棱镜，后者能更好地分离光谱线。虽然这会使光谱线更密集，更难读取，但由于吸收入射光子的玻璃较少，因此大大增加了可用光量。更重要的是，斯里弗明白提高相机的拍摄速度是至关重要的，所以他买了一个速度非常快的商用相机镜头。整个摄谱仪，包括保持望远镜平衡的秤锤在内，重达450磅，很像是附着在望远镜底部的超大型胡桃钳子。天体光线不是进入目镜，而是直接射向棱镜，棱镜再将光束按各种波长分开。为了记录从红色到紫色的谱线，一个很小的感光板被放置在适当的位置上。

行星的研究、对哈雷彗星回归的报告以及行政事务一度使斯里弗分心不少。直到1912年秋天，斯里弗才回到螺旋星云的研究上来。那时改进后的摄谱仪的运行速度比原先已快了两百倍，大大削减了冗长乏味的曝光时间。摄谱仪改进到位后，他终于可以从心所欲，尝试拍摄梦寐以求的光谱了。这不仅在科学方面，而且在个人方面，都是一个诱人的目标。两年前，利克天文台的坎贝尔台长在耶鲁大学发表的演讲中特别指出："目前最为迫切需要测量的是大量新发现星云的径向速度*。"[32]在坎贝尔的专长，即径向速度方面击败他，对于洛厄尔天文台的支持者来说，确实是一种甜蜜的胜利。径向速度，是指天体沿着视线方向靠近，或远离我们的速度。还没有人测量过螺旋星云的速度，它需要的光谱比以往拍摄的任何光谱，甚至是认为可能拍到的光谱更精细。

9月17日，斯里弗进行了第一次测量，总共用了6小时50分钟，充分记录了极其微弱的光。斯里弗不久就对洛厄尔说，"这次拍得真的不是很好，我认为我们可以做得更好。但是鉴于在其他地方拍摄的结果都是长时间曝光所得，我觉得这已经非常鼓舞人心了，我打算再试一次"。[33]光谱很微小，只有一厘米长，一毫米宽。底片本身也仅仅有八厘米长，但大到足够斯里弗在底片顶部写上"Sept 17 And Neb"几个词，表明他的目标一直都是获取仙女座星云的光谱。

10月份的大部分时间里都需要关注盖尔彗星，所以斯里弗直到11月15日才能够返回到仙女座星云的观测上。那天晚上，天气晴朗，有少许云彩，但风很强劲。因为是冬天，七点开始观测时天已经完全黑了。斯里弗一直工作到凌晨。他将感光板曝光了八个小时，并留在了摄谱仪中，之后关闭快门，以便第二天晚上可以将望远镜再次对准目标，并继续观测六个小时。通过拍摄曝光时间更长的照片，

---

* 径向速度是物理学名词，一般指物体运动速度在观察者视线方向的速度分量，即速度矢量在视线方向的投影。又称视向速度。

缩小摄谱仪的狭缝，斯里弗所获取的光谱与9月份拍摄的相比，有了明显的改善。[34]

斯里弗在12月3日和4日再次观测，那天没有月亮干扰他对昏暗星云的观察。这一次，他在工作手册中匆匆记下：空气的透明度"非常好"，并在下面加了下划线以示强调。又过了两个晚上，斯里弗总共花了13个半小时去收集稀疏的光子。唯一的麻烦是转钟仪出了问题，他花了15分钟才修好它。[35]

在观测时，木制穹顶的内部，有时会上演类似于电影中疯狂科学家实验室里发生的景象，即高压感应线圈在望远镜侧面发出火花并溅射。[36]一排老式的莱顿瓶*是罪魁祸首。斯里弗竟然没有被电死，真是奇迹。这种复杂奇妙的装置蒸发了一些铁和钒，所发出的光被作为斯里弗的测量标准。这些元素在静止穹顶上的光谱，可以与天空中的星云光谱相比较。光谱之间的差异决定了星云的速度。

由于获取的每一个仙女座星云光谱都是如此微小，以至于斯里弗需要用显微镜来测量光谱线相对于基准位置的移动量。移动量越大，表明星云的速度就越高。12月中旬之前，斯里弗还没有显微镜，因为显微镜当时还在波士顿洛厄尔那儿。但一俟拿到显微镜，他就迫不及待地迅速测量了一下仙女座星云的光谱。斯里弗向洛厄尔报告说："有令人鼓舞的结果，或者（我应该说）光谱似乎有一些明显地向蓝紫色端位移的迹象。"[37]这意味着仙女座星云正向地球方向移动。洛厄尔回信说："祝贺你，工作上取得了小小的进展！"[38]

但是，斯里弗认为需要获得更好的光谱，这样才能确定准确的

---

* 由荷兰莱顿大学的一位教授在1746年发明，是世界上第一个电容器。

速度。他告诉洛厄尔，这种尝试"无疑将会给所有观测者以深刻的印象，虽然希望不大，但我还是想尝试一下"。[39]

斯里弗在 12 月 29 日 19 点 35 分开始了决定性的观测，并一直坚持到午夜云彩滚滚而来时才罢手。洛厄尔天文台的天文学家经常用数字 1 到 10 来表示天气好坏，1 代表最差，10 代表最好。[40]他们开玩笑说，10 的时候你可以看到月球，5 的时候你仍然可以看到望远镜，而在 1 的时候你只能感觉到望远镜。幸运的是，第二天晚上晴空万里，斯里弗能够收集到更多的光线，拍摄持续了将近 7 个小时。也许是想碰碰运气，第三个晚上，即 1913 年元旦的除夕夜，斯里弗又继续进行观测。但这一次天气很差，他不得不在新年到来之前结束工作。然而，就是这一次额外的尝试使他能够再把一小时的数据挤进他的感光板。[41]

虽然斯里弗还来不及对这张底片上的谱线做精准的测量，但他简单看了一下，马上就看出了端倪。斯里弗立即写信给洛厄尔，"在这里，我可以放心地说，星云的运动速度异乎寻常得快"。[42]斯里弗一贯谨言慎语，在观测的早期阶段就这样草率地下结论，实属罕见。想必是由于他对所发现的东西感到心潮激荡所致。

整个 1 月份，斯里弗都专注于测量所有 4 块底片，以便精确判定仙女座的速度。他将星云谱图放置在一个"光谱比较器"中，根据标准光谱（固定不动）对其进行测量。[43]通过转动旋钮，移动星云光谱，以便与标准光谱进行比对。当两组光谱线最后重合时，记下星云光谱相较于标准光谱的移动量。移动量决定星云的速度。将测量到的移动量转换成速度的计算烦琐冗长，斯里弗用铅笔将数字整齐地记录了下来。[44]测量、计算工作从 1 月 7 号开始，直到 24 号才结束。

最后的结果让斯里弗大吃一惊：仙女座星云以每秒 300 公里，或每小时约百万公里的荒谬速度冲向地球，这比他自己预计的银河系恒星的平均速度要快十倍。星云的速度不应该有这么快。当时的天体物理学家普遍认为，星云是动作相当缓慢的宇宙生物，以远低于恒星的速度缓慢前进。而螺旋星云似乎属于较特殊的种类。仙女座星云创造了新的宇宙速度纪录。就目前的情况而言，它比轨道上的航天飞机快了近 40 倍。

斯里弗谨慎如旧，重新测量了刚刚拍摄的这些底片，以确保查验没有误差。斯里弗还给爱德华·法斯寄去了一张光谱的冲洗照片，以获得独立的校对，并确认移动的真实性。[45] 1908 年，当法斯在利克天文台自己拍摄仙女座星云时，也在光谱中发现了移动。但当时他只是把这个意想不到的移动，当作光谱仪的可能故障而忽略掉了。天体不可能移动得那么快，这是世界公认的。于是，法斯轻率地决定抛开异常，正如他所说的，因为"这种移动与所要解决的问题之间并没有直接关系"。[46] 这个倒霉的法斯再一次与创造天文历史的机会失之交臂。人们可以想象，当他收到斯里弗的照片时有多懊丧。法斯在四年前就看到了和斯里弗一样的光谱信息，但他忽略了它，没有采取进一步行动。

到了 2 月份，斯里弗开始相信他的仪器和他的专业知识。（事后看来真是不可思议，今天，天文学家有了更好的仪器设备，测量出仙女座星云以每秒 301 公里的速度向我们靠近，这与斯里弗的测量相差不到 0.3%[47]。）斯里弗告诉洛厄尔说，这些底片"与料想的比较接近，而且我不能怀疑这种移动的真实性"。[48] 仙女座星云的运动速度太令人震惊了。然而，斯里弗没有在重要的天文学期刊上公布结果，而是选择在《洛厄尔天文台期刊》（*Lowell Observatory Bulletin*）上发表只有九段的简短报告。[49]斯里弗一如既往地低调行事，在得到确认之前绝对不会张扬出去。

然而即使只有一个星云的速度，也是非凡的成就。很多人为斯里弗激动不已。米勒写道："在我看来，你找到了一座金矿，而且继续努力，就可能以另一种方式做出与开普勒一样重要的贡献。"[50]

德国海德堡市王座山天文台的马克斯·沃尔夫（Max Wolf）对这个光谱之"美"赞不绝口。[51]时任《天体物理学杂志》（*Astrophysical Journal*）编辑的埃德温·弗罗斯特，就这种"令人难以置信"的速度向斯里弗表示了诚挚的祝贺。他说："除了多普勒频移*之外，很难将其归因于任何其他解释。你在这个物体上的成功，表明海拔高度的价值……遗憾的是，还没有人能够在一万两千到一万五千英尺的高度上，尝试测量这种类型的其他天体。"[52]天文学家会去测量，但那是几十年之后的事情了。

然而，其他一些人，包括坎贝尔（果不出所料）在内，都对此持高度怀疑的态度。"你测量出来的仙女座星云的速度极其惊人。我猜测……你的径向速度测量误差可能相当大。我希望，你能多测几次。"[53]

---

* 多普勒效应是为了纪念克里斯琴·多普勒（Christian Doppler）而命名的，他于1842年首先提出了这一理论。主要内容为：物体辐射的波长随着波源和观测者的相对运动而产生变化。当运动在波源前面时，波被压缩，波长变得较短，频率变得较高（蓝移）。当运动在波源后面时，会产生相反的效应，即波长变得较长，频率变得较低（红移）。多普勒效应造成的发射和接收的频率之差，称为多普勒频移。

斯里弗深知，为了消除坎贝尔等人的怀疑，像这样非凡的发现需要非凡的证据。他发出呼吁，请其他人来证实这一点。在一年之内，沃尔夫就跟进了。尽管他的光谱比较粗糙，但所得结果仍然与斯里弗的一致。不久之后，连爱挑剔的利克天文台也证实了仙女座星云的这种高速运动。利克的天文学家威廉·H. 赖特（William H. Wright）获得的速度结果几乎与斯里弗的完全一样。赖特告诉斯里弗说，"几年前，当法斯获得大位移数据后，我就开始计划做这项工作……但似乎是你捷足先登了"。[54]

洛厄尔喜出望外。在斯里弗的初步结果出来后，他马上就给斯里弗写信，"看来，好像你有了重大发现"。[55] 然后这位台长又补充说："多测量几个螺旋星云作为证据。"斯里弗带着伟大的使命感接受了此次挑战，因为他更乐于听从指挥，而不是开创自己的科学追求。

然而，与拍摄来自其他螺旋星云的光谱相比，仙女座星云的拍摄工作可以说是易如反掌。虽然它的中心肉眼难以辨认，但仙女座仍然是夜空中最大、最亮的螺旋星云。其他星云一个比一个小，一个比一个暗。这使斯里弗更加难以获得它们的速度。他在工作文件中指出，"获取螺旋星云的光谱现在变得更加费力，因为其他星云一个比一个微弱，需要极长的曝光时间，而拍摄工作往往由于月球、云层以及其他工作对仪器的迫切要求而难以进行"。[56] 他的工作"繁重，进展缓慢"。[57]

继仙女座星云之后，斯里弗的首个观测目标是 M81，这个螺旋星云比其他大多数的星云都要明亮，然后他又观测了一个位于处女座星系名叫 NGC 4594 的奇特星云。在笔记中，斯里弗形容它是一个"望远镜中的大美人"。[58]现在它被称为草帽星系*，因为从侧面看，它与墨西哥草帽有显著的相似之处。最终斯里弗发现，NGC 4594的移动速度"不小于仙女座大星云速度的三倍"。[59]但是这一次，这个星云并没有向地球靠近，而是以每秒一千公里的速度飞离，斯里弗松了口气。发现一个正在飞离地球，而不是靠近地球的星云，就消除了任何关于速度可能不合事实的疑虑。斯里弗写信给导师米勒说，"当获得了仙女座星云的速度时，我放慢了前进的脚步，因为担心这可能是某种前所未闻的物理现象"。[60]到1913年春天时，斯里弗确信，他拍摄的底片上的光谱位移确实意味着星云的运动。

在手头只有几个测量数值时，斯里弗就已经认定在银河中星云是漂移的，有的向我们漂来，有的则向另一端移去。斯里弗不愿意公开推测螺旋星云可能是什么，但他确实在私信里与天文学家朋友们分享了一些他喜爱的理论。起初，斯里弗认为它们可能是由反射的星光照亮的尘埃云[61]，就像他已经证明了的著名的昴宿星团是如何发光的一样。或者，斯里弗继续谨慎地说，螺旋星云也许是非常古老的恒星"正在经历奇怪的蜕变，可能是由于它们在星际空间快速飞行所引发的"。[62]但即便如此，他还是对这种解释持保留意见。如果这些螺旋星云确实是被纤细物质包围的单星，那么在1913年的一封信中，斯里弗就提出了，为什么螺旋星云不是"在银河系内而是在银河系外有更多"呢？[63]利克天文台的柯蒂斯也问过同样的问题。

在接下来的几个月里，斯里弗一直在扩大螺旋星云的测速列表，

---

* 又称为阔边帽星系、墨西哥草帽星系。

一次一个地加入。越是想到斯里弗使用仪器的简陋，人们越是觉得他取得的成就令人称奇。洛厄尔天文台的 24 英寸望远镜只有人工操作系统，还没有精密到可以进行更细致的操控。因此，他不得不把每个螺旋星云的微小光斑放在摄谱仪的狭缝上。当天空慢慢在他的上方转动时，斯里弗必须谨慎小心地站立数小时。几年后，当被问及他是如何做到这一点的时候，斯里弗干脆地回答说："我靠在它上面。"[64] 由于拍摄目标发光微弱，曝光时间通常需要 20 到 40个小时。[65] 如果碰到不利天气时，就意味着拍摄要延长几个晚上，甚至几个星期。明晃晃的月亮挂在天际时，什么都不能做。斯里弗告诉洛厄尔，"有了这么长时间的曝光，底片的积累速度并不是很快，但是结果却很值得，也很令人欢欣鼓舞"。[66] 可能是因为太受鼓舞，斯里弗开始对自己的发现产生了一反常态的占有欲。他告诉老板："发不发布是我们的问题，我希望暂不发布。"[67]

斯里弗不必担心，因为没有人能赶上他。到 1914 年夏天时，他手中已掌握 14 个螺旋星云的速度数据。有了这么多的数据，不可否认的趋势终于出现了：当一些像仙女座这样的星云接近我们时，大多数星云正在迅速离我们而去。

对于宇宙岛论的拥趸来说，这是个好消息。丹麦天文学家埃希纳·赫茨普龙（Ejnar Hertzsprung）写道："我衷心地祝贺你，发现了一些螺旋星云的巨大径向速度。在我看来，有了这样的发现，关于那个重大的问题：螺旋星云是否属于银河系统？答案就彻底明确了，那就是它们不属于银河系。"[68] 它们的速度太快了，无法停留在我们的星系中。但是现阶段斯里弗还在抱观望态度。他回应说："我在思考一个问题，螺旋星系在多大程度上才算是遥远的星系。"[69]

在他的大部分职业生涯中，斯里弗除了在天文台的内部发布公告之外，很少发表关于工作成果的详细论文。斯里弗要么坐拥自己的数据，直到结果完全确定再发，要么慷慨地将发现发送给其他人，供他们进行分析。部分原因可能是，每当洛厄尔为宣传他耸人听闻的发现时，都给天文台带来不信任危机。斯里弗内心十分担忧，这种不受欢迎的宣传影响了天文学家对弗拉格斯塔夫镇的所有其他研究的看法。所以，斯里弗宁愿低调行事，置身事外。他信奉的原则是，让工作自己说话。[70]但在螺旋星云速度这件事上，斯里弗却表现出唯一的一次高调。他曾经拍摄过很多的恒星和行星的光谱，因此，他对自己所看到的事情深信不疑。[71]这份自信使斯里弗克服了恋家情结（唯一的一次），前往伊利诺伊州埃文斯顿的西北大学亲自展示他的成果。

1914年8月，来自美国各地的66名天文学家齐聚西北大学参加年度会议。在四天的时间里，他们讨论了科学话题、办理了公务、欣赏了音乐会，并游览了密歇根湖。正是在此次会议上，天文学家一致投票决定把"美国天文和天体物理学会"的名称改为简单的"美国天文学会"。与此同时，一位名叫埃德温·哈勃的年轻人当选为会员。他是威斯康星州耶基斯天文台的一名研究生。

演讲是在西北大学工程学院的斯威夫特大厅举行的。在此次会议上宣读的48篇论文中，有一篇论文的题目是《对星云的光谱观测》。[72]斯里弗在演讲开始时告诉观众，起初，调查的目的只是为了获取螺旋星云的光谱，但接着又说，仙女座星云的超常速度使他将注意力转移到了速度上。他说，螺旋星云的平均速度现在是"恒星平均速度的25倍"。[73]迄今，在观测到的15个螺旋星云中，有

3 个正在向地球方向移动，其余的都正在离地球而去。斯里弗在列表上记载的星云速度范围从"很小"到惊人的 1100 公里/秒。那是有史以来测到的天体的最大速度。

当斯里弗宣布完这个令人瞩目的消息时，所有的天文学家都起身为他送上雷鸣般的掌声。[74] 在天文学会议上还没有人见证过这样的奇观。有充分的理由说明，斯里弗独自一人攀登上了光谱学的珠穆朗玛峰之巅。甚至坎贝尔——他强劲的对手，也接受了这一发现，并向斯里弗付出的巨大努力表达敬意。坎贝尔在会后给斯里弗写信说："向你表示祝贺！你辛勤的工作终于得到了回报。你报告的结果是天文学家近期收到的最大惊喜之一。事实上，观察到的星云速度有快有慢，变化多端。一些星云向地球移动，一些向相反的方向移动，这一事实有力地支持了这种现象是真实存在的观点。"[75]

不久，斯里弗接到通知，美国国家科学院即将出版一期院刊，旨在展示美国最好的科技著作，并请斯里弗对他的开创性研究做一个介绍。斯里弗回答说，"我……很高兴，你们好意要把我的论文提交给科学院，然而，我还没有什么值得发表的东西"。[76] 像往常一样，斯里弗谦虚至极。

在接下来的三年中，收集了更多的光谱后，斯里弗最终转向了赫茨普龙的观点。斯里弗也开始设想，银河系在其他星系之间运动。1917 年，受邀在美国哲学学会的年会上发表重要讲话时，斯里弗首次公开了这一观点。该年会是全美最重要的科学聚会之一。为了报告最新的研究成果，斯里弗甚至求助于波士顿的数学家伊丽莎白·威廉姆斯（Elizabeth Williams）。[77] 她曾长期担任洛厄尔天文台的高级计算顾问。在讲话开始的前两周，伊丽莎白帮助他仔细检查了全部螺旋星云的方向和光度等级。加上他补充进来的，星云的数量现在是 25 个。伊丽莎白拍电报及时地向斯里弗通告了检查结果。

斯里弗在 4 月份的费城会议上说："很早以前就有人提出过这样的观点，螺旋星云是距离很远的恒星系统。这就是所谓的'宇宙岛'理论。它把我们的恒星系统和银河系看作巨大的螺旋星云，我们位于其中。在我看来，现有的观测数据支持这个理论。"[78] 25 个螺旋星云中，有 4 个是向外移动的。斯里弗一度认为，螺旋星云在某种程度上可能呈"散开"状态[79]，较早地暗示出宇宙是在膨胀。这一点，又过了很多年后，人们才充分认识到。

虽然其他天文学家也证实了斯里弗的部分成果，但洛厄尔天文台的这位天文学家却是这个新天体研究方面的绝对王者，在这个领域统治了多年。截至 1925 年，45 个螺旋星云的速度被最终确定，而且几乎全部都是由斯里弗测定的。[80] 早在 1915 年，德国、加拿大、美国和荷兰的研究人员就已开始在斯里弗日益扩容的数据库中寻找规律。然而，这是一项非常艰巨的任务，因为所测到的螺旋星云速度与其他速度纠缠在一起，例如地球的公转速度和太阳穿过星系的速度。这就好比你自己正在开着一辆汽车在公路上驰骋时，想要确定远处一列火车的确切速度一样。

研究人员先去除掉了其他的因素——地球的公转速度和太阳的移动速度，再去看螺旋星云移动的究竟有多快。天文学家发现，即使是除去这些速度，星云的速度依然十分快，远高于星系内恒星的平均速度。更重要的是，他们证实，薄雾般的盘状星云确实一般都是离我们远去的。像仙女座这样的几个星云是例外（他们还不知道仙女座和银河系被引力束缚在一起，所以不会彼此分离），总的来说，螺旋星云主要是向外、向四面八方移动的。德国天文学家卡尔·沃茨（Carl Wirtz）于 1922 年进一步研究了星云的大小和光度，以便粗略地判断哪些星云离我们更近，哪些更远。通过做出这样的假设，沃茨注意到了星云向外移动的一个特别现象：颇为奇异的是，距离越远，星云的移动速度越快。[81]

但也许速度和距离之间的这种关系是假象。也许这个效应会随着测量越来越多的星云，尤其是在南半天空中的星云速度而消失，所有的星云速度值平均后会趋于平衡：一半的星云向地球移动，另一半离我们而去。天文学家开始担心，星云整体看起来向后退行，可能只是暂时的错觉。为了解决这个问题，他们开始在方程中插入一个特殊的量，标记为 K，用它来跟踪星云的移动趋势。[82]也许它最终会消失，也许不会。

尽管如此，在 1917 年美国哲学学会召开会议时，宇宙岛理论却从沉睡中醒来。赫伯·柯蒂斯已经开始在主流专业期刊上，发表螺旋星云方面的研究成果。柯蒂斯用于支持遥远星系说的有力论据，已经让顶尖的天文学家信服。这其中就包括英国剑桥大学的爱丁顿、利克天文台的坎贝尔，以及那时在德国波茨坦天文台工作的赫茨普龙。斯里弗发现的星云超高速移动，只是强化了螺旋星云确实远离银河系边界之外的想法。但是，只有找到一种方法确定仙女座及其他螺旋星云到底有多远，才能算功德圆满。持续的辩论无法解决任何事情，除非有人以一种所有天文学家都认可的方式，确定这些恼人星云的距离。

斯里弗和柯蒂斯还不知道，就在他们刚刚开始研究螺旋星云的时候，一种测量天体距离的新方法也正在萌芽。这是由一位目光敏锐的才女发明的。在查看一些南半球夜空中拍摄的、具有诱人特色的照片时，她发现了一些有趣的星星。

注释：

[1] 见 Herschel（1784a），p. 273.

[2] 见 Pannekoek（1989），p. 378.

[3] 见 "Mars"（1907），p. 1.

[4] 见 Strauss（2001），p. 3.

[5] 见 Lowell（1935），p. 5.

[6] 见 Hoyt（1996），p. 15.

[7] 见 Strauss（2001），p. 5.

[8] 见 Hoyt（1996），pp.123–124.

[9] 见 Hoyt（1996），p. 112.

[10] 见 Hall（1970b），p. 162.

[11]LWA，详见洛厄尔 1901 年 7 月 7 日写给 W.A. 科格索尔（W. A. Cogshall）的信件。

[12] 见 Smith（1994），pp. 45–48.

[13]LWA，详见洛厄尔 1901 年 12 月 18 日写给斯里弗的信件。

[14] 见 Hall（1970b），p. 161.

[15]AIP，详见罗伯特·史密斯 1987 年 8 月 12 日对亨利·吉克拉斯（Henry Giclas）的采访。

[16]LWA，详见洛厄尔 1902 年 1 月 11 日写给斯里弗的信件。

[17]LWA，详见洛厄尔 1902 年 1 月 24 日写给斯里弗的信件。

[18]LWA，详见洛厄尔 1903 年 1 月 4 日写给斯里弗的信件。

[19]LWA，详见洛厄尔 1901 年 10 月 7 日写给斯里弗的信件。

[20] LWA，详见洛厄尔 1901 年 12 月 27 日写给斯里弗的信件。

[21] LWA，详见洛厄尔 1902 年 5 月 26 日写给斯里弗的信件。

[22] LWA，详见洛厄尔 1902 年 7 月 7 日写给斯里弗的信件。

[23] 见 Hoyt（1996），pp. 129–145.

[24] 直到 20 世纪 60 年代，天文学家才证实火星大气中的水蒸气比地球大气中发现的水蒸气少一千多倍，远低于斯里弗在 20 世纪初用他的设备可能所测得的数值。

[25] 见 Smith（1994），p. 52.

[26] LWA，详见洛厄尔 1909 年 2 月 8 日写给斯里弗的信件。

[27] LWA，详见斯里弗 1909 年 2 月 26 日写给洛厄尔的信件。

[28] 详见 Campbell（1908），560–562. 当时，约翰·C. 邓肯是利克天文台的一位研究生，在撰写自己的毕业论文。据邓肯介绍，利克的两名天文学家"绘制了洛厄尔那里没有发现的几颗恒星……据我所知，坎贝尔正准备在各种期刊上释放一些烟雾弹。对于那些喜欢科学争论的人来说，这将很有乐趣"。（LWA，详见邓肯 1908 年 9 月 13 日写给斯里弗的信件）。尽管偶尔会发生这种天文台之间的争斗，但坎贝尔和斯里弗一般还保持着诚恳的通信，最常讨论的是设备问题。

[29] 见 P. Lowell（1905），391–392.

[30] LWA，详见斯里弗 1908 年 10 月 18 日写给米勒的信件。

[31] LWA，详见斯里弗 1910 年 12 月 3 日写给洛厄尔的信件。

[32] 见 Smith（1994），p. 54.

[33] LWA，详见斯里弗 1912 年 9 月 26 日写给洛厄尔的信件。

[34] LWA，详见 1912 年 9 月 24 日至 1913 年 7 月 28 日的谱图记录簿 II，第 34—37 页。

[35] 同上，pp. 61–62.

[36] 见 Hall（1970a），p. 85.

[37] LWA，详见斯里弗 1912 年 12 月 19 日写给洛厄尔的信件。

［38］LWA，详见洛厄尔 1912 年 12 月 24 日写给斯里弗的信件。

［39］LWA，详见斯里弗 1912 年 12 月 19 日写给洛厄尔的信件。

［40］LWA，详见道格拉斯 1895 年 1 月 14 日写给洛厄尔的信件。

［41］12 月 29 日至 31 日观测细节：详见 1912 年 9 月 24 日至 1913 年 7 月 28 日的谱图记录簿 II，第 69—70 页。

［42］LWA，详见斯里弗 1913 年 1 月 2 日写给洛厄尔的信件。

［43］见 Slipher（1917b），p. 405.

［44］LWA，详见斯里弗工作档案，盒 4，文件夹 4—9。

［45］LWA，详见斯里弗 1913 年 1 月 18 日写给法斯的信件。

［46］见 Fath（1908），p. 75.

［47］见 I. D. Karachentsev and O. G. Kashibadze（2006），7.

［48］LWA，详见斯里弗 1913 年 2 月 3 日写给洛厄尔的信件。

［49］见 Slipher（1913）.

［50］LWA，详见米勒 1913 年 6 月 9 日写给斯里弗的信件。

［51］LWA，详见沃尔夫 1913 年 2 月 21 日写给斯里弗的信件。

［52］LWA，详见弗罗斯特 1913 年 10 月 23 日写给斯里弗的信件。

［53］LWA，详见坎贝尔 1913 年 4 月 9 日写给斯里弗的信件。

［54］LWA，详见赖特 1914 年 8 月 19 日写给斯里弗的信件。

［55］LWA，详见洛厄尔 1913 年 2 月 8 日写给斯里弗的信件。

［56］LWA，详见斯里弗档案，V.M. 霍伊特盒子，报告 F4，题为《对星云和星团的光谱观测》。

［57］见 Slipher（1913），p. 57.

［58］LWA，详见斯里弗工作档案，盒 4，文件夹 4-4.

［59］同上。

［60］LWA，详见斯里弗 1913 年 5 月 16 日写给米勒的信件。

［61］LWA，详见斯里弗 1912 年 12 月 29 日写给约翰・邓肯的信件。

［62］LWA，详见斯里弗 1914 年 5 月 8 日写给埃希纳・赫茨普龙的信件。

[63]LWA，详见斯里弗 1913 年 5 月 16 日写给米勒的信件。

[64]见 Hall（1970a），p. 85.

[65]见 Slipher（1917b），p. 404.

[66]LWA，详见斯里弗 1913 年 5 月 4 日写给洛厄尔的信件。

[67]LWA，详见斯里弗 1913 年 5 月 16 日写给米勒的信件。

[68]LWA，详见赫茨普龙 1914 年 3 月 14 日写给斯里弗的信件。

[69]LWA，详见斯里弗 1914 年 5 月 8 日写给赫茨普龙的信件。

[70]见 Strauss（2001），p. 244.

[71]AIP，详见罗伯特·史密斯 1987 年 8 月 12 日对亨利·吉克拉斯的采访。

[72]*Popular Astronomy* 23（1915）: 21–24.

[73]同上，p. 23.

[74]见 Smith（1982），p. 19.

[75]LWA，详见坎贝尔 1914 年 11 月 2 日写给斯里弗的信件。

[76]LWA，详见斯里弗 1914 年 10 月 22 日写给埃德温·弗罗斯特的信件。

[77]LWA，详见斯里弗工作档案，盒 4，文件夹 4—16。

[78]见 Slipher（1917b），p. 409.

[79]同上，p. 407.

[80]见 Sandage（2004），p. 499.

[81]见 Wirtz（1922）.

[82]在螺旋星云红移研究中使用标记 K 是由利克天文台的天文学家乔治·帕多克于 1916 年提出的。他认为，一旦进行足够的观测，就不再需要这一修正。其他人，如沃茨，迅速采用了这一做法。见 Paddock（1916）. 实际上，标记 K 是恒星天文学家首次使用的。天文学家发现，太阳运动的值，即太阳穿过银河系的速度和方向的值，可能会根据某一特定的恒星或星云等天体的变化而变化。为了达成一致，天文学家引入了 K 这一校正项。截至 20 世纪 60 年代，随着测量的改进，这种恒星的"K 效应"逐渐从天文学文献中销声匿迹了。

第 6 章

值得关注的是……

初次到南半球旅行的人可能会把两个星云误当作高卷云，不晓得为什么它们会在夜晚的黑暗中发光。古代波斯人将其中最大的一个称作"Al Bakr"，意思是"阿拉伯南部的白牛"。[1] 16 世纪初，费迪南·麦哲伦（Ferdinand Magellan）及其船员举行了首次环游世界的远征。欧洲人从他们的报道中知晓了"两个雾状星云"。[2] 为了纪念这位葡萄牙探险家，这对星云就以他的名字命名。不论是大麦哲伦云，还是小麦哲伦云，都是星体的混沌集合，到处散发着炽热的气体。

这种新奇迷人的天文景观，成为欧美天文学家在南半球建立天文台的充分理由。哈佛大学天文台就于 19 世纪 90 年代，在秘鲁的高地（即阿雷基帕镇所在地）建立了一个观测站。在此之前，天文台十多年来一直在执行一项艰巨的任务：为北半天空中的每一颗恒星编制目录，并准确测量它们的颜色和亮度。因为天文台收到了为光谱项目捐赠的大笔基金，台长爱德华·皮克林决心拍摄所有明亮恒星的光谱并进行分类。秘鲁观测站同意哈佛大学将这个项目的研究范围扩大到南半天空。这样，皮克林就使天文学超越了仅仅通过追踪天空中恒星的运动，找出其基本属性的传统做法。虽然烦琐乏味，但这样的天文调查往往会收到意外的惊喜。哈佛大学的调查也不例外，但是在惊喜到来之前需要拍摄大量的照片。

在马萨诸塞州剑桥市花园街的天文台，堆满了大量拍摄南半天空和北半天空的底片。皮克林精明地意识到年轻、聪明的女性的价值，她们渴望在这个完全不让女性进入科学机构的时代做出贡献。皮克林在一份年度报告中指出，这是一支现成的工作队伍，完全"能够像天文学家那样做更多、更好的日常工作，而天文学家的薪水要高得多。[3]因此，聘用的助理人数可以是原来的三至四倍，而对于同样的支出而言，完成的工作也相应增加"。

这些被称作"计算姬"的女性，大多拥有理工科大学学历。她们有两个工作室。工作室内贴有花壁纸的墙上挂着星云图，环境温馨、舒适。每天，在一个挨着一个的红木写字台旁，女雇员们通过放大镜查看选定的底片，或者将发现记录在笔记本上。类似于工厂里装配线上的工人，这些专注的女性穿着朴实无华的衣服，在底片上快速、准确、廉价地为每颗恒星编号，确定恒星的确切位置，并按照光谱和亮度进行归类。[4]这项工作采用了由安妮·坎农（Annie Jump Cannon）建立的国际通用的恒星分类体系。坎农赞扬了皮克林的现代意识。她声称（有点过度乐观），"在天文学界里，皮克林对那些'计算姬'们一视同仁，对她们的态度充满了礼貌，就好像他在社交聚会上遇见她们一样"。[5]在她眼里，皮克林是维多利亚时代向女性大献殷勤的绅士。

皮克林雇佣的第一个女性是他的女管家威廉敏娜·弗莱明（Williamina Fleming）。她在履行职责时表现出了过人的智慧。有一天，因为对一位男助理的无能而感到沮丧的皮克林宣布，他的女仆可以做得更好。事实证明，弗莱明真的做得很棒。从19世纪80年代开始，直到皮克林1919年去世，有四十多名女性受雇，按照人们开玩笑的说法，进入"皮克林的后宫"工作。他最明智的选择就是亨利埃塔·莱维特（Henrietta Leavitt）。在此之前，莱维特是哈佛大学天文台的志愿者。

莱维特出生于马萨诸塞州，在一个重视教育的大家庭（她是五个幸存孩子中最年长的）中长大。[6] 她的父亲拥有安多佛神学院神学博士学位。十几岁时，她随全家搬迁到了克利夫兰，并在那里的奥伯林学院开始了本科学习。1888年，20岁的莱维特回到马萨诸塞州，进入剑桥女子大学教育协会（后来成为拉德克利夫学院）学习。莱维特主修的是艺术和人文学科的课程，但在第四年选修了一门天文学课程。1892年，莱维特的毕业证书上说，她接受的是相当于哈佛大学文学学士学位的教育。一定是受此鼓舞，莱维特才决定留在剑桥，继续修一些研究生课程，并在天文台担任无偿的志愿者。

据了解莱维特的人说，她是一个极其认真负责的人，专注于家人和朋友。照片上的她沉静美丽，眼睛充满深情。哈佛大学天文学家兼同事索伦·贝利（Solon Bailey）说："对于娱乐活动，她似乎不太在意。"[7] 然而，他继续说，她仍然"具有一种与生俱来的阳光乐观，对她来说，所有生活都因此变得美丽而充满了意义"。即使在毕业后，重病使她一度严重失聪时，莱维特仍然保持着温和的性情。

通过测量底片上的光斑大小来区分恒星的星等，让莱维特从志愿者一跃成为星体光度学专家。恒星越亮，在负片上留下的暗斑点就越大。在开展这项工作时，她还受命留意变星，即那些在一定时间内，亮度有规律地增加和降低的恒星。这些变星是通过比较在不同时间拍摄的同一个地区的照片找到的。莱维特把在一个日期拍摄的负片，直接放在另一个日期拍摄的同一个地区的正片上。如果一颗恒星的黑白图像不完全匹配，那就说明恒星正在改变亮度，就可能是变星。

在写了初步研究草稿后，莱维特于1896年离开哈佛一段时间，先是在欧洲游历了两年，而后搬到了威斯康星州。她的父亲在那里获得了一个新的神职职位。但是在1902年，莱维特写信给皮克林，咨询在哈佛或其他地方新的就业机会信息。显然，她希望重拾天文学方面的工作。当皮克林在三天内向莱维特提供一份全职工作时，她一定是欣喜若狂。皮克林在信中写道："鉴于你的工作质量，我愿意每小时付给你30美分，虽然通常的价格是每小时25美分。"[8] 莱维特回答说，这可真是"慷慨的报价"。这个工资仅比今天美国最低工资略高一点（将通货膨胀考虑在内），而男性的工资要比这个高近一倍。

然而，直到1904年春天，变星才完全回到了莱维特的生活中。通过放大目镜观察在不同时间拍摄的小麦哲伦星云的两个底片，莱维特发现云中的几颗恒星的亮度发生了变化。其中一个底片上的一颗特殊恒星比较明亮，而在另外一个底片上的同一颗恒星变得比较暗淡。这颗恒星就好像正在缓慢地闪烁。接下来的一年中，她查看了这片星云的其他图片，发现了数十颗这样的恒星。从秘鲁的哈佛观测站每次发来的新底片（可供核对的旧底片可追溯到1893年）中，莱维特都会有许多斩获，她的目录得以快速更新。因此，普林斯顿大学的一位天文学家把莱维特形容为"变星的'朋友'"。[9] 很快，她就把大麦哲伦星云也收入囊中。到 1907 年，莱维特在这两片星云中发现的变星数量创历史新高，共有 1,777 颗（在此之前，人们在麦哲伦星云中只发现了几十颗变星）。莱维特在哈佛大学天文台 1908 年的年鉴中详实地报告了她的研究成果。莱维特共用 13 页纸记录了她发现的每个新变星，详细描述了它们在天空中的确切位置以及最大和最小的亮度。

莱维特在报告末尾写的东西更奇异。在对小麦哲伦星云进行艰苦检测的过程中，她注意到一组特殊的变星群，数量为 16 个。后来这些变星被确定为造父变星，比我们的太阳要明亮数千倍。造父变星这个名字来源于最早被发现的、最明亮的变星之一[10]——仙王座 δ 星，位于北半天空的重要标志仙王座（Cepheus the King）内。这些恒星在几天或几个月的时间内会呈现出不同的亮度。莱维特测量到的这些麦哲伦星云变星的最短周期为 1.2 天，最长为 127天。然而，无论造父变星是长期的还是短期的，每一个的变化都像节拍器一样规律。莱维特说，"一般来讲，在大部分时间里它们都是暗淡的"，[11] 变星处于最高亮度的时间相当短暂。例如，仙王座 δ 星在一天之内就可以从暗淡变到明亮，然后在接下来的四天里逐渐消失到最微弱的程度，直到再次突然变亮。

但正是莱维特报告中的下一句话，变成了最受尊崇的论断。她继续说道："值得注意的是，越明亮的变星，周期越长。"[12] 由于所有观察到的造父变星都位于同一片星云，因此，莱维特可以认为它们离地球的距离大致相同。这意味着她可以确信，造父变星的周期与实际光度有直接关系。事实上，莱维特发现的是天文学上的罗塞塔石碑*，即为天文学家找到了一种解决螺旋星云之谜的手段。其关键是要找出造父变星的周期（即振荡的稳定节奏）与光度之间的联系。她正处在一种新发现的边缘，一种测量天体距离的方法，以前传统的手段无法做到的新方法。

莱维特偶然发现的天体与地球上的灯塔有异曲同工之妙。如果一个水手熟悉特定灯塔的实际亮度，根据灯塔的视亮度，就可以粗略地估计距离陆地有多远。同样地，一颗造父变星的周期明确标记了其实际的亮度。根据实际亮度和在地球上看到的造父变星的视亮度，就可以计算出地球与造父变星的距离。这样，当所有其他方法都行不通时，造父变星就成了一个颇有价值的测量深空距离的"标准烛光"**（如天文学家所说）。

从明亮到暗淡，又从暗淡到明亮，这是造父变星的周期，但这种周期并不是永无止境的。人们一直认为，造父变星是交食双星***，即一颗恒星围绕另一颗恒星运动，就像地球绕着太阳运动一样。但是，到1914年时，人们认识到这种变星实际上是单一的脉动变星，其大气层经常膨胀，然后一次又一次地收缩。当恒星能量的来源最终被人们所了解时，天文学家们发现，造父变星是一种到达特定演化阶

---

* 罗塞塔石碑（也译作罗塞达碑），高 1.14 米，宽 0.73 米，制作于公元前 196 年，刻有古埃及国王托勒密五世登基的诏书。石碑上用希腊文字、古埃及文字和当时的通俗体文字刻了同样的内容，这使得近代的考古学家得以有机会对照各语言版本的内容后，解读出已经失传千余年的埃及象形文之意义与结构，而成为今日研究古埃及历史的重要线索。

** 发光强度单位。

*** 交食双星（eclipsing binary star），亦称食双星、光度双星、食变星等，是指两颗在相互引力作用下围绕公共质量中心运动，通过相互绕转、彼此掩食（一颗子星从另一颗子星前面通过）而造成亮度发生有规律的、周期性变化的恒星。

段的恒星。这种恒星的质量远比太阳大得多，造父变星的质量在5到20个太阳之间。在耗尽了氢气之后，造父变星在适应燃烧新的核燃料时，一段时间内（大约一百万年）会变得不稳定。当星体变得致密时，内部压力就会增加，外部大气层也跟着膨胀，从而变得更加明亮。但是，一旦星体的内部压力减小，重力就会占上风并使球体收缩变暗，直到星体内的压力再次升高。这样，造父变星就会以规律的方式发生周期性变化。更重要的是，明亮、庞大的造父变星的振荡速度，比暗淡、弱小的造父变星更慢。

1908年，莱维特很担心，她最初的16个造父变星的样本太小，不足以确证稳定的、可预测的"周期—光度"定律。莱维特需要更多的例子，但慢性病和父亲的逝世使她无法做进一步研究，这一耽搁就是好几年。此外，造父变星虽然非常明亮，可以远距离看到，但非常罕见。直到1912年，莱维特才在她的目录中增加了9个小麦哲伦星云中的造父变星。手中有了25个例子，莱维特最终在造父变星的星变和亮度之间建立了明确的数学关系。

科学往往是对以前没有人注意到的模式、规律和规则的发现。莱维特以极强的耐力和敏锐的洞察力，终于弄清楚了造父变星的模式，揭示了宇宙的规律。莱维特将数据绘制在一张图上时，这种变星的模式立刻就显现出来了。莱维特以一种科学论文中少有的决绝口吻写道："这些变星的亮度与其周期的长短之间存在非常明确的关系。"[13] 在对数坐标上，随着星变周期越来越长，造父变星的可见亮度也在稳步增加。在图上，造父变星聚集在一条从左下角延伸到右上角的直线上。这个具有历史意义的发现通过哈佛大学天文台第173号通告发布。这是一篇只有三页的文章，标题为《小麦哲伦星云中的 25 个变星的周期》。现在被公认为是科学文献中的"杰作"。[14]

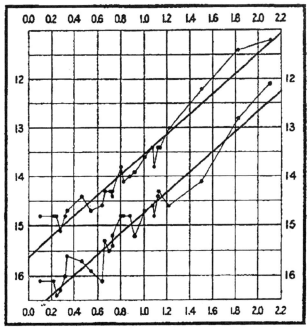

亨利埃塔·莱维特 1912 年绘制的那张具有重要历史意义的图，揭示了造父
变星的可见亮度是如何随着周期的变长而增加的
（资料来源：哈佛大学天文台内部通告，1912 年第 173 期，图 2）

造父变星随时可以成为完美的标准烛光，但首先莱维特需要知道
至少一个变星的真正亮度。这里是指，在这颗造父变星附近测得的亮
度，也就是造父变星的绝对亮度。如果莱维特能确定其中一个变星的
绝对亮度，她的曲线就会揭晓所有其他变星的亮度。一旦莱维特的那
张图以这种方式校准，无论在多么遥远的太空中，天文学家都可以通
过测量造父变星的周期，推断出它的绝对亮度。接下来是造父变星到
地球的距离：通过测量造父变星在天空中的实际亮度（这比造父变星
原本的亮度要微弱得多），就可以计算出需要多远的距离，变星才会

暗淡到这种程度。造父变星有望成为天文学最便利的宇宙测量尺。天文学家终于可以测量出遥远天体的距离——比想象中更遥远的天体。莱维特知道这一点，但她不是那种能够大胆表述自己观点的人。此外，正如一位哈佛大学天文学家所指出的那样，皮克林雇佣的"计算姬"们"只能做一些基本工作，不擅长深入思考"。[15]因此，莱维特在论文的结尾处仅简单地写道："也希望人们能够测量这种类型变星的一些变量视差（从根本上讲，就是距离）。"[16]

我们需要测定的，是地球与一个真实造父变星之间无可争辩的距离。但对于莱维特来说，通过望远镜寻求答案是不可能的。这不仅是因为当时女性无权使用最好的望远镜（一般认为是男性的工作），也是因为莱维特的身体实在太虚弱。鉴于她耳聋，又经常生病，医生建议莱维特避免接触夜间寒凉的空气，而这是观测者惯常要面对的环境。莱维特逐渐相信，寒冷天气会使她的听力状况恶化。[17]如果她有做科研的实际经验的话，莱维特本可以利用以前发表过的文献中的数据，在办公桌上完成计算。但皮克林坚信，他的天文台的主要功能是收集数据、给数据分类，而不是将其应用于解决问题。[18]积累数据是皮克林的最高原则，所以他很快就给莱维特委派了另一项任务，让她负责星等的测定工作。[19]皮克林认为这个项目更重要。莱维特多年来一直毕恭毕敬地遵循老板的指示，丝毫不敢懈怠。于是，莱维特又回到天文台的工作室，继续研究别人拍摄的星图。20世纪20年代，塞西莉亚·佩恩—加波施金（Cecilia Payne-Gaposchkin）来到哈佛天文台时，称这是"一个糟糕透顶的决定，让这样一位优秀的科学家来做这样的工作，简直是浪费人才，并且可能使变星的研究推迟几十年"。[20]然而，莱维特的努力并没有白费。最终，她的星等测量工作成为国际公认的星等系统研究的基础。

莱维特虽然做着星等测定的工作，但追求变星的梦想从未消失过，只是在等待适当的时机采取行动。皮克林去世后不久，莱维特就向新任台长哈罗·沙普利袒露了心声。1920 年，沙普利刚到哈佛大学天文台时，莱维特就不失时机地征求他的意见，推进她对麦哲伦云中变星的研究。那时，沙普利已经使造父变星的分类标准化。但是沙普利告诉莱维特，他希望能够看到对短时变星的更深入的研究，即那些星变周期在几个小时而不是几天的变星。沙普利说："在目前关于球状星团距离和银河系统大小的讨论中，这是极其重要的。"[21] 沙普利问莱维特，周期—光度定律是否也适用于大麦哲伦星云中的恒星呢？沙普利对莱维特寄予厚望，希望她能在解决这些问题上取得成功。

但是，就在莱维特即将完成持续很久的星等项目，很可能最终回到造父变星的研究工作上时，53 岁的她去世了。莱维特与胃癌进行了漫长而艰苦卓绝的斗争。到 1921 年 12 月 12 日去世时，她总共发现了约二千四百个变星，其中大约有一半当时处于活跃状态。莱维特在哈佛大学的贡献是独一无二的，她的地位也很少有人能超越。在莱维特去世后第二天，沙普利这样告诉同事，"莱维特女士是无可替代的"。[22] 瑞典皇家科学院（Royal Swedish Academy of Sciences）的一位成员不知道她已过世的消息，四年后还在联系哈佛大学天文台，询问她的发现，打算以她的这些成就提名她为诺贝尔物理学奖获得者。[23] 但是根据该奖项的规定，已故者不能获得提名。

注释：

[1]大麦哲伦星云是由著名的波斯天文学家阿尔苏菲（Al-Sûfi）在他写于964年的《恒星之书》（*Book of Fixed Stars*）中命名的。虽然从波斯北部看不见，但在更靠南的曼德海峡附近的中东人民可以看到。

[2]见 Nowell（1962），p. 127.

[3]见 Pickering（1898），p. 4.

[4]见 Jones and Boyd（1971），pp. 388–390.

[5]同上，p. 390.

[6]见 Johnson（2005），pp. 25–26. 书中莱维特的很多个人细节都来自这本杰出的莱维特传记，这本书是到目前为止关于莱维特生活的最全面的传记。

[7]见 Bailey（1922），p. 197.

[8]见 Johnson（2005），pp.31–32.

[9]同上，p. 37.

[10]1784 年，英国天文学家约翰·古德里克（John Goodricke）首次注意到了仙王座 δ 星的可变亮度。古德里克是一位天文神童（也像莱维特一样失聪），19 岁时因为他在蚀双星上的工作而获得了皇家学会著名的科普利奖章（Copley medal）。三年后，他死于肺炎。

[11]见 Leavitt（1908），p.107.

[12]同上。

[13]见 Leavitt and Pickering（1912），p. 1.

[14]见 Rubin（2005），p. 1817.

[15]见 Payne- Gaposchkin（1984），p. 149.

[16]见 Leavitt and Pickering（1912），p. 3.

[17]见 Johnson（2005），p. 31.

[18]见 Jones and Boyd（1971），p. 369.

[19]见 Johnson（2005），pp. 56–57.

[20]见 Payne- Gaposchkin（1984），p. 146.

［21］HUA，详见沙普利1920年5月22日写给莱维特的信件。

［22］详见沙普利1921年12月13日写给弗雷德里克·西尔斯的信件。

［23］见 Johnson（2005），p. 118.

探索

第7章

帝国缔造者

1914 年，由于协约国和轴心国的关系急转直下，叫嚣"以战争结束战争"，世界陷入动荡时期。四年的战争冲突摧毁了那些古老的帝国，重塑了现代世界。然而，在这个毁灭性的动荡时期，天文学上却有了一些重大发现。维斯托·斯里弗正在测量逃逸中的螺旋星云，赫伯·柯蒂斯正在寻找新的螺旋星云，哈罗·沙普利正在准备把我们的太阳从已知宇宙中心的神圣位置移开。一些人在重新设计全球政治格局的同时，另外一些人也在重新规划我们的宇宙格局。

长期以来，人们一直认为银河系相对较小，最多有 2 万到 3 万光年宽（当时的估计值各不相同），[1] 但在 1918 年，沙普利将我们银河系的宽度急剧增加到了 30 万光年左右。此外，他还宣称，我们的太阳系距离银河系的中心有 6.5 万光年。好不容易才从哥白尼的日心说中恢复过来，人们又不得不面对地球再次被降格的尴尬。银河系的总体宽度后来被修正，在进行了更好的校准之后，向下调整到大约 10 万光年，但即便如此，也远比以前任何人想象的要大得多。

要不是乔治·埃勒利·黑尔具有惊人的远见和无限的毅力，沙普利将永远不会有这个机会。著名的太阳天文学家黑尔发现，在太阳黑子中有磁场，这在当时是轰动性的发现，因为这是在地球外探测到的第一个磁场。黑尔还与詹姆斯·基勒共同创办了《天体物理学杂志》，并帮助施罗普技术学院改名为加州理工学院。但是黑尔对天文学做出的最宝贵的贡献是在管理方面——主要是通过他几十年来的苦心经营，美国在天文学方面接过了来自欧洲的接力棒，成为领跑者。几乎是一手策划，黑尔在美国建造了四台大型望远镜，每台望远镜都比以前的更大、更先进。为了实现自己的宏大目标，他让沙普利重新规划银河系格局，重新调整天文学家的研究思路，让他们揭示宇宙真正的浩瀚和天体居民惊人的多样性。卡耐基天文台的天文学家艾伦·桑德奇（Allan Sandage）相信，天文学家"应该将所有的成就归功于黑尔、他的梦想和积极的行动，是他把这些梦想变成了玻璃和钢铁的天文学帝国。要是没有黑尔这位天文学的'帝国缔造者'，今天世界的天文学会是什么样子呢？"[2]

黑尔充分利用了他那个时代辉煌的生产力。有人曾经开玩笑似地指出，美国天文学由于有两个发现而变得卓尔不群：皮克林发现了女性助理，而黑尔发现了金钱。[3]美国实业家正在积累大量财富，而在联邦所得税永久确立之前，这些资本正等待着慈善事业的开发。在镀金时代的所有科学中，天文学是最受美国私人资助者欢迎的项目。其中一个原因是，天文学项目能向人们兑现承诺，在山上建造一座闪耀的白色圆顶屋，让所有人都能仰望和欣赏。黑尔也评论说，公众认为"天文学研究带有一种不同于其他科学分支的神圣感，（因为）它有能力在无限的空间范围内寻找神秘的现象"。[4]

在世纪之交，黑尔本人就成了这种科学与金钱相结合的化身。黑尔的父亲威廉是一名液压电梯制造商，拥有相当可观的财富。他的公司给很多摩天大楼供应电梯。1871 年的大火之后，这些摩天大楼开始散布于芝加哥，成为一道亮丽的城市风景线。他的公司也为巴黎的埃菲尔铁塔供应过电梯。来自这些企业的部分资本给予了黑尔作为一个十几岁的青少年足够的资金，使他能够在芝加哥海德公园区自家宅第的阁楼上建造自己的光谱观测站。黑尔在那里废寝忘食地研究太阳的光谱，旁边还摆放着他的书、实验室设备以及化石标本。他是一个早熟男孩，具有强大的专注力，总是很好奇，总是能想出研究自然界的新方法。黑尔选择了太阳作为自己的兴趣目标，因为这是离地球最近的恒星，他希望它能更好地揭示恒星演化的奥秘。1888 年在 20 岁生日后不久，黑尔就证实了太阳中存在碳元素。[5]这一问题在当时争议很大。甚至在大学毕业之前，黑尔就开发了一种新的仪器——太阳单色光照相仪。这种仪器能够使天文学家以前所未有的方式拍摄太阳表面和火热的日珥。它在一个选定的光的波长下拍摄太阳，光谱带是由特定的化学元素发出的。19 世纪末，地质学和生物学领域的重大发现仍在困扰着科学家们。这些发现完美地证明了地球历史上发生的渐进式变化：新物种的进化和自然力量不断塑造的景观。黑尔正在寻找宇宙内部类似动态的证据。

一俟从麻省理工学院（1890 级）毕业，黑尔就娶了青梅竹马的发小依莲娜·康克林（Evelina Conklin）。之后，这对新婚夫妇去了科罗拉多州的尼亚加拉大瀑布、旧金山和约塞米蒂国家公园等地进行超长的蜜月旅行。但是最令他兴奋不已的还是到加利福尼亚州利克天文台的那次旅行。在那里，黑尔有机会和詹姆斯·基勒一起工作一个晚上，就像利克天文台的天文学家正在观测行星状星云那样。天文台给他留下了深刻的印象，黑尔永远都不会忘记第一次看到 36

英寸折射望远镜的情景。他后来回忆说，那是当时世界上最大的望远镜，它的长筒"在高高的圆屋顶下指向天空"。[6]黑尔主要研究太阳，而基勒主要研究恒星和星云，但这二人都是光谱学的铁杆拥趸。他们成了亲密无间的朋友。

在返回芝加哥之后的两年中，黑尔成为新近重组的芝加哥大学的副教授。鉴于芝加哥大学承诺将来为更大的望远镜提供资金，黑尔允许该大学使用他的个人天文台，并将其隆重地命名为"肯伍德物理天文台"。该建筑与黑尔家的宅第毗邻，并安置了由黑尔父亲出钱购置的 12 英寸折射望远镜，以及黑尔开发的太阳单色光照相仪。黑尔告诉一位熟人："要不是有朝一日能用大望远镜来实施一些钟爱的计划，我暂时不会考虑（加入教师队伍）。"[7]

由于黑尔的足智多谋，这个愿景的实现比预期来得要早。1892年夏天，黑尔参加完纽约州罗切斯特的美国科学促进会最近一次会议后，走到酒店的阳台上想要透口气，偶然听到有人在谈论可意外购得两个 40 英寸望远镜镜头。这两个玻璃镜头是为南加州一个计划中的天文台制造的，目的是在望远镜的实力上超越利克天文台。房地产业的繁荣给洛杉矶地区带来了巨大的财富，为了地区的荣耀，开发商们渴望在天文学上树立起自己的丰碑，但是当房地产泡沫破裂时，出资人破产了。对于特别渴望为研究太阳而获得一个大型望远镜的黑尔来说，能购买到这些镜头真是千载难逢的好机会。40 英寸口径的镜头，比利克天文台 36 英寸镜头的表面积大了近 25%，因此收集的光也要多 25% 以上。这对于任何天文学家来说都是一笔巨大而宝贵的收获。由于一群芝加哥最富有的商人拒绝赞助购买这些镜头，黑尔最终说服了芝加哥的有轨电车巨头查尔斯·泰森·耶基斯（Charles Tyson Yerkes）为购买镜头和建造巨型望远镜提供资金。作为天文学家，黑尔为这个大胆的计划提供了科学的依据。尽管只有 24 岁，但家族财富和地位给了黑尔自信，使他能够赢得耶基斯的信任，来资助这样一个大项目。

几个月以来，芝加哥大学一直在积极说服耶基斯认捐，并提议以他的名字命名世界上最大的望远镜，这是一个巨大的诱惑。（与多年前对詹姆斯·利克的做法如出一辙。）黑尔并不羞于打开天窗说亮话。他在给耶基斯的信中写道："只捐助钱款而不建天文台者，可能没有更持久的纪念碑。毫无疑问，要不是因为利克先生慷慨解囊，建立了那个著名的天文台，他的大名也不会像今天这样广为人知。"耶基斯一下就上钩了。在一次会议上，耶基斯告诉黑尔说，"建天文台！让它成为世界上最大、最好的天文台！把账单寄给我"。[8]

耶基斯为什么一下子就成了黑尔的囊中之物了呢？因为黑尔恰好击中了耶基斯的软肋：这位强盗巨头有着不太光彩的发家史。耶基斯是一位具有传奇色彩的人物。他在费城的市政证券市场发了财，直到一些可疑的交易使他被控挪用公款而入狱服刑。耶基斯因此背上了"市政腐败的体现和代表"的恶名。[9] 在兄弟之爱城﹡失去了财富后，耶基斯搬到了芝加哥。为了能够快速赚回失去的钱财，他贿赂了一些政客来控制该城的有轨电车系统。在西迁之前，耶基斯已经与给他生下六个孩子的妻子离了婚，并且娶了一位年轻貌美的女子玛丽·阿德莱德·摩尔（Mary Adelaide Moore）。美国作家西奥多·德莱塞（Theodore Dreiser）将耶基斯的非凡生活写进了小说《金融家》

﹡ 费城的别称。

（*The Financier*）和《巨人》（*The Titan*）中，使之"名垂千古"。德莱塞在自己的自传中将这个时代描绘成美国历史上的特定时刻，"巨人们在全方位地密谋、争斗和做梦"。[10]

耶基斯显然对用自己的名字命名大望远镜感到非常满意。这是在抬高他的身份（更不用说，也提升了他在当地银行的信用评级，这可能一直是他追求的目标）。《芝加哥国际海洋日报》（*Chicago Daily Inter Ocean*）报道说："当耶基斯先生决意提供资助时，他只是要求天文台和望远镜要打败世界上的一切对手。"《芝加哥论坛报》（*Chicago Tribune*）也适时补刀，自鸣得意地写道："利克望远镜不久就会被打败。"[11]

1897年，耶基斯天文台正式成立，典礼仪式宏大、富丽堂皇。29岁的黑尔被任命为台长。天文台距离芝加哥70英里，位于威斯康星州威廉姆斯湾的一个小度假村，与日内瓦湖毗邻。几个芝加哥大学的理事恰好在那儿有避暑别墅。向"新天文学"转变，在新建天文台的理念中体现得极其明显，这在典礼的献词中可略见一斑。主旨发言人基勒告诉尊贵的观众："可能有些人不满意现代望远镜周围堆积的一系列化学的、物理的和电动的设备。他们追忆过去的天文台，就好像是欣赏尚未被现代装饰破坏的、沉静的古典寺庙。"[12]耶基斯天文台正在开辟一条研究星空的新途径。黑尔，一个坚定的天文学家，确保这里有暗室、光谱实验室以及专门服务于天文学事务的设备作坊。黑尔正在改变天文台的工作方式。

黑尔不喜欢循规蹈矩。作为天文学界的企业家，他总是关注那些能获得尖端成果的新技术和新方法。甚至在日内瓦湖畔建起壮丽的耶基斯圆顶屋之前，黑尔就已经说服了他富有的父亲为另一架望远镜购买材料。这次是一个大的反射望远镜。圣戈班玻璃厂——一家法国葡萄酒瓶制造商，为他铸造了一面 60 英寸口径的镜坯。在世界各地的天文学家抵达耶基斯天文台准备参加开幕仪式时，望远镜制造商乔治·里奇正在天文台的作坊里忙着研磨镜片，并为之设计辅助系统。[13] 里奇并非凡夫俗子。他是爱尔兰移民工匠的后代，曾是一名从事木工艺教学的高中教师；在大学辍学之前曾受过天文学方面的培训；在设计和制作新望远镜方面颇有艺术造诣，小有名气。[14] 因此，里奇被黑尔聘为高级配镜师。但他过于追求至善至美，脾气有点暴躁。[15]

对 40 英寸镜头的测试显示，镜头已经达到极限。如果镜片再大，玻璃就会因自重而下垂，使图像变形。里奇和黑尔都知道，要想更大，就不得不使用反射镜而不是镜头，就像先驱赫歇尔和罗斯那样。基勒正打算在利克天文台运行克罗斯雷反射望远镜。黑尔和基勒就这个问题进行了反复讨论。60 英寸的反射镜将大大增加光的收集量，比耶基斯天文台 40 英寸折射镜的收集量大两倍以上。它可以确保加速天文台的产出：曝光时间可以缩短，以前无法成像的微弱星体，现在都可以获取其光谱。人们一定会打开新的星空景象，发现数百万颗新星。如果说里奇和黑尔在共同愿景之上达成了什么共识的话，那就是，反射望远镜是天文学未来的工具。

黑尔一直在西海岸寻找安置 60 英寸望远镜的地点。黑尔的朋友基勒听说了他的意向后写道："你有可能到加州居住，与我为邻，太叫人高兴了。在我看来，海岸范围内，也许比我们更往南的某个地方，会是最好的。"[16] 黑尔表示同意。他知道，在南部地区空气更干燥，天气更适宜。几年后，他自己就体验到了这一点。

1903 年底，黑尔暂时把家搬到了帕萨迪纳。那时，帕萨迪纳还是一个小镇，有很多未铺柏油的马路。黑尔的女儿患有哮喘，需要更温暖、干燥的气候，而原来居住的威斯康星州日内瓦湖畔的气候比较寒冷。加州充足的阳光也会使黑尔摆脱掉偶尔会有的抑郁。一定居下来，黑尔就深信，"威尔逊峰"[17]是继续他的天文工作的"好地方"[18]。他可以从棕榈街的卧室窗户看到威尔逊山。自从哈佛大学在 19 世纪 80 年代后期考虑过在这里设立常役望远镜以来[19]，黑尔实际上也一直在考虑这个地方。

威尔逊山距太平洋约 30 英里，陡然从谷底升起。它是圣加布里埃尔山脉*的许多山峰中的一个，从西向东延伸，成为洛杉矶大都市区和北面的莫哈韦沙漠之间的天然屏障。黑尔第一次冒险登上这座 1 英里高的山峰时，发现山上长满了低矮的橡树和高耸的云杉，他感觉自己到达了世界的边缘。俯瞰着山下的小镇，眺望着远处深蓝色的大海，黑尔确信已经找到了天文观测的最佳地点。

由于芝加哥大学不愿提供充足的资金，资助黑尔实现在加州建立天文台的梦想，年轻的黑尔只好寻求其他资金来源。幸运的是，安德鲁·卡耐基（Andrew Carnegie）刚刚成立的华盛顿卡耐基研究所，慷慨地设立了 1,000 万美元的捐赠资金，"以最广泛和最自由的方式鼓励调查、研究和发现"。[20]卡耐基靠钢铁事业发财致富，更以乐善好施闻名天下。对于黑尔而言，如果卡耐基一家企业能够独家资助科学研究，那就再好不过了。而且事实证明"的确如此"[21]，因为卡耐基的捐助超过了当时美国所有大学研究资助的总和[22]。黑

---

* 又译作"圣盖博山脉"。

尔立即申请资助，制订了自己气势极大的计划，但卡耐基已对来自全国各地铺天盖地的请求应接不暇，因此，黑尔迟迟未得到答复，也在情理之中。

但这丝毫没有影响到黑尔的计划。甚至在建造完整的天文台所需资金还未有保证的情况下，黑尔就于1904年夏天利用一笔划拨给"芝加哥大学太阳研究考察"项目的资金，在威尔逊山上开始搞基建。[23]当这笔资金用尽时，他自掏腰包付给手下的人。他就是想赌一把，即他的投资将来会获得回报。此时，被称为"修道院"的建筑在山脊南部边缘已建起来，是男天文学家的居所。到年底时，住所建成了，包括一个配套的由原生岩石建成的大壁炉。同时，黑尔也接到了卡耐基研究所最终同意赞助的消息，他的申请计划中要求资助在山顶上建一架太阳望远镜和一架60英寸口径的反射望远镜。人们很难拒绝这样一个具有活力和魅力，又坚持不懈追求目标的人。黑尔的情妇、洛杉矶社交名媛艾丽西亚·莫斯格罗夫（Alicia Mosgrove）[24]形容他是"内心异常激动，但他兴致越高，越是受苦"[25]。黑尔辞去了耶基斯天文台的台长之职，全身心投入到由华盛顿卡耐基研究所资助的威尔逊山太阳观测站的建设工作中。黑尔已经与当地签订了天文台土地的租赁合同，可以免费使用99年。

组装60英寸望远镜的作坊在小镇的圣巴巴拉街上建了起来。雄伟的卡耐基天文台总部今天仍然矗立在那里。这条街现在挤满了住宅，但当时的帕萨迪纳人烟稀少，附近只有几个农舍和谷仓。[26]在黑尔对威尔逊山进行第一次勘察时，有两条上山的小路：一条是印第安人走的老土路，另一条是威尔逊山收费公路公司修建的公路，虽然这条"路"只有几英尺宽。如果手头有叫贾斯帕、品拓、大可或莫德什么[27]的骡子的话，你可以让它们驮运随身携带的行李或代步。它们的毛发比人的头发还好，有时用作导星镜的十字叉丝。导星镜与主镜平行，但比主镜小，有助于天文学家在观测期间始终瞄准天体。

在威尔逊山顶上安置一台 60 英寸望远镜是一项艰巨的任务。总之，用于建造建筑物和钢制穹顶的数百吨材料，都是由骡子或辅助骡子的电动运输车拖拽上山的。[28]为了做到这一点，人们首先通过挖掘和砍伐逐步扩宽和改善了九英里的公路。最紧张的时刻是镜子本身的运输。经过四年的研磨，它变成了光滑的抛物面形状，非常精细，任何瑕疵都不超过百万分之二英寸。[29]稍不留神，车轮就会悬空，整车的货物都可能会突然坠落到谷底。令所有人欣慰的是，镜子于 1908 年夏天安然无恙地抵达山顶，并终于在三个月内被安装在支架上（它奇迹般地在 1906 年的旧金山地震中幸存下来）。一旦望远镜投入使用，天文学家就能看到比天空中最亮的恒星暗淡一亿倍的恒星。

黑尔决意不去效仿利克天文台的模式，建一个自给自足的村寨来安置工作人员及其家属。[30]威尔逊山上只留守必要的人员，全天候看护天文台及其设备，天文学家们随时都可以从天文台的总部出发去山上进行观测。一位旁观者注意到，"当黑尔背着背包，从八英里的老土路爬上山顶时，他高兴得就像个在度假的孩子一样"。[31]黑尔还根据工作人员个人研究兴趣给予其工作自由。在过去，天文台往往作为数据工厂，进行长期的观测，收集大量的底片资料，供他人在解决问题时参考。但是对于黑尔来说，天文学现在是实验物理学：望远镜要像实验室的仪器一样使用，天文学家要回答精心挑选的问题，并从收集的事实中发展出理论。坚信美国科学潜力的黑尔，希望美国的科学家能够超越单纯的数据收集，产生更多的基础性发现。如他所说，去看"森林"而不是树木。[32]这与几个世纪以来天文学的发展方式背道而驰，那时的天文学主要依靠牛顿引力理论来研究宇宙的运作。黑尔想要尝试新的物理学。

　　不过，维多利亚时代的一些旧习俗依然存在。在"修道院"的晚餐时间，桌上铺着亚麻桌布和餐巾，所有的天文学家都要穿外套，打领带。[33]这在天气炎热时是一种考验，但是如果违反着装规定，就会被禁止进入餐厅。直到第二次世界大战之后，这种循规蹈矩的社交风气才开始瓦解。今天，黄昏一旦降临，威尔逊山上穿着T恤的天文学家就会冲到望远镜前，收集每一秒钟的观测资料。可是在当时，即使天黑下来，穿着齐整的天文学家们也还会继续吃饭。只有在吃完晚饭后，他们才懒洋洋地起身慢步踱到望远镜那儿去。

　　黑尔把耶基斯天文台几乎所有最好的人都带到他新的天文学圣地去了。黑尔有着迷人的个人魅力，既吸引人想接近他，又让人敬畏。威尔逊山天文台的第二任台长沃尔特·亚当斯（Walter Adams）曾承认，他之所以不离开黑尔和天体物理学，"部分原因是因为黑尔博士非凡个性的强烈影响……周边的环境哪怕发生非常微小的变化，我都有可能选择以教希腊文为业"。[34]

　　黑尔的团队中，除了天文学家，其他一些人都没有接受过正规的天文学教育，而是接受过职业培训，具有摄影、机械工程等领域的宝贵技能。这些人中就有里奇和费迪南德·埃勒曼（Ferdinand Ellerman）。埃勒曼是黑尔的首个雇员，曾在芝加哥协助他在私人天文台的工作。

终于，黑尔把他网罗人才的范围扩展到了那帮耶斯基死党之外。当听说普林斯顿的一个博士生给人留下深刻印象时，黑尔就安排和这位年轻人在纽约市见面。哈罗·沙普利为赴会做足了功课，准备好讨论所有最新的天文学发现。结果，这两个人却谈起了沙普利前一天差点错过观看的歌剧。谈话持续了一段时间后，黑尔突然说道："呃，我得先走了。"天文学方面的事情他们一个字都没说，而且也没有提到工作的问题。普林斯顿大学的这位高才生认为，自己没有通过面试。但是令他惊讶的是，他很快就收到了黑尔的一封信。得到的信息正是他所希望的："请来威尔逊山吧。"[35]

注释：

［1］见 Smith（1982），pp. 58–60.

［2］见 Wright（1966），p. 14.

［3］见 Rubin（2005），p.1817.

［4］见 Hale（1898），p. 651.

［5］见 Wright（1966），p. 59.

［6］同上，p. 71.

［7］同上，p. 92.

［8］同上，pp. 96–98.

［9］见 Jones and Boyd（1971），p. 429.

［10］见 Dreiser and Booth（1916），p. 172.

［11］见 Osterbrock（1984），p. 185.

［12］见 Keeler（1897），p. 749.

［13］见 Ritchey（1897）.

［14］见 Osterbrock（1993），pp. 33–37.

［15］见 Sandage（2004），pp. 96–97.

［16］HP，详见基勒 1899 年 2 月 5 日写给黑尔的信件。

［17］威尔逊峰以本杰明·戴维斯·威尔逊（Benjamin Davis Wilson）的名字
命名。19 世纪 50 年代，威尔逊是首个探索这座山的非本地人。这座山
位于威尔逊的果园和酿酒厂附近。威尔逊是小乔治·S. 巴顿（General
George S.Patton Jr.）将军的外祖父。

［18］见 Osterbrock（1984），p. 350.

［19］见 Wright（1966），p. 165.

［20］同上，p. 159.

［21］同上。

［22］见 Hetherington（1996），p. 104.

［23］见 Wright（1966），pp. 187–188.

［24］见 Osterbrock（1993），p. 74.

［25］见 Wright（1966），p. 198.

［26］见 Adams（1947），p. 223.

［27］同上，p. 218.

［28］见 Sandage（2004），pp. 165–167.

［29］见 Wright（1966），p. 228.

［30］见 Sheehan and Osterbrock（2000），p. 101.

［31］见 Adams（1947），p. 223.

［32］见 Wright，Warnow，and Weiner（1972），p.273.

［33］AIP，详见斯宾塞·沃特 1978 年 5 月 22、23 日对艾伦·桑德奇的采访。

［34］HL，详见沃尔特·亚当斯档案，盒 1，文件夹 1.15，“自传注释”。

［35］见 Shapley（1969），pp. 44–45.

第 8 章

太阳系并非银河系中心，人类亦如此

在抵达威尔逊山时，哈罗·沙普利并没有什么既定的研究计划，只是对变星有兴趣。他曾告诉普林斯顿大学的导师亨利·诺利斯·罗素，可能会做一些东鳞西爪的研究。但是，沙普利的妻子也精通天文学，她在查看一个球状星团的照片时，很快就发现了一组有趣的星体。沙普利写信给罗素说，"我也查看过一些星团，在其中一个星团中，发现了五颗新的变星……说实话，这是我内子发现的，但我打算将之据为己有"。[1]这的确帮助他锁定了研究焦点。沙普利于是打算研究银河系中的球状星团。球状星团外观呈球形，由密集的星体构成，就像冻结在宇宙中的绚丽烟花。

从 1914 年到 1921 年，沙普利在威尔逊山天文台工作期间，取得了职业生涯中最好的研究成果。沙普利是个冒险家。正如黑尔后来所指出的那样，"沙普利比威尔逊山天文台的其他成员更富有冒险精神，他敢于在数据不是很充分的情况下就得出极其重要的结论"。[2]盘点沙普利在这七年时间里的著述，我们不难发现，沙普利是大约 150 篇论文和通报的唯一作者或投稿人。由于沙普利的第一份工作是报道中西部地区犯罪和腐败问题的记者，因此多年前，童年时期的小伙伴们肯定不会想到他会在天文学上取得如此辉煌的成就。

出生于 1885 年的沙普利和异卵双生兄弟贺瑞斯、姐姐莉莲以及弟弟约翰，是在密苏里州的一个农场长大的。农场离奥扎克乡纳什维尔镇有几英里远。奥扎克乡离第 33 任美国总统哈里·杜鲁门（Harry Truman，1884 年出生）的出生地不太远。沙普利的父亲威利斯是一名干草经销商。年轻的沙普利在只有一间校舍的学校就读了几年，但大部分时间是在家接受教育。他在挤奶的时候，会背诵丁尼生的诗歌来"保持一定的节奏"。[3]

沙普利回忆说："我们主要通过《圣路易斯环球民主报》（*St. Louis Global-Democrat*）了解外面的世界。"[4]这可能是他为什么 15 岁时就成为堪萨斯州查纽特的《每日太阳报》（*Daily Sun*）记者的原因。查纽特是位于他家乡西北约 60 英里处的一个秩序混乱的石油小镇。沙普利后来搬回到密苏里州，为《乔普林时报》（*Joplin Times*）撰写有关警察犯罪的报道。他总是在当地图书馆度过空暇时光，进行大量阅读，所读书籍范围甚广，因为从一开始沙普利就立志要攒足够的钱去上大学。为了获得上大学所需的文凭，沙普利最终申请到当地的高中上学，但由于所受教育的资历浅薄，被大学拒之门外。之后，沙普利自掏腰包在一所大学预科学校学习。他踔厉奋发，努力迎头赶上。1907 年，正如沙普利当教师的母亲一直期盼的那样，21 岁的沙普利终于有资格上大学了——被密苏里大学录取。[5]

考虑到有多年报道中西部不良社会事件的经验，沙普利一直打算主修新闻学，但是到学校之后他才发现，新闻学院推迟了开学。沙普利后来谈及此事时说，"我一直在为上大学做各种各样的准备，但到了大学却发现接下来无路可走。当时一定是抱着'我要证明给他们看'的决心才决定留下来继续学习的。但当我打开课程目录时，受伤的心又一次遭到了重创。所提供的第一门课程是a-r-c-h-a-e-o-l-o-g-y（考古学），这个词我竟然都读不出来！……我翻到了另外一页，看见上面有一门课叫作a-s-t-r- o-n-o-m-y（天文学），这个词我可以读出来，我想，就选它吧！"[6]沙普利从小就喜欢海聊神侃，所以，前面所说的只是开玩笑而已。他实际上是需要一份工作。[7]天文学系的主任弗雷德里克·西尔斯（Frederick Seares）为他提供了一份每小时35美分的工作，这可能才是沙普利选择天文学课程的决定性因素。但无论沙普利选择天文学的原因是什么，这个选择比较适合他。这位前记者给西尔斯留下了深刻印象，尤其是西尔斯认为沙普利"做事很用心"。[8]在短短的两年时间里，西尔斯就已经让沙普利讲授了天文学的入门课程。尽管开始的时候沙普利所接受的物理和数学方面的训练很少，但他于1910年以优异成绩毕业。

　　沙普利又在密苏里大学待了一年，以便攻读硕士学位。在获得了一项卓越奖学金后，沙普利选择去普林斯顿大学攻读博士学位。一位推荐人警告普林斯顿大学的官员们，在竞争对手有机会把他抢走之前，赶紧接受这位后起之秀。[9]在新泽西田园诗般的中部地区，在著名的天文学家兼理论家亨利·诺利斯·罗素的指导下，沙普利专门研究交食双星。[10]所谓交食双星是指两颗相互绕行的恒星，当它们围绕公共质心转动时，从地球上看，两颗恒星会周期性地相互遮挡，交替掩蚀，使双星的光线出现周期性的明暗变化。沙普利成了能熟练运用计算尺和数学表格、计算恒星轨道以及恒星密度和大小方面的专家，这些都是罗素感兴趣的特殊领域。这项工作对于确定恒星类型的范围，包括巨星的存在，是非常有价值的。

这是一对奇特的师生组合：罗素是长岛一位牧师的儿子，拘谨、呆板，颇有贵族气派，而学生沙普利是"狂野的密苏里州人"[11]，有着可爱的团团脸，留着农场男孩似的发式。曾一天参加了两场纽约市剧院的表演，他称此次经历"比对数表还糟糕"。[12]但他们逐渐相互欣赏起对方来——罗素有丰富的专业知识，而沙普利非常勤奋。根据罗素的传记作家大卫·德沃金（David DeVorkin）的说法，人们经常看见他们在校园里一起漫步，罗素用"手杖把挡道的大学生们轰开"。[13]

沙普利在密苏里州建立的人脉关系，对职业生涯的下一步发展至关重要。他的本科生导师西尔斯于 1909 年搬到了威尔逊山，并为沙普利打开了这座著名天文台的大门。[14]不久之后，黑尔就于 1912 年向他提供了职位，每个月的工资为 90 美金，外加山上的免费食宿。[15]因为沙普利要到欧洲旅行，还要同罗素一起完成交食双星方面的研究，所以推迟了赴威尔逊山任职的时间。不过，沙普利最终于 1914 年春动身前往威尔逊山。他中途停下来，在堪萨斯城与密苏里大学的恋人玛莎·贝茨（Martha Betz）完婚。他在数学课上认识了这位才华横溢的学者和语言学家。从开始约会的那一天起，贝茨就对天文学产生了浓厚的兴趣，甚至帮助沙普利处理为写博士论文收集的大量数据。在乘火车前往加利福尼亚州的蜜月旅行途中，他们一起愉快地计算交食双星轨道。[16]在不到十年的时间里，沙普利就从新闻工作者变成了职业的天文学家。他将使用当时世界上最大的望远镜对星体进行观测。

当沙普利去威尔逊山天文台工作时，那里的生活条件还相当原始。一位元老级工作人员报告说："刚刚杀死了一条三英尺长、有八个响环、趴在后门处的响尾蛇。"[17]沙普利后来回忆说："那时的日子过得很艰难。上山要走九英里路，有时骑驴，有时步行。"[18]沙普利不在威尔逊山上，就在帕萨迪纳的天文台办公室和工作坊里工作。当时，帕萨迪纳正从郁郁葱葱的柑橘树林和葡萄园转型为冬季的度假胜地，到处充满着鲜花和来自东部的富有游客。

沙普利是一个善于交际的人。一到达天文台，他就立即与几位同事成了好朋友，其中就包括太阳天文学家塞思·尼科尔森（Seth Nicholson）和荷兰天文学家阿德里安·范马伦（Adriaan van Maanen）。范马伦 1911 年就到威尔逊山天文台了。[19]开始时，他只是志愿助理，之后的 35 年中他是正式的员工。在这些朋友和同事中，沙普利是个无可救药的话痨。后来在哈佛认识沙普利的塞西莉亚·佩恩－加波施金说，"与他交谈就像是在打一场激烈的乒乓球比赛，他的思想不停地弹来跳去，常常从意想不到的角度发射过来，令人应接不暇"。[20]沙普利是一个极其爱慕虚荣的人。他很喜欢被人夸奖，尤其与那些讨好他的人相处甚好。而且，沙普利从不肯原谅别人的过错。佩恩－加波施金补充说："沙普利是慷慨的支持者、起促进作用的同伴，也可能成为仇深似海的敌人。"[21]

威尔逊山上只有一个人是沙普利无法用自己的中西部魅力所左右的。那就是威尔逊山的实际领导者——沃尔特·亚当斯。20 世纪 10 年代，黑尔因为神经衰弱和抑郁症的发作，会经常离开威尔逊山。有时黑尔不在威尔逊山上是由于战时工作之需，但更多的时候是去治病。每当发生这种事时，亚当斯就要代理台长之职。亚当斯以尽职尽责、勤俭节约而闻名，作息非常规律，工作人员都可以"根据他的来去调好钟表"。因为抽烟斗上瘾，亚当斯打造了一条"红运当头"捷径，从天文台直通山上附近开的一家乡村酒店的吸烟台。[22]沙普利经常向朋友们吐槽亚当斯的种种不是。沙普利曾经对一位同事说："我敢确定，只要是亚当斯说了算，我一旦离开，就不会有机会再回到这里了。"[23]但是他们之间的紧张关系似乎并没有影响沙普利在职期间的创新工作。

沙普利开创性研究的种子，实际上是到威尔逊山之前就种下的。还是普林斯顿大学的一名研究生时，沙普利就到过哈佛大学。在那里，他遇到了资深的天文学家索伦·贝利。贝利建议这位年轻人，用威尔逊山上新的 60 英寸望远镜"观测球状星团中的星体"。[24]19世纪 90 年代，在哈佛大学设在秘鲁的观测站担任站长期间，贝利就发现了在一些星团中有大量的变星[25]（有的多达数百个，其中包括造父变星），并感觉到这是极其重要的星体。他知道，像威尔逊山上这样大型的望远镜，对于这项研究的后续工作是非常有价值的。这样的望远镜有能力观测球状星团密集的内部区域的变星，并测量其脉动周期。

沙普利采纳了贝利的建议，并从他妻子发现的变星入手，在这个领域占据了一席之地。很快，沙普利和球状星团在山上"成为同义词"。[26]沙普利如此看重这一领域，以至于他联系了贝利，确保这位哈佛大学的天文学家，不觉得沙普利非法侵入了他的天体研究领域。沙普利写道，"我并不打算闯入你的领域，希望你也不觉得我是闯入者。我在星团上的许多研究工作，都是三年前在剑桥与你谈话的直接结果，当时是你提及了威尔逊山上的仪器和天气的优势"。[27]贝利是一位和蔼可亲的人。事实上，他对沙普利的参与感到很高兴。贝利回复说，"希望你能明白这样一个事实，即我对这些星团并不拥有所有权，因此……非常欢迎这个领域的其他研究者"。[28]幸好，贝利宽宏大量。贝利主要是数据的收集者[29]，而沙普利本质上是大胆的解释者。这一特质在沙普利还是罗素的学生时得到了加强。罗素倡导以问题为导向的研究方法[30]，这在推动科学发展方面发挥了重要作用。

在望远镜里，球状星团是围绕在密集、明亮核心周围的一团光斑。星团中的恒星就像上下班高峰时地铁里的人群一样。星团中的天体环境与我们周围的环境完全不同。距离太阳最近的恒星半人马座阿尔法星离我们地球大约有四光年远。但如果太阳位于一个拥挤的球状星团的中心，就会有数千颗恒星比半人马座阿尔法星离太阳更近，充满天空，无论白天和黑夜都可见。星体之间的擦肩而过，司空见惯。

直到 17 世纪，随着望远镜的出现，人们才知晓球状星团呈球形[31]，是在轨道上绕着星系核心运行的恒星群。在此之前，古代天文学家只是将星图上的天体简单地称为"清晰星体"或孤寂的"朦胧星体"。如今，这些星系团被认为是球状的光晕，围绕在银河系周围，就像是蜜蜂在蜂巢周围飞来飞去一样。但是 20 世纪 10 年代末沙普利开始观测之前，天文学家还不知道这一点，也不知道个别的球状星团究竟有多大。有些人甚至琢磨它们是不是独立的宇宙岛。刚开始观测的时候，沙普利本人也赞同这一观点。他在第一篇研究论文中写道，"显而易见，球状星团……本身就是规模宏大的恒星系统。毫无疑问，这种恒星系统肯定在很多方面与我们的银河系相当"。[32]一些人初步认为,螺旋星云是球状星团形成前的早期阶段:就像一朵花在黄昏时闭合一样,随着时间的推移,螺旋星云也会坍缩成球。沙普利的目标是了解球状星团真实的大小、距离和组成,验证这些想法是否正确。

沙普利的初步观察是相当基础的。他用 60 英寸的望远镜简单地测量了最著名的几个星系团中恒星的颜色和亮度等级,包括半人马座欧米伽球状星团*(其中最大的)[33]、武仙座星团(Hercules cluster)以及查尔斯·梅西耶在 1764 年提到的球状星团 M3。沙普利不知道这些观测会产生什么样的结果,但这是天文学的标准做法:面对未知情况的时候,你可以收集尽可能多的数据,并留意不寻常的规律。如果有发现的话,沙普利希望他的观测能够帮助到黑尔。黑尔在探索恒星是如何衰老和演化的,这对于 20 世纪初的天文学家来说仍然是一个谜。

然而,随着拍摄的照片越来越多,沙普利开始寻找造父变星,那时他知道造父变星可以用来测量球状星团的距离。他非常了解亨利埃塔·莱维特几年前发表的那篇论文,并打算加以运用。沙普利后来写信给莱维特的老板皮克林说,"她的发现……注定是恒星天文学最重要的成果之一"。[34]

真正需要的是地球到某颗造父变星的可靠距离。只要知道星空中任何一颗造父变星的可靠距离,就可以用这个距离作为标尺,运用莱维特的周期—光度定律,得到地球到所有其他造父变星的距离。这就是莱维特发现的精髓所在:只需了解地球到一颗造父变星的距

---

*　即 NGC 5139。

离，就能知道地球到所有其他造父变星的距离。

距离测量一直是天文学家的难题。就我们的眼睛而言，星空就像一个黑色的碗，上面布满光点，所有的天体看上去与地球的距离都是相同的。但事实上，我们所看到的恒星距地球的距离千差万别。天上最亮的恒星——蓝白色的天狼星，距离地球 8.6 光年远；天琴座中夏季最明亮的织女星（Vega）*，距离地球 25 光年远。天文学家是如何得出这些数据的呢？"视差法"是一种测量技术。首先在地球轨道的一端测量一颗恒星在天空中的位置，六个月后再在地球轨道的另一端测量，两次测量的恒星位置的偏移量就是（周年）视差。（类似于看一个近处的物体，先用一只眼睛看然后再用另一只看，会发现物体位置有明显的移动。）用地球轨道半径作为基线（也就是三角形的底边），若测得恒星视差的偏移角（也就是与底边相对的顶角），只要一些简单的三角计算，就可以很容易地确定恒星与太阳的距离。天文学家们想出了一个术语"秒差距"（parsec）来描述地球与天体之间的距离，1 个秒差距是指天空中周年视差为一个弧秒的特定距离（1 秒差距约等于 3.26 光年）。视差法只适用于测量几百光年之内的距离。超出这个范围，恒星的位置变化太小，望远镜无法识别。[35] 依据莱维特定律，天文学家能够极大地扩大距离测量的范围。这就是莱维特定律如此重要的原因。要是太阳附近有一颗造父变星就太好了，天文学家就可以用视差法测量出它的准确距离，当作基准。不幸的是，在沙普利所处的时代，大自然并没有眷顾天文学家，在可以直接进行视差测量的范围内，没有造父变星的踪迹。（对我们来说，最接近的造父变星是距离我们大约

---

* 又称作天琴座 α。

430光年的北极星。北极星实际上是一个三星系统，其中那个黄色的大星是造父变星，每四天完成一个暗淡/明亮更迭的周期。）

第一个尝试解决造父变星距离问题的人是埃希纳·赫茨普龙。他最初意识到，莱维特在小麦哲伦云中辨识出的25个变星就是造父变星。赫茨普龙开始研究银河系内最容易辨识的造父变星，总共有13个。他无法测量它们的视差（它们太遥远了），但可以查阅不同时期的星图，看看这些星体在银河系中移动了多大的角距离。实际上就是确定这些年来，这些造父变星的天体坐标是如何变化的。天文学家将这种坐标变化称为天体的"自行"。从另一种类型的星表中，根据恒星的蓝移或红移（一种粗略的速度度量），赫茨普龙了解了这些造父变星的视向速度。在富有想象力的思考中，通过比较恒星的视向速度与自行，赫茨普龙估计出了造父变星的距离。距离越远，它们穿过星空的速度就越慢。（他实际的计算过程还牵涉到太阳在银河系中的运动，更为复杂，这里仅提供他的基本想法。）赫茨普龙最终提供了一个粗略的统计标准，而后他将其应用于小麦哲伦云中造父变星的测量，得出了以下结论：该星云距离我们有三万光年远。[36]这是当时测量出的天体的最大距离之一，首次证明了莱维特定律的巨大潜力。[37]

当这个结论公布出来之后，亨利·诺利斯·罗素在给赫茨普龙的信中这样写道，"我还真没想到，可以像这样运用莱维特小姐的发现"。[38]大约在同一时期，罗素也采用了类似的技术，但他的研究目的是确定造父变星的平均亮度等级。在这个过程中，罗素断定这些星体是比太阳大得多的巨型星。[39]受到赫茨普龙的启发，罗素自己计算了小麦哲伦星系的距离，得出的结论是八万光年。[40]这两个估计值都非常不确定，并且远远低于现在的距离测量值（21 万光年），但每个数字在当时看来都是巨大的，令人震惊。

不久，沙普利也采用了赫茨普龙的方法。但他只使用了赫茨普龙 13 颗造父变星中的 11 颗作为基准，怀疑另外两颗不是造父变星。就像赫茨普龙一样，沙普利指望一条简单的透视法则：移动的物体距离你越远，看上去其移动速度就越慢。一架遥远的飞机似乎是在天空中缓慢爬行，而一架近处的飞机，虽然速度相同，感觉却是飞驰而过。在估算出恒星的平均速度后，沙普利测量了那 11 颗造父变星在天空中的移动情况。视速度越慢，造父变星的距离就越远。

但也正是在这一点上，沙普利和赫茨普龙分道扬镳了。因为莱维特的周期 – 光度关系定律仅仅是基于小麦哲伦云中的恒星确定的，沙普利并没有使用这个定律，而是基于银河系中的造父变星，将两组变星数据结合在一起，建立了他自己的"改进和扩展的"[41]周期 – 光度定律。之后，他将新规则应用于球状星团中的造父变星。沙普利将追踪球状星团中的造父变星，测定其周期，然后从他的曲线上计算出距离。

只要沙普利可以在球状星团中找到造父变星，就能测定其距离。但就他所能观察到的情况而言，其中一些星团里完全没有造父变星的踪迹。造父变星与普通变星迥然不同。这些变星是在几小时内就变化很快，而不是几天或几个月内。没有人能确保它们的行为方式与莱维特的造父变星一样。

沙普利极力想和莱维特求证这个问题[42]，并多次给莱维特的老板爱德华·皮克林写信，询问她是否在麦哲伦云中发现了快变星，是否发现这些变星遵循了她的规则。皮克林向沙普利保证，正在拍摄照片。但是，这个问题的进展极度缓慢。皮克林让莱维特整天忙于他认为更重要的工作。罗素一度谴责说："他们在打官腔，敷衍了事。但是，我恐怕不是那种在批评别人时，喜欢提高嗓门的人。"[43]

急于向前推进的沙普利，只能决定把快变星视为遵循莱维特的规则来对待。他扩展了造父变星的周期—光度关系定律的适用范围，将所有的变星（快的和慢的）都包括在内。尽管这是一个非常有争议的决定，但沙普利在一篇早期的论文中还是大胆地断言，"这个命题几乎不需要证明"。[44]只有这样，沙普利才能够确定地球到最近球状星团的距离。星体都很微弱，因此，这是一项艰巨的任务。星团太遥远，无法找到任何变星时，他就使用最亮的恒星作为距离标记。沙普利假定，遥远的球状星团中最亮的恒星与附近星团中最亮恒星的平均星等相似。而当恒星本身不足以作为标记时，他就通过星空中球状星团的外观大小来判断距离。几十年后，天文学家艾伦·桑德奇在对这项技术的回顾中总结道："整个推理过程……非常精彩。"[45]哈佛大学的贝利本可以在沙普利之前进行这项工作，但贝利对这些变星的态度过于谨慎。对贝利来说，变星的性质有太多的不确定性，所以他说"无法从这些数据中得出确切的结论"。[46]沙普利可没有这样的疑虑。

但这是一项苦力活儿，沙普利花了四年时间才完成。他测量了地球到当时已知的所有银河系中的球状星团的距离，共有 69 个。在爱迪生·霍格（Edison Hoge）的协助下，沙普利拍摄了大约三百张照片。[47]一些照片曝光只有十秒钟，有一些则持续曝光高达两个小时。大多数的照片曝光了几分钟。他接下来的分析图像的艰苦工作主要是在工作台上进行的。1917 年，沙普利在写给一个同事的信中说：

"星团的研究工作单调乏味。仅就劳动而言，工作是单调乏味的，但结果却带来持续的快乐。如果能给我足够的时间，我肯定会有所发现。"[48]那时，战争还在继续，但沙普利没有报名参军。沙普利声称，是黑尔说服他留下来继续工作的。[49]

沙普利并不是特别喜欢和星星独处。之所以经年累月地用望远镜观测，主要是他的发现使然。当东方露出第一缕曙光，圆屋顶慢慢闭合，发出尖利的响声时，附近的郊狼会用一种高亢的嚎叫回应。观测在晚上结束时，沙普利和其他天文学家会徒步走回到"修道院"。如果观测进行得很顺利的话，他们有时候会用口哨吹出欢快的曲调，而忘记了他们可能会打扰到那些仍在睡梦中的白天观测者们——太阳天文学家。但是，当夜晚观测者在床上睡大觉时，很可能会被白天观测者的嘈杂之声吵醒。中午一起吃午饭的时候，双方会协商解决他们之间的这种矛盾。[50]

沙普利对山上几乎所有的一切事物都心存好奇。因暴风雪被困在威尔逊山上时，沙普利写信给一位同事说，"所有最无谓的乐趣都来自虫子。并不是我很了解它们，而是我对它们非常感兴趣，我想成为生物学家"。[51]从某种程度上说，他做到了。沙普利开始研究天文台周围蚂蚁的动向。他注意到，温度越高，蚂蚁的速度就越快。当太阳把蚂蚁加热到30℃时，它们的速度就会快15倍。正如沙普利所说的那样，他发现了"蚂蚁的热动力学"。沙普利设置了"速度陷阱"以准确地测量蚂蚁的速度，他吹嘘可以通过蚂蚁的速度来估计当天的温度，误差在1℃以内。沙普利调皮地说，"这是另一种读温度计的方法"。[52]他的发现发表在科学杂志上。[53]为了进一步休息和放松，沙普利和妻子爬遍了附近所有大大小小的山，采集植物，并杀死了在路上碰到的所有响尾蛇。[54]

1916 年至 1919 年间，沙普利在一系列论文中发表了关于球状星团越来越多的数据，这些论文统称为"关于星团的颜色和大小的研究"，每篇论文都提供了解答谜题的新证据。沙普利把他写报告的技巧提升到了一个新的高度。在进行这项研究时，他最终被迫改变了自己原来对宇宙的认知。沙普利逐渐知晓，银河系比以前想象的要大得多。当沙普利估计银河系内一些众所周知的星团到地球至少有 5 万光年远的时候[55]，他得到了关于银河系大小的"第一批启示"。后来他发现球状星团到地球的距离在 2 万到 20 万光年之间。

这些球状星团就像测量杆一样，标记我们星系的边界，表明银河系正在高速向外扩张。因此，球状星团的大小不能再像沙普利曾经想象的那样，与银河系的大小相当了。相比之下，这些星团要小得多。沙普利对这个新宇宙景观的反应是，"宇宙真奇妙"。[56]

那么，这对于螺旋星云意味着什么呢？赫伯·柯蒂斯和维斯托·斯里弗，当时正热衷于兜售独立星系的论调。大约就在此时，沙普利威尔逊山上的同伴范马伦声称看到一些螺旋星云在旋转。如果这些星云位于遥远的地方，范马伦就不可能看到这样壮观的"焰火"表演了。人们能在短时间内感知如此遥远星云的旋转，就意味着螺旋星云正以接近光速的速度旋转！

为什么会这样呢？我们不妨用厨房墙上挂着的时钟来帮助理解。秒针以每秒 1 厘米的速度在表盘上移动。但是，想象一下这个钟覆盖整个月球表面的情景，月亮的大小看起来就像墙上的钟。然而，真实的情况是，覆盖月球的时钟比墙上的钟大多了，所以秒针必须以更快的速度（大约每秒 110 英里）行进，才能在一分钟内转一圈。

现在，如果这个时钟像银河系一样大，那么秒针就会以恶魔般的速度行进。如果范马伦发现的螺旋星云确实是遥远的星系，而且他能够在几年的时间内侦测到旋臂的移动，那么他就会看到螺旋星云是以挑战光速的速度旋转。

沙普利不仅不愿意容忍这种奇怪的行为，而且他起初甚至怀疑范马伦的发现。事实上，沙普利依据在星云中探测到的一些微弱新星以及最明亮恒星的微弱程度，于1917年发表了一篇论文。沙普利指出，"地球到仙女座星云的最小距离大约有一百万光年"。[57]他继续说："显而易见，我们很难将范马伦观测到的内部自行与外部星系假说调和起来。我们不准备接受光速级的旋转速度。"问题并不在于螺旋星云是否真的在旋转。在20世纪10年代，维斯托·斯里弗已经发现了星云旋转的证据。这些证据是他在研究螺旋星云光谱时发现的——就像抛出的飞盘，旋转着飞出，飞盘向前转动的一边，测量速度比飞盘速度大，而向后转动的另一边，测量速度则比总速度小。这种差异表现为同一螺旋星云两侧的谱线有轻微的差异。不过，这种运动肯定没有快到在比较相隔仅几年拍摄的照片时，仅凭眼睛就可以注意到。此外，光谱特征还表明，螺旋星云是封闭的，星云的旋臂紧紧地围绕着星云中心，斯里弗说"就像一个缠绕的弹簧"。[58]但这与范马伦所说的直接相抵触。范马伦认为，螺旋星云是开放的。谦虚谨慎的斯里弗并没有就这个矛盾提出争议。如果他吵吵嚷嚷，不断地宣传自己的证据，范马伦的断言可能早就被批驳了。但事实证明，斯里弗的质疑基本上被忽略了，偶尔有天文学家私下里谈及，也很少被刊印出来。

不久，沙普利就向普林斯顿大学的导师罗素咨询，是否也要对范马伦的旋转论表示质疑。沙普利写道，"范马伦几乎没做什么，黑尔稍微多些，而我做了很多"。[59]罗素及时地回复他说，"我倾向于相信（螺旋星云）内部固有运动的现实，并因此怀疑宇宙岛理论。但是如果它们不是星云，那究竟是什么呢？"[60]

如果考虑到收到这封信后不久发生的事情，沙普利就很可能会非常非常认真地对待罗素的建议了。作为罗素的门生，沙普利高度重视以前导师的观点，也很难无视这位导师的天文学建议。众所周知，罗素的话在学界就是"金科玉律"[61]，他可以"造就，也可以毁灭一位年轻的科学家"。罗素的建议，加上对庞大数据库的进一步评估，最终促使沙普利改变了主意。

从1917年11月开始，沙普利以极快的速度发表了下一批论文。在写关于球状星团的系列论文时，他在六个月内完成了从第六到第十二篇论文。就好像又做回了过去记者的老本行，每日截稿时间前在打字机上噼里啪啦地敲击出一篇独家新闻稿。这些论文中的第一篇直接宣告了他的宏伟目标：描绘一个不折不扣的"有关宇宙结构的恒星测定方法方略……"。[62]之所以提出这个大胆的主张，是因为在试图解释观测数据的含义时，沙普利有了意外发现。沙普利开始相信，他的观测结果不仅会重塑银河系，而且会重塑宇宙。不同于其他天文学家，在做出猜测方面，他无惧于大冒进。

在这个阶段，沙普利已经完成了许多观测和计算，并将69个已知球状星团的位置绘制成了一张图表。这使他能够感知这些球状星团是如何在三维空间中分布的。沙普利在第七篇论文中指出，结果是"惊人的"。[63]大多数星团盘踞在一个特定的方向——人马座。就像路灯下的飞蛾一样，这些星团平衡地环绕在充满恒星和星云的银河系中的一个点周围。据说这个区域的星云很稠密，"可见的恒星多到数不清，微弱的恒星光线相互融合……形成连续的灰色背景"。[64] 这个中心点的银道坐标并不在我们太阳系。球状星团根本没有围绕太阳运动（正如所料）。古老的索尔星系位于这个点的一侧，据沙普利最初的估计，这个点距地球大约有 20，000 秒差距[65]，或者 65，000 光年。

其他天文学家之前已经注意到球状星团的这种奇特分布。1909年，瑞典天文学家卡尔·博林（Karl Bohlin）甚至提出，银河系的中心就在那个区域，而这些星系团都挤在它的周围。[66] 但当时的人们，包括沙普利在内，都没有把这个想法太当回事儿。人们只是假设太阳系居于银河系的中心（或在中心附近）。现在，沙普利正在证实博林一直在怀疑的东西。观测迫使他从根本上改变了原来的看法。

从这个观点出发，沙普利的进展很快。在 12 月份和 1 月份发表的，排序为第八篇到第十一篇的论文，介绍了他的研究方法、假设和校准的技术细节。沙普利知道他的结论将是革命性的，所以他稳扎稳打，步步为营。一页页的论文将他引向盛大的终曲。全面体现他重大思想的是第十二篇论文，题目为《论宇宙结构体系》。这篇特殊的论文直到 4 月份，即在第一次世界大战最后的日子，才完全准备好提交给《天体物理学期刊》，但沙普利已迫不及待地要传播这一消息了。[67] 1918 年 1 月 8 日，沙普利写信给英国著名的天体物理学家亚瑟·爱丁顿说，"现在，突如其来的确定性表明，（星团研究）似乎已经阐明了整个恒星系统的结构"。[68] 换句话说，就是银河系的体系结构。不仅球状星团均匀地散布在星系中心周围，太阳被推到了边缘地带，而且银河系的尺度远远超出先前任何人的想象。沙普利估计，从银河系的一端到另一端的距离是惊人的 30

万光年，比以前估计的要大十倍。沙普利告诉爱丁顿说："你可能已经为这个结果做好了充分的准备，但作为预言者，我还只是取得了部分的成功。"[69]

爱丁顿回复说："虽然我不能假装已经预见到现在似乎正在兴起的恒星系统的观点，但我也不反对。"[70]这极大地增强了沙普利的自信心。本质上，沙普利仍然是天文学界的新手，能得到这样一位知名人士的支持，他当然应该感恩戴德。

沙普利并没有忘记提前通知自己的老板乔治·埃勒利·黑尔。因为要处理紧急的战争事务，黑尔暂时离开了镇子。沙普利写道："能否耽误您一小会儿的时间，把注意力从尘世的烦恼转移到天上的事情上来，简单谈谈我的天文工作呢？"[71]这位年轻的天文学家词不达意，几乎不知道从哪里开始。为了简洁起见，沙普利提醒黑尔，他在科学阐述中遗漏了"可能、或许、也许、据……所说以及其他必要的谦逊。所以我能保证的……不是过度自信，也不是说大话壮胆，而是我们之间的一致性"。

爱说笑的沙普利又一次施展讲述荒诞不经的故事的魅力，向黑尔介绍他的研究情况："在很久以前的上新世晚期，首个用棍棒猎杀了一头长毛大象的人，或者是看到了自己漂亮的倒影的人，或者是听到别人恭维话的人，突然变得自大起来（这是一种变异），并首先幻想出一种想法，那就是：'我是宇宙的中心！'于是，他娶了妻，传播他偏执的观念。我们继承了这种几十万年来一直没有太多改变的思想。"此刻，沙普利向黑尔保证，他会改写这个流传下来的故事。

沙普利提醒黑尔说，他正在确定当时已知的所有球状星团的距离，并准备发表一系列的论文，公布调查结果：总共有 20 页的表格、近一打的图表以及大约一百页的文字。但沙普利只用三页单倍行距的打字纸，就向黑尔总结了他的结果。他说，概要是这样的：银河系很大，宽约三十万光年，太阳离中心很远。沙普利写道："从银河系中心出发，以光速行进的信使，"[72]大约六万五千年后，才会到达地球。沙普利还说："没有多个宇宙……银河系就是所谓宇宙的根本。"沙普利生性冲动浮躁，对此毫无顾忌。他认为，银河系现在如此之大，必须成为宇宙的决定要素。

当认为银河系只有一万或三万光年宽时，人们更容易把螺旋星云看作是独立的星系。但是当沙普利声称银河系要大得多时，一切都变了。如果仙女座星云也是一个星系，并且与银河系的大小相当，那么它想要在天空中有看上去那么大，就必须比任何人估计的距离都要远很多。这就意味着在仙女座星云内的新星发出的光过于明亮，任何已知的物理定律都无法解释。在几个月之内，沙普利对螺旋星云的看法发生了彻底的改变。沙普利曾经是宇宙岛理论的信徒，现在他认为，更为合理的解释，应该是仙女座星云和其他螺旋星云其实离得很近。它们要么附着在银河系之内，要么刚刚超出银河系的界限，就像很小的殖民地。它们不再与银河系平起平坐，而只是银河系的附属品。沙普利甚至曾一度推测，它们可能是由于辐射压力或静电力的排斥作用，从银河系中高速飞出的团状星云物质残渣。沙普利臆测，当银河系在太空中穿行时，可能会将"附近的螺旋星云推至两边，就像船头劈波斩浪一样"。[73]

在此之前，沙普利还对范马伦的发现持怀疑态度，但现在却开始喜欢上这位朋友的研究了，因为螺旋星云旋转的观点强有力地支持了他新构建的宇宙模型。这意味着螺旋星云离得很近，是银河系的次要成员，我们星系的地位至高无上。沙普利告诉英国著名天文学作家赫克托·麦克弗森（Hector MacPherson）说："我相信这些证据与螺旋星云的宇宙岛理论背道而驰。我猜想，仙女座星云不会超过两万光年远。"[74]

该事先通知的都通知了，该公开发表声明的都发表了，32 岁的沙普利扬扬自得，像个小孩子一样，希望长辈们注意到他彻底颠覆了宇宙的形象。他告诉黑尔，"观测中的问题无穷无尽，面临的乏味测量多到几乎令人崩溃。但是除了压力比较大之外，我还蛮享受这一切"。[75]

在沙普利发布其发现的同一时间，威尔逊山太阳天文台将"太阳"一词从名字中删除了。最重要的是，沙普利把观测范围从山顶延伸到太阳以外，进入到时空深处。沙普利所做的就是极大地扩展了哥白尼原则 *。正如 16 世纪的哥白尼把地球从太阳系的中心移开一样，沙普利将太阳系从银河系的中心移开了。沙普利在 1969 年的回忆录中直截了当地写道："太阳系并非银河系中心，那么人类亦是如此。这是一个相当不错的想法，因为这意味着人类并不是十足的胆小鬼。人类是附属的，而我最喜欢用的词语是'次要的'。如果在中心发现有人类，那看起来也有几分自然。我们可以说，'我们生来就在中心，因为我们是上帝的孩子'。但是这里有迹象表明我们可能是附属的。我们没那么重要。"[76]

沙普利进行了一次巡回演讲，他的发现震惊了天文学界。许多著名人士都立即对此项工作送上溢美之词。在读完沙普利包含全部

---

* 哥白尼相信我们地球上的人类所处的位置并不特殊，并不是宇宙的中心。

内容的论文之后，爱丁顿写信给沙普利说："这标志着天文学史上的一个时代。在这个时代里，我们对宇宙的知识界限被拓宽了一百倍。"[77] 在《科学美国人》的一篇文章中，罗素称这些结果"简直太神奇了"。[78] 英国理论家詹姆斯·琼斯（James Jeans）告诉沙普利，他新发表的论文"肯定在很大程度上正在改变我们对宇宙的看法"。[79]

威尔逊山天文学家瓦尔特·巴德（Walter Baade）后来表示，他"一直很佩服沙普利，在这么短的时间内就解决了这个问题，最后得出了银河系的大图景，几乎粉碎了老学派关于银河系维度的所有想法。这是一个非常令人兴奋的时刻，因为这些距离似乎非常大，而'老男孩们'并不以为然"。[80]

虽然这个消息在天文学界迅速传播，但可能是由于战争的阴影和后继影响，普通大众对此事的了解比较滞后。直到1921年5月31日，《纽约时报》（New York Times）才在头版报道说，沙普利极大地扩大了宇宙的规模。《纽约时报》的记者指出，我们的银河系横跨30万光年，是一个"超级银河系……这位年轻的天文学家通过各种计算，证明了太阳离宇宙中心有六万光年远。一个被称作地球的微小影子围绕着太阳这个小光点旋转"。[81]

沙普利在文章中说道："就我个人而言，很高兴看到人类陷入这样的虚无之中。因为让人类认识到与宇宙相比他们并不是那么重要，是非常有益的。"[82][83][如果有任何读者被沙普利的消息搞得很不自在，那是因为这个故事被随便地放在了20世纪20年代流行的一则消化不良的药物（贝尔-安斯药丸）的小广告之上。]《芝加哥每日论坛报》（Chicago Daily Tribune）在头版发表了同样的通告，看起来好像是娱乐新闻。标题声称，地球现在是一个"星空百老汇数英里之外的……乡巴佬"。[84]

不是每个人都相信这个新的宇宙体系。包括黑尔在内的批评人士指出了沙普利论点中的一些不足。黑尔怀疑螺旋星云并不像沙普利所认为的那样。但威尔逊山的这位台长仍然支持沙普利的冒险。黑尔在华盛顿战时工作岗位上这样回复沙普利，"你已经找到了一条伟大的希望之路……我认为你大胆地做出假设，以及像你那样推进研究工作是正确的。只要能尽快按照证据的要求，用新的假设替换旧的假设"。[85]黑尔更希望他的天文学家冒冒险，而不希望他们完全变成像哈佛大学皮克林那样缺乏想象力的数据收集者。

但是，由于沙普利采用了一些新颖的方法，比如以造父变星为标准，而轻率地忽略了许多不确定因素，所以无法排除异议。多年来，其他天文学家通过对恒星进行基本的计数，追踪它们在星空中的分布和运动，并深入到太空，一直在慢慢地、有条不紊地测量星系的大小。这项研究的领头羊是荷兰格罗宁根大学的天文学家雅各布斯·卡普坦（Jacobus C. Kapteyn）。虽然没有精良的望远镜，但卡普坦付出了十二分的努力，在其他天文台采集的底片上测量出了几十万颗恒星的位置，其中部分测量是在他所掌控的国家战俘的帮助下完成的。[86]在提出被称为"卡普坦宇宙"的模型时，他毕生的事业达到了巅峰。在这个模型中，我们星系中最大的一部分恒星（有一小部分在更远处）聚集在一个约三万光年宽、四千光年厚[87]的空间里，有点像被压扁的足球。而且，太阳称心如意地位于其中心附近的位置。但是沙普利宣称银河系要比这个大十倍，太阳被远远地推到了边缘地带。卡普坦和他的同事们很难相信[88]，他们久经考验的追踪恒星分布的方法可能有缺陷。其他人也是这么认为的。沙普利确认的距离令人敬畏，但其基准数据却来自少得可怜的 11 颗造父变星，而且这些变星的性质仍然非常不确定。如果这些数据都是错误的话，那么，他对所谓的"大银河系"的基本判断的全部构架，就会像搭建在空中的纸牌屋一样分崩离析了。卡普坦告诉沙普利说，他是"从上面开始建造的，而我们是从下面开始建造的……什么时候我们才能完全融合在一起呢？"[89]

最让保守的天文学家感到不安的，是沙普利创新的分析方法的可信性。据说，沙普利总是以"嘉年华推销员"的口吻推介这些方法。[90]尽管他很有才华，其方法也属于独创，但沙普利常常在证据不足的情况下就匆匆得出结论。[91]对他来说，准确度似乎不如广阔而宏大的画面更为重要。举例来说，沃尔特·亚当斯就确信，沙普利在计算中拉进来的快变星和慢变星，实际上是"两个不同种类的变星"。[92]（亚当斯是对的。人们后来发现有些变星是天琴座 RR 型变星，质量没有造父变星大，发出的光也没有造父变星的明亮。）还有一个问题，就是沙普利在没有恰当表示致谢的情况下，从其他天文学家那里借用了一些想法和技术。亚当斯向黑尔抱怨说，沙普利"从来没有将科学成就的荣誉归功于那些应得之人"。[93]在《美国国家科学院院刊》（*Proceedings of the National Academy*）上发表的一篇论文中，沙普利没有提及赫茨普龙和莱维特，他们二人无疑为他的研究铺平了道路。这激怒了亚当斯。正如一位哈佛大学天文学家后来所说的那样，"他是我见过的才思最敏捷、最具有幽默感，又是最缺乏谦逊的人"。[94]

沙普利的批评者们还算口下积德。事后看来，沙普利确实犯了一些错误。例如，当天文学家更好地理解了快变星和慢变星之间的差别，并且确认了星际尘埃的存在后，就将银河的尺度从 30 万光年减少到了 10 万光年。星际尘埃使得天体远比它们实际看上去的更暗。这使得沙普利错误地认为，银河系比实际上看上去的要大得多。然而，即使把银河系的宽度减小到 10 万光年，它仍然比卡普坦及其支持者们一直在嚷嚷的要大。沙普利则坚持两方面的要点：首先，银河系是一个比以往猜测的更为庞大的恒星大都市；其次，太阳位于其郊区。

沙普利对太阳位置的判断，在 20 世纪 20 年代中期得到了充分的证实。当时，瑞典的恒星动力学专家贝蒂尔·林德布拉德（Bertil Lindblad）和荷兰莱顿天文台的简·奥尔特（Jan Oort）都证实恒星在银河系内围绕人马座的一个点运行，这个点正是被沙普利定位为银河系中心的地方。林德布拉德提出这个观点后，奥尔特就拿出了证明这一点的证据。[95] 如果有人还在质疑沙普利把太阳移到了银河系的边缘，林德布拉德和奥尔特就帮沙普利扫清了所有的疑虑。就像旋转木马一样，太阳系围绕银河系中心循环运行，大约每 2.5 亿年完成一个周期。太阳系上一次公转到现在的位置时，阿巴拉契亚山脉和乌拉尔山脉正在形成，恐龙正在准备统治地球。

沙普利的银河系新模型引起了广泛的反响，特别是就螺旋星云而言。人们原本打算接受宇宙岛理论，而现在又变得迟疑不决了。沙普利说："恒星系统的大图景已经呈现，螺旋星云似乎不太可能是独立的星系。"[96] 在螺旋星云中，仍然存在着特别明亮的新星。你对此又作何解释呢？沙普利问道。当然还有范马伦的旋转问题要考虑。但不是所有人都为沙普利的担忧所动摇，外部星系最狂热的信徒仍然坚守自己的信念。这些人中不仅有柯蒂斯，还有亚瑟·爱丁顿、威廉·华莱士·坎贝尔和维斯托·梅尔文·斯里弗。那些犹豫不决的人受沙普利的影响最大，因此他们还在抱观望态度。结果是，两种完全不同的宇宙观僵持不下，很难调和。作家麦克弗森诗意地写道："我们可以把银河系比作是四面八方被太空海洋包围的大陆，把球状星团比作小岛，与海岸的距离不等，而螺旋星云要么是小岛，要么是独立的'大陆'，在广阔无垠的宇宙空间中发出微弱的光芒。"[97]咆哮的二十年代 * 即将到来，沙普利表决赞成"小岛"，而柯蒂斯赞成"大陆"。

注释：

[1]HUA，详见沙普利 1914 年 5 月 20 日写给罗素的信件。

[2]HUA，详见黑尔 1920 年 3 月 29 日写给阿伯特·劳伦斯·洛厄尔的信件。

[3]见 Shapley（1969），p. 11.

[4]同上，p. 5.

[5]同上，p. 12. 1963 年 5 月 3 日，密苏里州迦太基镇的居民们庆祝了"哈罗·沙普利日"，以纪念这位最著名的公民。人们举行了游行，有 30 辆花车和 14 支游行乐队。那所 57 年前曾拒绝了沙普利入学申请的高中，向他颁发了荣誉文凭。见 Hoagland（1965），pp. 424–425.

---

* 咆哮的二十年代，是指北美地区（含美国和加拿大）20 世纪 20 年代这一时期。十年间，它所涵盖的激动人心的事件数不胜数，因之有人称这是"历史上最为多彩的年代"：美国士兵自欧战前线归国拉开了这一时代的序幕，随后是爵士乐为代表的新艺术的诞生，崭新而自信的现代女性面孔的出现。尽管最后一场 1929 年的大灾变宣告了它的终结，但此一时期内无数具有深远影响的发明创造、前所未有的工业化浪潮、民众旺盛的消费需求与消费欲望，以及生活方式翻天覆地的彻变至今令人难以忘怀。

［6］见 Shapley（1969），p. 17. 玛莎·沙普利（Martha Shapley）在丈夫去世后，回忆说，"目录中关于'考古学／天文学'的故事都是沙普利的玩笑话"。HUA，见玛莎·沙普利关于沙普利生活的笔记。

［7］见 Shapley（1969），pp. 17–21.

［8］见 DeVorkin（2000），p. 104.

［9］同上。

［10］见 Shapley（1969），p. 25.

［11］同上，p. 31.

［12］HL，详见西尔斯档案，沙普利 1912 年 12 月 26 日写给西尔斯的信件。

［13］见 DeVorkin（2000），p.105.

［14］HL，详见西尔斯档案，西尔斯 1912 年 4 月 27 日写给沙普利的信件。

［15］HUA，详见黑尔 1912 年 11 月 7 日写给沙普利的信件。

［16］见 Shapley（1969），p. 49.

［17］见 Hoge（2005），p. 4.

［18］见 Shapley（1969），p. 51.

［19］见 Adams（1947），p. 294.

［20］见 Payne-Gaposchkin（1984），p. 155.

［21］同上，p. 156.

［22］见 Sutton（1933b）.

［23］HUA，详见沙普利 1918 年 1 月 28 日写给乔治·蒙克（George Monk）的信件。

［24］见 Shapley（1969），p. 41.

［25］历史学家贺拉斯·史密斯（Horace Smith）认为，比亨利埃塔·莱维特首次提出周期－光度关系定律早六年，贝利在银河系最大的球状星团半人马座欧米伽球状星团中就发现了足够多的造父星，并意识到了周期和光度的关系。但贝利更注重收集数据，而不是解释数据，因此从来没有建立过这种联系。见 Smith（2000），pp. 190–191.

［26］见 Shapley（1969），p. 90.

［27］HUA，详见沙普利 1917 年 1 月 30 日写给贝利的信件。

［28］HUA，详见贝利 1917 年 2 月 15 日写给沙普利的信件。

［29］见 Smith（2000），pp. 194–195.

［30］见 DeVorkin（2000）.

［31］德国天文学家约翰·亚伯拉罕·伊尔（Johann Abraham Ihle）在观测
土星时，于 1665 年首次发现球状星团，后来被查尔斯·梅西耶称为
M22。该星团位于人马座内。

［32］见 Shapley（1915a），p. 213.

［33］最近的证据表明，一直是非典型的半人马座欧米伽星系，不是一个真正
的球状星系团，而是一个从最外层恒星中剥离出来的矮星星系。

［34］HUA，详见沙普利 1917 年 9 月 24 日写给皮克林的信件。

［35］太空望远镜专门用于做视差工作，将距离测量扩大得更远。

［36］见 Hertzsprung（1914），p. 204. 赫茨普龙的论文发表在 1914 年的德
国杂志《天文学通报》上。首次刊印时，他的估计值被印成了 3,000
光年。这大大削弱了其发现的影响。这对于赫茨普龙来说是笨拙的算
术错误。在一个打印未签名的笔记上，本来写着的距离是大约 30,000
光年（10,000 秒差距）。无论是沃尔特·亚当斯，还是乔治·黑尔，
都在笔记本上称之为"奇妙的发现"。赫茨普龙发现了麦哲伦云的距
离"为 10,000 秒差距，我们还没有机会提到这一最伟大的距离"。但
是，刊印错误可能导致人们延迟认识到在银河系的边界之外还有其他
星系存在。CA，详见黑尔档案，盒 2，黑尔／亚当斯通信。还可参见
Sandage（2004），p. 361.

［37］见 Fernie（1969），p. 708.

［38］见 Smith（1982），p. 72.

［39］见 Russell（1913）.

［40］见 Smith（1982），p. 72.

［41］见 Shapley（1918a），p. 108.

［42］沙普利在其项目的后期仍然很担心。1917 年，他在给皮克林的信中写道："我注意到（小麦哲伦星云中的）数百个变星都是比较模糊的。莱维特小姐是否知道，这些变星的周期更短……这件事非常重要。正如你所知道的，周期和亮度之间有着密切的关系。"（HUA，详见沙普利1917 年 8 月 27 日写给皮克林的信件）。当时莱维特正在休长假，无法立即给予答复。

［43］HUA，详见罗素 1920 年 11 月 26 日写给沙普利的信件。

［44］见 Shapley（1914），p. 449.

［45］见 Sandage（2004），p. 303.

［46］见 Bailey（1919），p. 250.

［47］见 Shapley（1918b），p. 156.

［48］见 Gingerich（1975），p. 346.

［49］HUA，详见沙普利 1918 年 7 月 22 日写给罗素的信件。

［50］见 Sandage（2004），pp. 181，195.

［51］HUA，详见沙普利 1918 年 12 月 31 日写给奥利弗·D.凯洛格的信件。

［52］见 Shapley（1969），p. 66.

［53］例如，见 H. Shapley（1924），pp. 436–439.

［54］HUA，详见沙普利 1917 年 9 月 3 日写给罗素的信件。

［55］见 Smith（2006），p. 319.

［56］HUA，详见沙普利 1917 年 10 月 31 日写给罗素的信件。

［57］见 Shapley（1917b），p. 216.

［58］见 Slipher（1917a），p. 62.

［59］HUA，详见沙普利 1917 年 9 月 3 日写给罗素的信件。

［60］HUA，详见罗素 1917 年 11 月 8 日写给沙普利的信件。

［61］见 Payne– Gaposchkin（1984），p. 177.

［62］见 Shapley（1918a），p. 92.

［63］见 Shapley（1918b），p. 168.

［64］见 Melotte（1915）: 168.

［65］见 Shapley（1919d），p. 313.

［66］见 K. Bohlin, *Kungliga Svenska Vetenskapsakademiens handlingar* 43:10（1909）.

［67］应该指出，沙普利早先在较小的出版物中概述了他的研究结果，但其全部细节被收录在《天体物理学杂志》和《威尔逊山天文台文献》中。

［68］HUA，详见沙普利 1918 年 1 月 8 日写给爱丁顿的信件。

［69］同上。

［70］HUA，详见爱丁顿 1918 年 2 月 25 日写给沙普利的信件。

［71］HP，详见沙普利 1918 年 1 月 19 日写给黑尔的信件。

［72］同上。

［73］见 Shapley（1920），p. 100.

［74］HUA，详见沙普利 1919 年 5 月 6 日写给麦克弗森的信件。

［75］HP，详见沙普利 1918 年 1 月 19 日写给黑尔的信件。

［76］见 Shapley（1969），pp. 59–60.

［77］HUA，详见爱丁顿 1918 年 10 月 24 日写给沙普利的信件。

［78］见 Russell（1918），p. 412.

［79］HUA，详见琼斯 1919 年 4 月 6 日写给沙普利的信件。

［80］见 Baade（1963），p. 9.

［81］详见 1921 年 5 月 31 日《纽约时报》的头版报道，文章题目为《哈佛天文学家的计算结果: 宇宙是现在的一千倍》。

［82］同上。

［83］两周后，沙普利写信给亨利·诺利斯·罗素时称，《纽约时报》对他的采访实际上是"假的……显然是重复去年关于黑尔演讲（大辩论）的新闻。这是因为他们刚刚听说我东迁的消息，就发了新报道而已"。HUA，详见沙普利 1921 年 6 月 16 日写给罗素的信件。

[84]*Chicago Daily Tribune*，May 31，1921，p. 1.

[85]HP，详见黑尔 1918 年 3 月 14 日写给沙普利的信件。

[86]见 Hetherington（1990b），p. 28.

[87]卡普坦 1920 年正式发布的模型全尺寸为 6 万光年宽、7,800 光年厚，但这些较远地区的恒星分布密度非常低，因此很难确定精确的边界。见 Paul（1993），p. 155. 许多文献引用了 3 万光年的宽度。

[88]见 Smith（1982），p. 69.

[89]见 Gingerich（2000），p. 201.

[90]见 Sandage（2004），p. 288.

[91]AIP，详见大卫·德沃金 1978 年 3 月 29 日对哈利·普拉斯基特（Harry Plaskett）的采访。

[92]见 Smith（1982），p. 124.

[93]MWDF，详见亚当斯 1917 年 12 月 10 日写给黑尔的信件。

[94]见 Whitney（1971），p. 218.

[95]见 Smith（1982），p. 157.

[96]见 Shapley（1918d），p. 53.

[97]见 MacPherson（1919），p.334.

第 9 章

他看起来的确就像第四维度!

19 世纪到 20 世纪的世纪之交,不仅天文学界澎湃激荡,物理学领域也处于剧变之中。

1895 年,德国物理学家威廉·伦琴(Wilhelm Röntgen)发现了 X 射线。就在世界各地的医生们,还在为能用 X 光透视人体内部而感到兴奋不已的时候,亨利·贝克勒尔(Henri Becquerel)于 1896 年偶然发现了一种现象,那就是所谓的放射性。当时他正在巴黎研究铀盐晶体的性质。而在英国,约瑟夫·约翰·汤姆森(J. J. Thomson)发现了第一种比原子还小的粒子——电子。在纷纷扰扰的新兴量子物理学世界里,光本身很快就被认为要么是波,要么是粒子。物理学家们意识到,沿用了二百多年的牛顿运动定律,不能可靠地解释光——无论是光的构成,还是光的传播。科学家们利用牛顿的引力定律和运动定律得出的是一种结果,而在应用詹姆斯·克拉克·麦克斯韦的电磁定律时,得到的是另外一种结果。早在其他人之前,爱因斯坦就认识到,物理学领域需要翻天覆地的变化——所谓的"普适原理的发现"。[1] 在这个令人费解的领域里,爱因斯坦开辟了一条道路。这条道路涉及对空间、时间、重力和整个宇宙行为的全新认识。阿尔伯特·爱因斯坦，一个叛逆的、自以为是的孩子，在学校里始终都拒绝死记硬背，总是质疑传统的智慧，对自己的能力有着不可动摇的信心。

不穿袜子、身着宽松的毛衣，头发凌乱，这是人们印象中的爱因斯坦。但年轻时的他风流潇洒，有着迷人的棕色眼睛、黑色卷发。二三十岁的时候，他达到了能力的巅峰。在爱因斯坦的天赋中，有着强大的物理直觉，他对大自然的运作好像有第六感。这一点集中体现在他的形象思维方式上，比如十几岁时萦绕在爱因斯坦心头的一个疑惑：如果人能追上一束光，会看到什么？会不会像牛顿定律所说的那样，看到电磁波冻结在那里，就像静止的波浪？"应该绝不会有这样的事情存在！"[2]爱因斯坦后来回忆此事时说。

经过长时间的冥思苦想，爱因斯坦终于在 1905 年认识到：既然所有的物理定律（在形式上）都保持不变，无论是静止还是均速运动，那么对于所有的观察者来说，光速都是相同的——不管是静坐在沙滩上，还是在匀速行驶的火车上看书。爱因斯坦找到了问题的答案，无论人跑得多快，也不可能追上光。不管是站在坚实的地面上，还是身处飞向遥远星球的飞船上，人们测得的光速都完全相同，约299,792 公里（186,282 英里）/ 每秒。

怎么可能呢？这似乎违背了常识。但是爱因斯坦巧妙地推断说，如果光速与观察者的运动状态无关，那么就应该考虑其他的因素了。而其他的因素就是绝对的时间和空间。爱因斯坦用狭义相对论彻底改变了经典物理学的传统观念，而这一观念是杰出的前辈们牢固地确立下来的。爱因斯坦在自传中写道："牛顿，请原谅我。您的发现是无可替代的。在您所处的时代，只有像您这样拥有最高超思想和最强创造力的人，才有可能有这样的发现。"[3] 在牛顿的世界里，时钟和参照系是共用的，整个宇宙的时间和空间都是相同的。但是这个体系已经不复存在了。相反，空间和时间现在是"相对的"，随我们的运动而改变。凭直觉，爱因斯坦认为，长度和时间不是绝对的。如果两个观察者作相对或相反的快速运动，那么每个观察者都会观测到，相对于对方，空间收缩、时间变慢。他们的时钟和长度标准与牛顿定律描述的不同。唯一会达成一致的就是光速，这是对那两个旅行者都不变的恒量。这似乎是违反直觉的，原因是，在我们所知的环境中，无法分辨出这些时间和长度的差异。只有当两个物体之间的速度巨大到接近光速时，差异才会很明显。

很快，爱因斯坦就不满足于狭义相对论了。狭义相对论应用范围太窄，只能用来讨论以不变速度运动的物体，这限制了它在更广泛领域中的使用。自然界中的大多数事件都不是那么井然有序。如果某物正在加速、放缓或改变方向，那该当如何呢？如果一个物体在重力作用下加速，那又该怎么办？爱因斯坦知道，必须建立一个更普遍的理论来处理这些情况。在这个问题上，他奋斗了近十年。这是一项艰巨的工作，爱因斯坦所做的，就是用相对论来重塑牛顿倍受尊敬的万有引力定律。

爱因斯坦致力于建立一个真正具有普适性的方程，它必须在常规条件下与牛顿的引力定律相一致。常规条件是指弱重力和低速度的情况。但多年来，他一直未能获得成功。毕竟，推翻一条历经两个多世纪考验的定律，不是那么容易的事。在日常条件下，时空扭曲太小，难以察觉。在这种物理条件下，牛顿的理论成功地指导了科学家们的实践。因此，新理论必须与牛顿的理论在日常条件下保持一致。同时，新的理论需要适用于强重力及高速度的物理环境，在这样的环境中，相对论的奇异效应才表现得明显。研究过程中，爱因斯坦在信中对一个同事说："我从来没遇到过这样大的困难……与之相比，原来的相对论简直就是小儿科。"[4]

到1915年11月，这位36岁的物理学家终于取得了突破。在那个月，爱因斯坦每周都向普鲁士科学院报告新引力理论的进展情况。到月中的时候，关键时刻到来了：他成功地解释了水星轨道近日点的微小进动，这是困扰天文学家们几十年的一个谜。爱因斯坦后来说，看到这个结果，心头不禁涌起一阵狂喜："这着实让我兴奋了好几天呢。"[5]

直到11月25日，他提交了结论性论文，才算大功告成。在这场最后的演讲中，爱因斯坦提出了决定性的观点，建立了一个具有普适性的理论。广义相对论是用张量运算的简洁符号写成的。这些符号是更复杂函数的缩写，但看上去就像简单的代数方程，比较具有欺骗性。方程用一行写就，充分体现出数学的优雅：

$$R_{UV} - \frac{1}{2}g_{UV}R = -kT_{UV}$$

等式的左边是用时空几何表示的引力场的量。事实上，R_S表示时空弯曲的程度。等式右边表示的是质量—能量，以及它是如何分布的。等号确立了两者之间的内存关系。正如普林斯顿大学的物理学家约翰·阿奇博尔德·惠勒（John Archibald Wheeler）所说的那样："时空告诉物质如何运动，物质告诉时空如何弯曲。"[6]

爱因斯坦指出，空间的三个维度和时间的附加维度结合在一起，形成真实的、可感知的物体。虽然不能将这四个维度视觉化，但可以通过绘画表示出三个维度。把时空想象成一个无限大的橡胶垫子。大质量的物体，如恒星或行星，陷进这个柔韧的垫子里，造成时空弯曲。物体越大，陷得越深。因此，行星围绕着太阳旋转，并不是像牛顿认为的那样，被无形的万有引力所牵引，而是因为陷入了由太阳形成的自然四维时空中。就像滚动的弹子球会绕着蹦床上的保龄球旋转一样。如果脑海中有了这样的概念，就可以很容易理解地心引力了：物体只是沿着时空的起伏滑动，就像下坡的滑雪者一样。后来，当爱因斯坦的小儿子爱德华问他为什么如此出名时，爱因斯坦优雅而清晰地描绘了弯曲的时空："当一只失明的甲虫爬过弯曲的树枝表面时，它没有注意到爬过的路线实际是弯曲的。我很幸运地注意到了甲虫没有注意到的事情。"[7]

这就是爱因斯坦对他在水星上取得的成功结果兴奋不已的原因。很明显，这正是几何表述的新引力理论的有力证据。他的洞察力集中在这样一个事实上：行星不是以完美的圆绕太阳运行，而是以椭圆的形式运行，其一端比另一端略靠近太阳。人们早就知道，水星轨道上最接近太阳的点——近日点，会随着时间的推移而发生移动，这是由其他行星的引力联合作用造成的。但是，还有一个额外的进动，每百年会多出 43 弧秒（或角秒），人们无法充分解释。天文学家甚至假设有一颗未被发现的、比水星更接近太阳的行星，即名为"伏尔甘"（Vulcan）*的火神，来解释这种异常现象。

相对论几何对此给出了不同的解释：因为水星离太阳太近，太阳的质量造成了可见的时空扭曲，所以与其他行星相比，水星"下陷"

---

* 伏尔甘，天神朱庇特之子，是罗马神话中的火神。此星以他的名字命名。

得更深。爱因斯坦宣称，水星轨道上的额外进动，完全是由于水星靠太阳太近造成的，而不是由一些尚未观测到的内部行星引起的。这不是一个模糊的预测，广义相对论的方程式以极高的精度解释了水星每百年额外进动的 43 弧秒。

爱丁顿立即被爱因斯坦的开创性理论迷住了。他在其关于广义相对论的论著中写道："不论最终被证明或证伪，这个理论是展现最一般数学推理能力最美的例子之一。"[8]这是第一本关于此主题的英语书。因为爱丁顿是爱因斯坦的翻译和拥趸，人们经常把二人联系在一起。爱丁顿是一位卓越的科普工作者，他说，爱因斯坦接手继续培育"牛顿的植物，但它长得太大了，花盆已装不下，他就把它移植到了更开阔的田野"[9]。爱丁顿非常精通解释相对论。他在接受记者采访时说，"人们似乎忘记了我是天文学家，而相对论于我只不过是一个无关大局的问题"[10]。

作为激进的新理论的代言人，爱丁顿有点名不符实。物理学家赫尔曼·邦迪（Hermann Bondi）说，他太羞怯，羞怯得"根本不能说话……当有人和他在一起时，他就玩烟斗，把它倒空，再重新装上，他偶尔会谈谈天气"[11]。爱丁顿偏瘦，中等身材，目光敏锐，和妹妹住在剑桥天文台的住所里。他的妹妹既当主妇，又当女仆。爱丁顿是虔诚的贵格会教友、和平主义者。在第一次世界大战期间，爱丁顿留在了英国的剑桥大学。据说，他在大学里被确认为是对"国家的利益"有价值的人[12]。

作为天文学家和理论家，爱丁顿早就对爱因斯坦思想的革命性意义进行了预测：广义相对论提供了在理性和数学框架内理解宇宙运行的方法。虽然牛顿定律可以预测彗星、行星和恒星的行为，但只有广义相对论才能从整体上把握广阔无垠的时空。在爱丁顿开始为他的同事翻译广义相对论的时候，爱因斯坦已经在努力将他的革命性新理论应用到整个宇宙。

对于牛顿来说，空间永远处于静止状态，只不过是一个不参与相互作用的、空的容器，是一个三维的舞台，物体穿行其间。但广义相对论改变了这一切。现在，因为宇宙内的物质塑造了空间的整体曲率，舞台本身成了主要演员。有了这种对万有引力的新认识，物理学家们终于可以预测宇宙的行为，将宇宙学从古老的哲学领域中解放出来，纳入了科学范畴。

爱因斯坦是第一个这样做的人。[13]1917年，正当加州的沙普利重修银河系体系时，爱因斯坦在德国发表了一篇题为《广义相对论下的宇宙学思考》[14]的论文，探讨如何将新引力理论应用于宇宙学研究。爱因斯坦一直关注这个古老的问题：宇宙是无限的还是有限的？他沉思着自语道："把空间比作一块布……人们只能观察到其中一部分……想一想，如何推断这块布有多大，是什么维持着切向张力的平衡……它到底是无限延展的，还是有限的，抑或闭合的。"[15]爱因斯坦认为，宇宙是封闭的，也被称为球形宇宙，相当于四维度的球形地球。虽然这个形状的宇宙既没有开始也没有结束，但其体积是有限的。如果向前走足够长的时间，会返回到出发点，就像环航地球一样。在这个体系中，物质如此丰富，以至于时空极度地弯曲，简直把自己卷曲成了一个超维球。意识到这听起来有多么不合情理，爱因斯坦告诉一位朋友："这使我面临被关进疯人院的危险。"[16]但是他坚持这个奇特的想法，因为这有助于解决将广义相对论应用于宇宙的其他问题。爱因斯坦更倾向于这个模型，也是基于当时他对天文学的认识。爱因斯坦认为，充满了物质的宇宙，是静态的。1917 年，在他看来，宇宙无疑是静态永恒的。说实话，爱因斯坦喜欢的想法是：宇宙永恒不变，一大群恒星永远固定在虚空中。

从理论家的角度来看，这一想法在数学上是十分美好的，但它也带来了一个问题。甚至连牛顿都知道，分布在有限空间的物质，最终会聚合成越来越大的团块。随着时间的推移，星际物质会在引力的作用下相互吸引，彼此靠近。最终，宇宙会在不可逃避的万有引力的作用下崩溃。因此，为了避免这场宇宙灾难，并将他的理论与当时公认的天文观测相匹配，爱因斯坦修改了他的著名方程，增加了 λ 项（希腊字母拉姆达），这是一个叫作"宇宙常数"的修正因子。它代表一种弥漫在宇宙空间中的额外能量，用来提供向外的"斥力"。这种斥力场实际上是一种反引力，完全平衡了封闭宇宙中所有物质向内的引力，使之保持静止。结果，宇宙仍然是静态的。爱因斯坦在 1917 年那篇经典论文中写道，"正如恒星的低速度所要求的那样"。[17]

其他人很快跟进了爱因斯坦的宇宙学理论，最重要的是威廉·德西特（Willem de Sitter）。这位备受尊敬的荷兰天文学家又高又瘦，留着短式山羊胡，早在 1911 年就开始关注广义相对论的进展，并且是最早认识到它对天文学有深远意义的人之一。1916 年，德西特在莱顿与爱因斯坦有过几次讨论，事实上，正是与德西特的讨论激发了爱因斯坦对这个宇宙模型的构想。[18]之后不久，德西特就与爱丁顿就球形宇宙达成了共识。被德西特的洞见所吸引，爱丁顿特邀请德西特为《皇家天文学会月报》(*Monthly Notices of the Royal*

Astronomical Society）撰写他对广义相对论的见解，结果他发表了三篇关于这个话题的长篇论文。这是第一批在德国以外的科学家中，介绍爱因斯坦成就的文章。显然是受到这项任务的激励，在第三篇论文中，德西特提出了自己的广义相对论方程的宇宙学解，但与爱因斯坦的迥然不同。

当建立了描述某种现象的方程时，科学家们的工作还远未完成。他们仍须求解方程（在广义相对论的情况下），找出那些能使方程成立的 R_S 和 T_S 的函数。这要求很高。所以，为了取得进展，研究人员经常会引入关于方程式的简化假设，使问题更容易解决。以这种方式求得的方程的解，虽然不十分确定，但科学家们相信这将为解决问题提供一些线索，从而获得更全面的认识。

德西特的假设，就是宇宙里没有物质。德西特发现，如果把宇宙想象成既是静态的又是空虚的，爱因斯坦的方程就可以有解。从表面上看，这似乎是荒谬的。但是德西特想知道，宇宙的物质密度是否非常低，以至于本质上可以被认为是空旷的。依据这个猜测，德西特构建了一个时空模型，在这个模型中，"光的振动频率是逐渐减小的"。[19] 也就是说，光波随着离光源的距离的增加而变长（更红）。这是他的解的独特时空性质的要求。爱因斯坦并没有上最新的天文新闻，但德西特却上了。事实上，德西特不久就会成为荷兰莱顿天文台的台长。德西特非常清楚，洛厄尔天文台的斯里弗最近发现了一些螺旋星云，通过红移测量，发现它们似乎正以非常高的速度从银河系中飞离而去。当时，德西特是那些少数人之一，他们相信天文学家们发现的越来越多的螺旋星云，很可能是"我们所知道的最遥远的物体"[20]，无可争辩地位于银河系之外。德西特臆测，螺旋星云明显的红移倾向可以证明他的模型。德西特在论文中提出，螺旋星云很可能只是看上去在向外移动。因为当光向地球传播时，光的波长越来越长（因此越来越红），这给人一种正在移动的错觉。

另一方面，还有另外一种方法可以用来解释德西特宇宙效应：掉进德西特时空的任何一点物质，都会立即飞散。这可能是斯里弗注意到红移现象的另一个原因。爱丁顿喜欢说："爱因斯坦的宇宙有物质，但没有运动；而德西特的宇宙有运动，但没有物质。"[21]

在发表那离奇而又迷人的方程解之前，德西特与爱因斯坦互通了很多信，详细讨论了其中的细节。爱因斯坦显然对德西特怪诞的宇宙观感到困惑。爱因斯坦写道，"这对我来说毫无意义"。[22]他的宇宙中"世界物质"在哪儿？恒星又在哪儿？这不符合现实。在爱因斯坦看来，德西特的解不符合自然法则。他坚信，没有物质的存在，空间的属性就不可能确定。

德西特无疑做出了巨大的假设：宇宙密度过低，因此宇宙可以被认为没有物质。但令人兴奋的是他的模型可以测试。如果能精确测量到螺旋星云的距离，那么天文学家就能看到，红移是否真的像德西特在他的论文中所指出的那样，是在"有条不紊地"[23]增长。也就是说，螺旋星云距离越远，红移越大。但在1917年，进行如此严格的测量简直是白日做梦。当时天文学家还没有确定螺旋星云是什么，更不可能计算出它们的确切距离。

除此之外，那时很少有天文学家关注爱因斯坦的理论。第一次世界大战使爱因斯坦的论著很难在德国以外的地方广泛传播。即便天文学家们听说了他的理论，也并不清楚该如何理解这个非传统、令人费解的引力观。像当时的许多天文学家一样，乔治·黑尔接受的训练是观察而不是鼓捣数学方程。黑尔说，他担心"这超出了我的理解能力"。[24] 但事情发生了转机。1919 年，英国日食探险队的发现，将爱因斯坦——一名在瑞士专利局从事专利审查工作的小公务员的名字变成了天才的代名词。

早在研究广义相对论的时候，爱因斯坦就提出了一个天文学家可以进行的特定测试[25]，以证实他在时空中预测的曲率：在夜晚拍摄一个区域的恒星照片，然后比较这一区域相同的恒星，观察它们在日食期间靠近太阳时的情况。一束经过太阳的星光将被引力吸引向太阳弯曲，使传播方向看起来发生偏转。1911 年，他计算出的偏折角是 0.83 角秒，与牛顿引力预测的结果较为接近*。但几年之后，他的最终理论确立时，爱因斯坦预测的偏折角度翻倍了。爱因斯坦认为，额外的进动是太阳巨大的质量扭曲时空所致。他计算出星光在掠过太阳表面时所产生的偏折角度为 1.7 角秒（是月亮宽度的千分之一）。

在 1919 年之前，已经有三支日食探险队被派出去观测这种轻微的弯曲，但是由于恶劣的天气或持续不断的战争而均未获成功。由利克天文学家威廉·华莱士·坎贝尔和赫伯·柯蒂斯领导的第四次探险的结果，受到数据比较问题的困扰，所以从未公布过。对爱因斯坦来说，1919 年的观测是一个幸运的转机。美国不可靠的结果对他不利。而其他一些观测，则是在他的理论还没有完全发展成熟的时候进行的。当时他预测的偏折角较小、不正确。

因此，1919 年，当英国天文学家宣布再次尝试远征观测时，科

---

* 牛顿引力预测的偏折角度是 0.87 角秒。

学家们格外充满期待。这次日全食的本影穿过南美，跨越大西洋，一直持续到中非。其发生在毕星团（Hyades）恒星特别丰富的背景下，因此为探测星光的偏折提供了极好的机会。英国皇家天文学家弗兰克·戴森爵士（Sir Frank Dyson），早在两年之前就首先谈到了这一幸运事件。他当时指出："对爱因斯坦的理论，这次应该可以充分证实，或者证伪。"[26]作为第一次世界大战的胜利者，英国人有足够的资金来组织和进行这次错综复杂的探险。

在出行的前一天晚上，爱丁顿和他的同伴 E. T. 柯庭汉（E. T. Cottingham）以及戴森聚在戴森的书房里。话题转向了牛顿引力的预测值与爱因斯坦的预测值，后者是前者的两倍。柯庭汉开玩笑似地问道："如果观测结果是爱因斯坦预期的两倍，会怎样呢？"[27]戴森答道："那么爱丁顿肯定会疯掉，你就得一个人回家啦！"

第二天，爱丁顿和他的助手启程前往普林西比的小岛。这个岛位于西非海岸 140 英里处，是此次日全食观测的有利地点之一。为了充分利用巴西风和日丽的天气，提高观测的质量，另外两名天文学家前往巴西北部亚马孙丛林里的索贝瑞尔村。在 5 月 29 日的日食当天，普林西比岛早上的一场暴雨几乎让爱丁顿率领的探险队的拍摄计划泡汤。但到了中午，暴雨奇迹般地止住了。一个半小时后，他们第一次看到了已经被月球部分遮住的太阳。因为忙着换底片，爱丁顿中途只有一次机会看到太阳的暗脸。他后来回忆说："我们能感觉到的，只有奇特的暗光景象和大自然的静谧。打破那种静谧的只有观测者的叫声以及节拍器总共 302 秒的滴答声。"[28]

索贝瑞尔的天文学家更幸运，因为他们有两台仪器，天气又晴好。他们用天体照相望远镜拍摄了 16 张照片，另外 8 张是用 4 英寸的光学望远镜拍摄的。在普林西比岛，爱丁顿和柯庭汉也拍了16张照片，但大多数由于有云干扰而报废。在日全食之后的几天里，爱丁顿花了几个小时的时间第一次尝试测量底片上的恒星图像，结果非常好。在检查完初步结果后，爱丁顿向他的同事喊道："柯庭汉，你不必一个人回家啦。"[29] 他看到的证据表明，星光确实是绕着太阳弯曲而行的，与爱因斯坦的预测一致。

在回到英国后不久的一次晚宴上，爱丁顿用一首《鲁拜叶》（*Rubáiyát*）*风格的诗歌来为天文学家同事们助兴。他的结束语特别令人振奋："有一件事情是确定的，那就是当星光靠近太阳时，都不走直线。其他的还需要继续探讨。"[30] 在11月于伦敦召开的英国皇家学会和皇家天文学会的一次特别联席会议上，观测结果正式公布。戴森代表与会者发言。在他身后的墙上，悬挂着艾萨克·牛顿的照片，很像舞台的布景。这是首次针对牛顿具有历史影响的万有引力定律进行修改。支持爱因斯坦的最好结果，来自在索贝瑞尔用4英寸望远镜拍摄的照片。英国人从底片上测量出1.98角秒的星光偏转，比爱因斯坦的预测值稍微高了一点。来自普林西比的不是很清晰的图像显示了1.61角秒的弯曲，低于爱因斯坦的预测值。然而，从平均值来看，爱因斯坦才是真正的赢家。爱丁顿和戴森在报告中强调的这些结果[31]，在世界各地的报纸头条上广为流传，使得爱因斯坦一夜成名。《纽约时报》刊出了这样的内容："'天上的光全都跑偏了'，科学家们或多或少都急切地想知道日全食的观测结果……恒星似乎不在它们原来的位置上，或者不在以前计算的那个位置上了，

---

* 波斯古诗集。

但谁也不需要担心。"[32]突然之间，公众的注意力被所有相关的东西吸引。公众对科学家在战争中做出的贡献心怀敬意，非常乐于听到更多来自物理学前沿的消息。几年后，当年轻的埃及法老图坦卡蒙（Tutankhamen）的坟墓在被发现时仍完好无损，公众的注意力才转移过去。

在1919年著名的日食远征中，常常被忽视的是在索贝瑞尔用天体照相望远镜收获的最大数据组。这些数据表明，星光的偏折是0.93角秒，支持牛顿的预测值。由于仪器出现了各种技术问题，包括图像模糊，英国研究小组决定忽略该仪器的结果。爱丁顿承认，他支持爱因斯坦的证据不够科学[33]，但他拒绝使用天体照相仪器结果的直觉最终证明是正确的。坎贝尔于1922年率领另一支日食探险队，获得了类似的结果，并进一步证实了爱因斯坦的理论。当被问及他一直期待的结果是什么时，坎贝尔非常认真地回答说："我希望这不是事实。"[34]相对论不仅对时间和空间有全新看法，而且它也太复杂，一些顶尖的科学家甚至不愿意接受它的预言。那些主要接受经典物理学训练的人，对广义相对论之于引力的奇怪看法持谨慎态度，并且怀疑光线弯曲实际上是在太阳大气层中发生的折射效应，或者可能是由于感光板的物理变形而产生的光晕。在爱因斯坦首次访问美国时，赫伯·柯蒂斯就与他见过面。当然，他绝不是相对论的粉丝。柯蒂斯在此次会晤后不久就写信给坎贝尔："我们相继与摩纳哥王子、爱因斯坦博士和哈丁总统等显赫人士会晤，并在白宫的草坪上留影。"[35]柯蒂斯仍然相信，他于1918年得到的不可靠的日食观测结果，已经证明了爱因斯坦是错误的，他会很高兴看到有人和他一起推翻爱因斯坦。柯蒂斯拿这个德国人开涮："他看起来的确就像第四维度！虽然面色晦暗发黄，但目光锐利明亮。他留着波兰钢琴家伊格纳西·帕德雷夫斯基（Ignacy Paderewski）式的发型，油腻小卷，四五英寸长。"[36]

甚至在广义相对论发表整整十年后，许多科学家仍在抵制爱因斯坦的新宇宙观。1925 年，在华盛顿举行的国家科学院会议上，克利夫兰凯斯应用科学学院（Case School of Applied Science）的物理学家戴顿·米勒（Dayton Miller）宣布，他已经看到了"以太曳引"（ether drag）的证据，即光速随着地球的运动而变化。据一位与会者说，这份报告"如同一枚重磅炸弹……使学院会议炸开了锅。报告比任何其他事情赢得的掌声都多……这令相对主义者十分不安"。[37]

人们对相对论的疑虑依然萦绕不去，爱因斯坦的支持者们对此感到愤慨。"我对宗教激进分子反对相对论的态度感到非常厌倦。"[38]在回应米勒的闪击时，亨利·诺利斯·罗素说："在我看来，他们的心理无异于最守旧的神学家。"然而，随着时间的推移，米勒的实验被证明是错误的，天文学家最终将不得不面对新的宇宙秩序。

注释：

[1] 见 Schilpp（1949），p. 53.

[2] 见 Fölsing（1997），p. 46.

[3] 见 Schilpp（1949），p. 31.

[4] 见 Pais（1982），p. 216.

[5] 见 Hoffmann（1972），p. 125.

[6] 见 Ciufolini and Wheeler（1995），p. 13.

[7] 见 Isaacson（2007），p. 196.

［8］见 Douglas（1957），p. 39.

［9］同上，p. 118.

［10］同上，p. 115.

［11］AIP，详见大卫·德沃金 1978 年 3 月 20 日对赫尔曼·邦迪的采访。

［12］见 Douglas（1957），p. 92.

［13］爱因斯坦实际上是在 1916 年秋天与德西特讨论广义相对论后才这么做的。见 Kragh（2007），p.131.

［14］见 Einstein（1917）.

［15］见 Kahn and Kahn（1975），p. 452.

［16］见 Isaacson（2007），p. 252.

［17］转译自 Lorentz，Einstein，Minkowski，and Weyl（1923），p. 188.

［18］见 Kerszberg（1989），pp. 99，172.

［19］见 De Sitter（1917），p. 26.

［20］同上，p. 27.

［21］见 Eddington（1933），p. 46.

［22］见 Kahn and Kahn（1975），p. 453.

［23］见 De Sitter（1917），p. 28.

［24］见 Smith（1982），p. 173.

［25］见 Einstein（1911）.

［26］见 Dyson（1917），p. 447.

［27］见 Douglas（1957），p. 40.

［28］见 Eddington（1920），p. 115.

［29］见 Douglas（1957），p. 40.

［30］同上，p. 44.

［31］见 Dyson，Eddington，and Davidson（1920）.

［32］*New York Times*，November 10，1919，p. 17.

［33］见 Eddington（1920），p. 116.

［34］见 Douglas（1957），p. 44.

［35］LOA，详见柯蒂斯档案，柯蒂斯 1921 年 5 月 11 日写给坎贝尔的信件。

［36］同上。

［37］HUA，详见沙普利 1925 年 5 月 4 日写给罗素的信件。

［38］HUA，详见罗素 1925 年 5 月 21 日写给沙普利的信件。

第 10 章

针尖对麦芒

1920 年可谓是"成绩"斐然的一年[1]，有卓越的、臭名昭著的，也有机智、幽默的，不一而足。比如：美国妇女获得了选举权，圣女贞德被天主教教宗本笃十五世 * 封圣，禁酒令在美国全面实施，强生公司的一名员工发明了创可贴，美国邮政公司裁定不能用包裹邮寄孩童。然而，天文学家们还不知道太阳巨大的能量从何而来，也还不知晓太阳主要是由氢气组成的，纵然爱因斯坦的相对论将质量与能量联系起来，优美地概括为 $E = mc^2$，为此提供了新线索。

1920 年，天文学史上最值得纪念的是哈罗·沙普利和赫伯·柯蒂斯在华盛顿的会晤。之后，国家科学院成员们针对宇宙秩序进行了辩论。双方的立场泾渭分明，大有一决胜负的架势。论战一方的沙普利宣称，银河系比先前设想的要大得多，那些小星云盘旋在庞大的银河系边缘是很容易想象的；但另一方的柯蒂斯则并不这么认为。此次划时代的论战通常被称为"大辩论"（Great Debate）。事实上，这种描述

---

* 天主教教宗本笃十五世（Benedict XV，1855 年 11 月 21 日—1922 年 1 月 22 日，原名 Giacomo della Chiesa，在位期间：1914 年 5 月 3 日—1922 年 1 月 22 日），意大利人。其圣号"本笃"被认为具有仁慈和容易亲近的意思，并带有和平使者以及协调者的喻义。

并不恰当，因为这场论战更像是背靠背的讲座，甚至都没有科学报刊报道此事件。在天文学界，关于 4 月会议期间这场大辩论的传说随着时间的推移逐渐升级，最终演化成了人们记忆中的两位天文学巨人爆发激烈冲突，上演了天文学界的《正午迷情》。在这之后的数年里，此事件又不断被大肆渲染，添油加醋，最终酿成了"荷马式大战"[2]——意见对立的双方在全国最高的科学机构里展开了激烈的对决。

这场大战的起因其实很简单。乔治·埃勒利·黑尔曾在科学院的一次理事会会议上建议，在学院即将召开的 1920 年春季会议期间，由他来主持一场有关科学家感兴趣的主题的会议。这是为纪念他的父亲而于 1914 年开始举办的年度活动。黑尔本人倾向于讨论爱因斯坦的广义相对论——这个时代最时髦的科学话题。但是，科学院的内务秘书、太阳物理学家查尔斯·格里利·阿伯特（Charles Greeley Abbot）担心，到会议召开时，这种革命性的新引力观已经听得"腻死人"[3]了。英国日食探险队凯旋的故事已成为本年度最流行的科学故事，在世界各地依然占据着头条新闻位置。不仅如此，阿伯特对相对论激进、难解的概念深恶痛绝。他宣称："我向上帝祈祷，科学的进步将相对论送到四维空间之外的地方去，永远不再要回来折磨我们了。"[4]阿伯特觉得，黑尔要是选择关于"冰河时期的起因，或是动物学或生物学方面的主题"，可能更具吸引力。他甚至提议，让摩纳哥王子来讲海洋学方面的内容。但是黑尔最终还是选择了宇宙岛论悬而未决的问题作为会议的主题。[5]

毫无疑问，35 岁的后起之秀沙普利将会捍卫他大银河系的理念。那么，要选择谁作为辩论的反方呢？虽然利克天文台的台长坎贝尔暂时被认为是宇宙岛论的拥趸，但是一直在利克天文台致力于此问题研究的柯蒂斯最终被选中，因为那时他已经成为这个主张的主要发言人。就个性而言，沙普利和柯蒂斯二人形成了有趣的对照。沙普利被公认为是"大胆的创新者，会从观测资料中汲取最后一点点信息，勇于从已知推断出未知……不时靠直觉进行逻辑关联"。另一方面，柯蒂斯又被认为是"谨慎的，有时过于谨慎、保守，对每一个观察都进行权衡，往往得出的是'证据不足'，而非'不是那样的'的结论"。[6] 尽管柯蒂斯并不像沙普利那样知名，但还是一位受人尊敬的天文学家。那时，柯蒂斯已经 47 岁了，戴着眼镜，比年轻的辩论对手要成熟稳重得多。因此，在别人看来，柯蒂斯像是杰出的银行家。然而，尽管外表看起来很稳重，但事实证明，在即将到来的论辩中，他是更加危险的对手。

拥有更多专业经验的柯蒂斯，在讲台上挥洒自如，渴望来一场酣畅淋漓的巅峰对决。但是沙普利则不然，一上讲台就表现得局促不安，并且这个时候在公众面前曝光也是个问题。英国历史学家迈克尔·霍斯金（Michael Hoskin）最先指出，沙普利当时已经开始相信，他是哈佛大学天文台下一任台长（天文学最负盛名的职位之一）的最优人选。最近去世的爱德华·皮克林为天文台留下了不朽的遗产。天文台正在寻找接替他的候选人。虽然在管理世界级的研究机构方面沙普利完全没有经验，显得太稚嫩，但他还是递交了意愿书，想要趁热打铁，推进自己的职业生涯。虽然因此会离开世界上最大的望远镜，但沙普利更关注哈佛大学收藏的大量摄影底片，这为他最感兴趣的问题提供了丰富的资源。沙普利告诉罗素，"与威尔逊山天文台相比，也许哈佛天文台更不专业，但是你和我……都清楚这个地方的巨大潜力"。[7] 不仅如此，这还可以让沙普利摆脱威尔逊山天文台的副台长沃尔特·亚当斯的桎梏。鉴于这份雄心壮志，他盘算着如何能接触到听众中国家科学院的某些成员[8]，因为他们可能会对最终的决定产生影响。众所周知，柯蒂斯是一个充满活力的演讲者，沙普利担心自己会相形见绌。[9]在辩论之前，柯蒂斯的一封信并没有平息他的忧虑："我相信，我们能像好朋友那样针尖对麦芒地辩论一下。……偶尔友好地'吵一吵'是件好事儿，可以澄清问题。"[10]

在会议召开前的几个月，两位辩手和国家科学院之间有一系列的通信交流，旨在建立交战规则。柯蒂斯渴望以无拘无束的方式恣意论战。柯蒂斯告诉沙普利，要"打开天窗说亮话，明确攻击对方的观点"。[11]但沙普利却另有盘算，他只想讨论自己新建立的超大银河系模型。甚至在辩论前几周，沙普利告诉罗素，他根本不想多谈螺旋星云的事情。沙普利感叹道："我既没有时间，没有数据，也没有很好的论据。"[12]事实上，沙普利最终松了一口气，因为这次演讲的题目《宇宙的尺度》已经够含糊，足以让他实现自己的计划。沙普利非常不愿意讨论螺旋星云，因为这个问题的证据还不是很确定。他不喜欢在公共场合揭科学的短。

沙普利强烈地表达了这些忧虑。他说服黑尔，应该把所谓的辩论会搞成讨论会，就是"关于同一主题的两次演讲"。[13]原来提出的是每个演讲者有45分钟的时间，沙普利要求缩短到35分钟。他表示："我总是很同情观众。他们怎么能够听或忍受近两个小时的关于星云的演讲呢？"[14]柯蒂斯对这个建议颇感沮丧，他坚信需要更多的时间来阐述自己的科学观点。柯蒂斯恳求黑尔多给他一点时间，"35分钟才刚刚热身"。[15]不久，他们在40分钟上达成了妥协[16]，而且没有抗辩环节。黑尔告诉柯蒂斯，"如果你或他想回答对方提出的问题，你们可以在一般性讨论中进行回答"。[17]

沙普利和柯蒂斯分别获得 150 美元，用以支付他们从加州到东海岸的旅费。对于柯蒂斯来说，去圣荷塞的马车费是 2 美元，而从圣荷塞往返华盛顿的火车票是 100 美元。[18]沙普利和柯蒂斯碰巧经南线乘坐同一列火车前往华盛顿，但他们都同意不要提前具体讨论自己的想法，以保证辩论的新鲜感。当列车在亚拉巴马州的一个地方发生故障停车时，他们走出车厢，在外面散了一会儿步，谈话主要集中在花草树木和经典著作上。沙普利还不忘收集了几只本地蚂蚁。[19]十有八九，他们也在心里默默地揣度着对手。

美国国家科学院的那一次年会持续了三天。在白天的会议上，一些杰出的科学家发表了演讲。美国人类学之父弗朗茨·博厄斯（Franz Boas）就"环境问题决定增长和发展"发表了讲话，火箭先驱罗伯特·戈达德（Robert Goddard）则主张在天气预报中使用火箭。[20]"大辩论"发生在 1920 年 4 月 26 日的夜晚，此次会议的第一天快结束的时候。那天有阵雨，天气比较凉爽。大概有两三百名观众聚集在现史密森学会自然历史博物馆的贝尔德礼堂里。这个博物馆位于华盛顿国家广场，在史密森学会的"城堡"正对面。在辩论的前一天，《华盛顿邮报》的一篇新闻报道宣称，"威尔逊山太阳天文台的哈罗·沙普利博士将提供证据，表明（银河系）的规模要比人们所认为的大许多倍……利克天文台的赫伯·柯蒂斯博士将捍卫旧理论，认为可能有许多类似于我们自己的宇宙，每个宇宙可能有多达 30 亿颗恒星"。[21]

辩论时间是晚上 8 时 15 分，沙普利第一个发言，他一直很紧张。哈佛大学校长阿伯特·劳伦斯·洛厄尔（A. Lawrence Lowell）的两个朋友在观众席上审视着他。[22]一位是哈佛大学天文学系视察委员会的成员乔治·阿加西斯（George Agassiz），另一位是哈佛大学物理系主任西奥多·莱曼（Theodore Lyman）。但沙普利是有备而来。沙普利确信，罗素仍是他的宇宙模型的有力支持者，在辩论期间肯定会坐在观众席中为他打气加油。

那天晚上到底发生了什么？演讲者所讲的内容、听众的反应，很大程度上都是根据之后留下的有限证据进行的猜测。对这件事的回忆充斥着错误和虚假的信息。例如，根据沙普利的回忆，在此之前举行的冗长的宴会上，主宾阿尔伯特·爱因斯坦低声对同桌说，他"刚刚得到了一个新的世界理论"。[23]但是会议晚宴是在第二天晚上举行的[24]，而这位著名的相对论理论家是第二年才首次访问美国。然而，沙普利确实保存了演讲的打字稿[25]，并附有最后一刻匆匆写下的文字（有些是速记符号，这是他在做记者期间磨炼出来的才能），显示了他的风格和态度。鉴于听众的多样性，许多人未接受过天文学教育，沙普利选择避开技术细节，花了很大一部分时间来介绍基本的天文事实。他仔细描述了银河系的大小、结构及其组成部分——恒星、气态星云和星团。沙普利随身携带了用100英寸望远镜拍摄的月亮、太阳、昴宿星团、球状星团等照片的幻灯片。这是对已知宇宙的视觉之旅，特别着重于让观众了解光年的意义。沙普利指出："你看到的是太阳八分钟之前的位置，不是现在的位置。你们看到的不是这些恒星现在的模样，而更可能是它们过去的模样，就像基奥普斯*国王还是个小男孩的时候。"

---

* 公元前 3~4 世纪埃及第四王朝的法老，又名胡夫法老，是胡夫金字塔的建造者。

沙普利没有谈及螺旋星云的自然本质，而这正是本次对抗的主题。沙普利重点介绍了自己的大银河系模型。他认为，如果他证明银河系是巨大的，螺旋星云就会自动降级到宇宙万物结构中的次要地位，仅仅是银河系的附庸。估计柯蒂斯将挑战他使用造父变星作为确定球状星团距离的标准烛光，沙普利就干脆不提此项技术。他说："（柯蒂斯）可能会质疑数据的充分性或使用数据方法的准确性。但以下事实仍然存在：我们可以完全抛弃造父变星，而使用数千颗 B 型星 *（这些恒星是最有才华的天文学家多年来一直在努力探索的），并得到至球状星团相同的距离……因此可以获得与星系相同的尺度。"但是沙普利很不诚实。两年前，他曾向太平洋天文学会报告说，在其距离测量中，造父变星占有极其"重要的地位"，红巨星和蓝星的星等"最好用作核对或二级标准"。[26]

　　沙普利继续强调他的发现，即太阳不在银河系的中心："我们受到了太阳在附属系统中心附近的偶然位置的影响，被由此产生的现象所误导，以为我们是上帝指定的，受到上帝的眷顾。"至于螺旋星云呢？他说："我将把这个有争议问题的描述和讨论留给柯蒂斯教授。"沙普利做出了让步，表示只有当银河系减小到他新定义大小的十分之一时，才存在螺旋星云是星系的可能。沙普利认为这不太可能，他更希望把螺旋星云看作是星云物质。沙普利坚持认为，"就目前而言，对此事采取任何激进的看法，在专业和科学上都是不明智的"。

　　可以想象，在对手做演讲时，柯蒂斯有多惊慌。沙普利花了大部分时间讲天文学的基础内容，而柯蒂斯则准备了一份全面的分析，

---

* 指光谱型为 B 的恒星。

充满了观测的细节。柯蒂斯将就沙普利从未提及的问题向听众发表演讲。当柯蒂斯在焦急地等待上讲台时，他的大脑飞快地转起来，思考着是否应该临时改变演讲的内容[27]，以使演讲更轻松、笼统。但他最终还是决定坚持原来的计划。

　　与沙普利不同的是，柯蒂斯的演讲稿已荡然无存，保存下来的只有展示其要点的部分幻灯片[28]，使我们能对他当天晚上的演讲略见一斑。与沙普利在演讲中运用的通俗讲法形成鲜明对比的是，柯蒂斯的演讲更具技术性，但大家都认为，他的讲话更自然。一开始，柯蒂斯集中讨论了与沙普利的主要分歧之一：银河系的大小。柯蒂斯认为，银河系的大小只有沙普利所说的十分之一。他小心翼翼地概述了自己的理由，主要是对沙普利使用造父变星的测量方法表示不相信。沙普利自己也知道，正如先前在一封信中描述的那样，他对银河系大小的修正，仅仅建立在"可怜的"11 个造父变星的基础上。[29]

　　紧接着，柯蒂斯又专注于螺旋星云——沙普利巧妙回避的主题。柯蒂斯展示了最得力的证据，重复前一年他向华盛顿科学院提出的许多观点：他强调，螺旋星云所显示的是聚集恒星的典型光谱，而不是气体；在银河系内部从来没有发现过螺旋星云；螺旋星云主要是在银河系之外发现的，因为模糊的物质挡住了我们银河系平面方向的视野。柯蒂斯特别关注在一些螺旋星云上看到的许多新星。他表示，如果仙女座的新星距离地球有 50 万光年，那么它们的光度将大致与我们自己星系中所见到的新星光度相当。再近一些的话，它们就会太亮。然后是斯里弗发现的螺旋星云的运动。与其他银河系的天体不同，这些螺旋星云在太空中快速前进。这表明，它们肯定位于银河系的边界之外。

　　总而言之，这二人都是各自为战。沙普利主要是捍卫自己的新银河系模型，认为银河系的大小超乎想象，而柯蒂斯则认为，螺旋星云是遥远的星系。事后看来，每个人都是对错参半。沙普利争辩说银河系要更大（正确），但坚持认为螺旋星云在银河系之内（错误）。柯蒂斯仍然相信银河系更小（错误），但他坚持认为，螺旋星云位于银河系之外，并与银河系的大小相当（正确）。那一天结束时，双方势均力敌，未分胜负。

从本质上讲，他们每个人都坚持了自己在辩论开始时所持有的信念。[30] 数据非常混乱，似乎柯蒂斯和沙普利可以根据相同的事实，得出完全矛盾的结论。在辩论时，没有确凿的证据可以解决这两种方式的不一致之处。两个人都是沿着可疑的道路前行，都是透过朦朦胧胧的雾霭来检视自己的目的地，并以不同的方式来解读所看到的模糊不清的景色。

然而，还是有一位演讲者获得了最佳表现。那天晚上，柯蒂斯对自己的表现感觉很不错。后来柯蒂斯从别人那里也得到了证实，他"表现非凡"。[31] 另一方面，沙普利的表现则被认为要逊色很多。罗素事后写信给黑尔说，他以前的这位学生迫切需要加强"口才"。[32] 哈佛评论家阿加西斯对沙普利的评价毫不留情。他在两天后向哈佛校长汇报说，"沙普利有某种古怪、易紧张的个性……缺乏成熟和力量，并没有给人足以胜任台长之职的良好印象"。[33] 阿加西斯倒是对罗素印象深刻。在当晚观众发问时，罗素非常雄辩地支持了沙普利。阿加西斯说，罗素"更有把控能力、魄力，有更开阔的思维"。

这两个对手逐渐对其他人在那个 4 月的晚上发生的事情的感受表示认可。柯蒂斯在辩论后几个月向沙普利坦承，"是的，我想我的演讲太专业了，原以为你也会讲得比较专业，但令我惊讶的是，你讲得比我预想的要笼统得多".[34] 作为迷人的科学秀，这场所谓的大辩论最终令人失望。

然而，辩论整整一年后，两位天文学家再次在《美国国家研究委员会公报》(Bulletin of the National Research Council)上重燃战火。他们最初的目的其实很简单，只是想把在美国国家科学院年会上所作演讲的稿子交给《公报》刊印。但是，在准备论文的过程中，他们都深化和扩展了自己的论点。沙普利和柯蒂斯之间真正的大辩论，不是发生在华盛顿那个烟雨蒙蒙的春夜里，而是在《公报》的页面中。正是经过大幅度修改之后的书面文字，最终成为流传于后世天文学家之中的版本，许多人相信这才是他们4月份辩论的真实记录。

起初，柯蒂斯并不热衷于刊印自己的演讲稿[35]，但他表示，如果他和沙普利能够就技术性问题进行更深入的探讨，他会愿意。沙普利同意了。起先，他们被给予了十页的篇幅。柯蒂斯开玩笑说，这会迫使他按照"在撰写电报时普遍遵守的"写作规则来写。他写道，也许可以"只提出问题，不给出结果"。[36]沙普利用他惯有的机智，提议自己写"十页废话"[37]，而柯蒂斯则可以提供"十多页智慧"。

沙普利也在考虑是否应该交换论文，以提供反驳对方论点的机会。"应该是我先提出我的结论（或观点），你批评（或驳斥），然后我再捍卫我的观点。"[38]柯蒂斯积极响应，在接下来的几个月里，他们来来回回地交换了一系列的草稿和意见。在这个过程中，柯蒂斯劝说沙普利多讨论螺旋星云，"即使是不赞成宇宙岛理论的话，至少也应该简短地陈述一下你的看法"。[39]完成时，两人的演讲稿都从十页扩充到了二十四页。虽然沙普利给予柯蒂斯最有力、最新的反驳，但直到倒数第二段才提到螺旋星云。在结尾处，他才打出了自己的最终王牌：螺旋星云不可能是宇宙岛，因为威尔逊山天文台的阿德里安·范马伦对螺旋星云的测量结果"对这种解释是致命的"。[40] 沙普利现在似乎更放心地把螺旋星云当作小天体。他在撰写《公报》论文的过程中告诉罗素："没有理由把螺旋星云看作是恒星或宇宙。在我们正确认识它们之前，这个假设太离谱了。"[41] 从那时起，沙普利对抗遥远星系支持者的最强武器就是范马伦的测量结果。

尽管在内心深处，柯蒂斯从来不相信会发生这种事情，但他不得不在他发表的回应中勉强承认，如果范马伦的发现的确能成立，那么"宇宙岛理论一定要被摒弃"。[42] 在接下来的几年里，范马伦和他的观测结果就像横亘在宇宙岛理论支持者面前的一堵墙。如果螺旋星云的确是遥远而巨大的星系，那该如何解释我们在近几年看到的它们的旋转呢？要知道它们是那么的遥远。直到宇宙岛理论的支持者们想出如何推倒这堵墙的方法，该理论才得到普遍的认可。

范马伦从 1915 年开始测量螺旋星云，并一直持续到 20 世纪 20 年代初。天文学家重视他的观测结果，因为他是隔着门缝吹喇叭——名声在外。众所周知，他观察细致，一丝不苟地遵循复杂的天文学程序。人们很容易接受他的结果，因为他们支持当时许多人乐于相信的宇宙观：银河系定义了宇宙，螺旋星云仅仅是（银河系的）附属物。并且，从螺旋星云的外观上看，它们也必须旋转。恒星、行星和卫星自转，行星围绕太阳旋转，因此旋转是宇宙的自然属性。鉴于此，我们听说螺旋星云旋转时，并不会感到奇怪。早在 1914 年，斯里弗就根据自己的光谱数据，报告过一个螺旋星云的旋转情况。虽然斯里弗仅仅观察到一个螺旋星云朦胧旋臂的弯曲线条，但照片捕捉得如此生动，使得我们不可能不这么想。

范马伦是荷兰一个贵族家族的后裔，他的祖先是牧师、教师和著名的法学家。那些认识他的人证明，他正直，做事一丝不苟，有高度的个人荣誉感，这是他从家族获得的宝贵遗产。1911年获得博士学位后，范马伦前往美国，在耶基斯天文台担任志愿助理。但是，在他的导师——著名的荷兰天文学家雅克布斯·卡普廷（Jacobus Kapteyn）将他推荐给黑尔之后，他很快就得到了威尔逊山天文台的永久职位。天文台希望范马伦凭借精湛而成熟的技能来测量恒星的运动和距离。1917年，在进行这样的观测时，范马伦发现了我们所知的第二颗白矮星，这在当时是罕见的发现。[43]

从学生时代开始，范马伦就对这一项工作着迷。因为需要识别不同时期内恒星的位置变化，这项工作极为单调乏味，困难重重，因此其他天文学家都避而远之。此外还要比较间隔几个月或几年的底片，注意力需要高度集中。但对范马伦来说，这种例行工作正是他梦寐以求的。甚至在去世前两年，范马伦又回到这项工作中。在1944年那篇关于恒星视差量的论文副本上，范马伦匆匆写道，"人总是回到从一开始喜欢上的东西"。[44]为了完成这个任务，他将不同时期拍摄的恒星照片叠加在特殊的体视比较仪（常被称为"闪视比较仪"）上。这台机器能让不同时间拍摄的、同一个区域的两个底板，在观察者的视场中快速切换。切换的过程非常迅速，以至于底片上移动了的物体会立即突出显现出来，而那些固定不动的物体则依然不显眼。范马伦可以慢慢地转动测微计来测量恒星在天空中准确的位置变化。转动的次数与恒星位置的变化（即恒星多年来移动的距离）成正比。这台帕萨迪纳天文台总部的体视比较仪，是范马伦最珍爱的仪器。所有人都知道，"在未征得范马伦同意的情况下，不得使用这台仪器"[45]的警告就赫然贴在仪器的前面。在他离开后的几十年里，这个标志一直都还在那儿贴着。

范马伦善于交际，广受欢迎，所有人都叫他"范"。他网球打得好[46]，又懂得照顾体贴别人，让新上山的人往往有宾至如归的感觉。他讲的故事生动有趣，有点贪图吃喝玩乐，像个花花公子。因为年龄相仿，沙普利一到，范马伦很快就和他成了好朋友。沙普利回忆道："跟我们一起吃饭时，他很快就能让整桌的人都笑起来。"[47]范马伦是一位技术高超的厨师。[48]他特别喜欢举办狂欢派对，因为可以一展厨技，为同伴们准备精美的菜肴。当沙普利和范马伦发现亚当斯对他们总是横挑鼻子竖挑眼时，他们之间的关系变得更紧密了。因为他们的自由主义观、对欧洲正在进行的战争的矛盾心态以及追求的目标，令亚当斯心生怀疑。沙普利向一位朋友吐露："范马伦和我与亚当斯的关系不睦，因为我们做得太多，或者是想要做的太多。"[49]

范马伦在威尔逊山天文台的第一批工作之一就是测量太阳表面的光谱照片，研究结果有助于黑尔绘制太阳的磁场图。早期的报告表明，磁场的强度随太阳纬度的变化而变化，范马伦似乎总是看到这种变化[50]，尽管后来他发现这是个错误。范马伦坚持不懈地去研究这种变化，为他未来几年的研究打下了基础，不是关于太阳的，而是关于螺旋星云的。

1915年年末，当乔治·里奇向他求助时，范马伦才首次涉足螺旋星云。当时里奇使用威尔逊山天文台的60英寸望远镜，拍出了螺旋星云的精美照片。大家都对这些美丽惊人的照片赞叹不已。这部分要归功于里奇的创造性。里奇开发了一个快速的相机快门，使他能够通过一系列短暂的曝光来拍摄。每一次短暂的曝光都是在大气平稳的时候拍摄的。总曝光时间可以持续两小时至八小时以上，有时甚至持续两三个晚上，进而可以捕获比从前更加丰富的星云细节。[51]

里奇最近拍摄了一张螺旋星云 M101（又叫作风车星系）的照片，他在 1910 年也拍过一张。去找范马伦求助时，里奇把这两张底片都带去了。里奇请求范马伦把这些底片都放进他可靠的体视比较仪里，看看在这些年间，星云是否有任何变化。起初范马伦并没有测量到任何变化，但得到了里奇的许可，可以留下底片，以便做进一步的研究。[52] 范马伦采用了以前在其他工作中使用过的方法，选择了 32 颗同样明亮，且均匀分布在每个底片上的星云周围的恒星，并测量了螺旋星云内的数十个点与这些恒星相比可能发生了多大的变化。为了扩大研究，范马伦从利克天文台借用了更多的 M101 底片，这些底片分别拍摄于 1899 年、1908 年和 1914 年。范马伦不急。他非常谨慎，甚至确保房间的温度受到严格控制，预防热力膨胀。无论是玻璃摄底片，还是测量仪器的热力膨胀，都是不可以忽略不计的。[53]

最后，范马伦得出结论：M101 内的星云物质的确是在移动，尽管确切的方式并不是立即就能清楚地显现出来。他报告说："如果结果……可以按其表面值计算，它们肯定会显示出一种旋转的运动，或者可能是沿着螺旋星云的旋臂运动。"[54] 如果以范马伦测量的速度旋转，M101 每八万五千年旋转一周。如前所述，这意味着如果风车星系真的有银河系那么大，并且位于遥远的太空，那么该星云边缘部分的运动速度肯定比光速还快。[55] 根据爱因斯坦的狭义相对论，这是不可能的。也就是说，没有任何物质的移动速度能够超过光速。

考虑到所面临的风险，范马伦采取了一切预防措施[56]：为了消除机械误差，他更换了托架上的底板，并让一位同事用另一台机器重做测量，以确保没有仪器误差或人为误差。范马伦开始相信，螺旋星云内的物质正在从中心沿着旋臂向外漂移。他在报告中指出，这与关于螺旋星云起源的钱伯林 - 莫顿模型（Chamberlin–Moulton Model）是一致的，涉及恒星和星云之间的碰撞。从黑尔那儿得知这个消息时，托马斯·钱伯林满心欢喜。他回应称："关于螺旋星云只是遥远的星群的观念最近再度出现，虽然似乎没有任何实质性的依据，但一想到确切的证据即将否定这一点时，我就感觉心旷神怡。"[57]

范马伦意识到，他的结果"可能表明这些天体并不像通常所想象的那么遥远"，[58]但范马伦在早期的报告中排除了这种猜测。部分原因是他在 1917 年测量了仙女座星云的旋转，误差比结果还大。范马伦告诉黑尔，"所以还不能确定这是不是一个宇宙岛！"[59]

但那是个例外。范马伦得到了许多人期望的答案：螺旋星云有内部运动，所以螺旋星云一定就在附近。此外，这一消息是由一位在世界顶级天文台工作的广受尊敬的天文学家宣布的，并且他在恒星测量方面的专长受到了赞扬。沃尔特·亚当斯后来回忆说："他在天文测量方面的丰富经验，使天文学家对其结论高度信任。"[60]其他观测者甚至证实，螺旋星云正在发生改变。威尔逊山天文台、洛厄尔天文台，以及俄国和荷兰的天文台都同时发出了报告。这成为天文学家们的共识。为什么不呢？它符合当时的普遍看法。

只有少数人，如赫伯·柯蒂斯，公然表示不同意。在利克天文台，柯蒂斯拥有丰富的螺旋星云照片。在早些时候他曾试图测量螺旋星云随着时间的变化，但只能得出这样的结论："确定星云的旋转可能需要更长的时间间隔。"[61]柯蒂斯知道范马伦正在仔细研究的许多老的底片，质量非常低劣，毫无用处。柯蒂斯认为，把利克天文台在 1900 年拍摄的照片，与在威尔逊山天文台用完全不同的望远镜拍摄的更现代的照片进行比较，是愚蠢的。所以柯蒂斯发现，比起沙普利和其他人，他能更容易立刻驳回范马伦的数据。柯蒂斯喜欢连讽刺带挖苦地说："五个测量的每个数据都一文不值，测量的最大价值，就是五个一文不值。"[62]

但是柯蒂斯的警告没有得到重视。事后看来，现在似乎很容易驳回范马伦的测量数据，但在当时是不可能做出正确判断的。范马伦在测量上并不松懈，他对螺旋星云旋转的发现看起来相当合理。这个时代的主要理论家之一、英国人詹姆斯·琼斯，特别渴望赶上范马伦的潮流。一听到荷兰天文学家的结果，琼斯就迅速给英国的《天文台》（Observatory）杂志社寄了一封信，称那些结果"与我最近得出的一些猜想完全一致"。[63]在计算一团气体的旋转和凝聚效应时，他已经确定潮汐力会导致旋臂的形成。现在，范马伦所提供的观测性证据支持了他的观点。最终，琼斯把自己的想法写进了《宇宙学和恒星动力学问题》（Problems of Cosmogony and Stellar Dynamics）一书中，对当时的天文学家产生了巨大影响。此外，范马伦和琼斯都开始计算更大质量的螺旋星云。[64]因此，他们把螺旋星云看成是密集（但仍然很小）恒星群的前身，而不是形成中的太阳系。

随着可获取的底片越来越多，范马伦将研究范围扩大到了其他螺旋星云。他测量了 M33（又叫三角座），旋转周期为 16 万年；M51（又叫涡状星系），旋转周期为四万五千年；以及大熊星座一个美丽的螺旋星云 M81，旋转周期为五万八千年。其他星云紧随其后。所有的星云都是这样旋转着，似乎是在展开旋臂，向外扩展。范马伦认为，这些螺旋星云宽不超过几百光年，距离从一百光年至几千光年不等。

不久之后，范马伦测量用的螺旋星云照片都用完了，因为这些年来很少有人定期拍摄用于比较的星云照片。作为对闪视比较仪的一次检测，范马伦测量了一个简单的球状星团 M13，这是众所周知不旋转的星系团。如果有任何仪器误差的话，他应该错误地测量出该星系团有运动，但结果没有。这似乎意味着他的方法是有效的。[65]一位英国天文学家也独立地测试了他的方法，并得出结论说，没有人"会如此大胆地质疑螺旋星云内部运动的真实性……事实上，对范马伦的度量法研究得越多，人们对他越是钦佩不已"。[66]

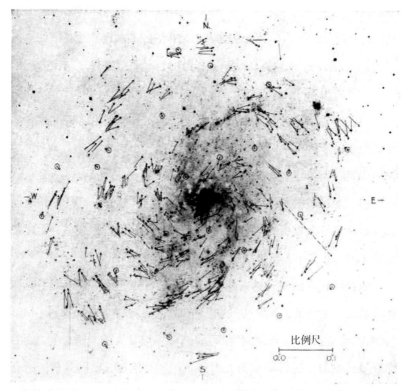

阿德里安·范马伦在 M33 的一张照片上做了标记，表示他测量的旋转量

（资料来源：美国《天体物理学杂志》，1923，第 57 期，第 264—278 页，第 19 号底片，经由美国天文学会提供）

1921 年春，范马伦在给沙普利的信中写道："我完成了……对 M51 的测量，其结果看起来比 M101 的更令人信服……沿着旋臂向外的运动 + 离开中心的运动……此时，柯蒂斯和瑞典天文学家克努特·伦德马克（Knut Lundmark）肯定是宇宙岛理论仅有的强大捍卫者。"[67]沙普利回复说："祝贺你在螺旋星云上取得的成果！我们二人似乎已经在宇宙岛理论上产生了分歧，看来，你把螺旋星云拉近了，而我把银河系推出去了。我们确实太聪明、太聪明了。"[68]沙普利在康涅狄格州举办的美国天文学会夏季会议上，报告了他朋友的最新成果。他事后告诉范马伦说："我认为，现在你的星云运动观点被大家接受了。在我解释了如果你的度量法被接受的话，宇宙岛理论就死定了，没有人……敢于反驳。"[69]

这两个人都有些狂妄自信。在此阶段，范马伦终于在《美国国家科学院院刊》上公开表示，他的观测资料"完全与'宇宙岛'假说背道而驰"。[70]范马伦指出，如果三角座中引人注目的螺旋星云 M33 距我们几百万光年远，那么他所检测到的星云运动速度就应该接近光速，"显而易见，这是极不可能的……它提供了一个最重要的论据，能够证明，这些星云是与我们星系相当的系统的观点是错误的"。[71]

但这一宣言并不能结束大辩论。当沙普利和范马伦还在自鸣得意搞庆祝的时候，克努特·伦德马克正在访问利克天文台，用克罗斯雷反射式望远镜收集 M33 极微弱的光。这是一项艰巨的任务，需要极长的曝光时间，四个晚上总共花费了 30 个小时。伦德马克最终发现，星云旋臂发出的光就像普通恒星发出的光一样。当其他天文学家在旋臂上看到一个雾状斑，并称其为"星云恒星"时，伦德马克在思考，是否每一个雾状斑都是"大量遥远的恒星……挤在一起，给人以朦胧物体的印象"。[72] 这就引出了伦德马克令人信服的结论：他对旋臂的观察"说明（M33）距离遥远"。[73] 这位受人尊敬的瑞典天文学家很快成为支持其他星系存在的最响亮的声音之一。在伦德马克的猛烈攻击下，沙普利开始感到巨大的压力[74]，他所钟爱的宇宙模型危如累卵。

与此同时，亚利桑那州的斯里弗在《纽约时报》上发表了一篇文章，透露他发现了一个新的"天体速度冠军"—— 一个微弱的螺旋星云。斯里弗确定，这个星云"巨大"，距离地球"数百万光年"远。[75] 第二年，即 1922 年，爱沙尼亚多帕特天文台的恩斯特·奥皮克（Ernst Öpik）进行了一次精巧的计算，证明仙女座星云肯定距离地球大约有 150 万光年远。他这样做的前提是，仙女座星云的质量和光度可以与银河系的质量和亮度相媲美。奥皮克在美国《天体物理学杂志》上报告说，这"增加了（仙女座）是一个恒星宇宙的可能性，可与我们的银河系相媲美"。[76] 你推我挡，我推你挡——围绕宇宙岛理论的决斗仍在继续。在天文学家获得对螺旋星云清晰、明确的距离测量之前，什么也不会得到解决。只有清晰、明确和全面的观测结果，才能够立即消除所有的疑虑。

事实证明，可怜的沙普利在参加美国国家科学院的会议时，其表现确实将自己置于危险的境地。在三十多岁的时候，沙普利仍然被认为过于浮躁和不成熟，不可能成为哈佛大学天文台的负责人。相反，他在普林斯顿大学的导师罗素得到了这个职位。在会议结束两个月后，罗素向黑尔吐露道，"沙普利无法独自驾驭此事。在华盛顿观察了沙普利之后……我对此十分确信。如果沙普利更理智一点，会成为一个奇才！但他会变得盛气凌人……"

罗素对哈佛大学所提供的职位给予高度重视，但他想要沙普利做他的助手。罗素继续对黑尔说："谈及此事，真想看看你脸上的表情！我知道你会想，既然要接受这个职位，怎么还好意思让沙普利做助手。但是，我确实是非常认真的。想想看，沙普利和我在哈佛大学天文台能做出怎样的一番事业来！我们完全可以成为恒星天体物理学领域的领头羊……而且我也许会帮助沙普利摆脱狂想的桎梏。"[77]

但经过深思熟虑，加上普林斯顿大学颇具吸引力的返聘，罗素最终还是拒绝了这项工作。（他向沙普利坦承，"我宁愿从事天文学的工作"。[78]）哈佛大学的官员只好又回头来找沙普利，但提供的不是那个最高的职位，而是"首席观察员之类的头衔"。[79]沙普利有点恼火，断然拒绝了。[80]然而，一个月后，当哈佛大学（在乔治·黑尔的建议下）同意从 1921 年春开始，请沙普利出任主管一职，试用期为一年时，[81]他改变了主意。沙普利显然通过了考验，因为他很快就被任命为全职台长，并在这个岗位上工作了三十多年。他的办公桌很独特，可以像轮子一样转动，一位朋友形象地把它比喻成"一种思想的旋转星系"。[82]

沙普利为这个僵化的机构注入了新的青春活力。他常常是一步并作两步地跳上台阶[83]，愉快地与大家打招呼。一名职员说："他好像会用魔法。"[84]原来的老台长皮克林管理天文台时，像专制的君主。在年轻、充满活力的沙普利带领之下，所有职员都变得热情、奋发向上。[85]20 世纪 30 年代，就读于哈佛大学的利奥·戈德伯格（Leo Goldberg）把他比作是仁慈的黑手党教父（Mafia Godfather）。

戈德伯格说，一方面，"他激励了我们所有人，使我们振作，多次使我们摆脱沮丧的深渊"。[86] 但在沙普利内心深处，也隐藏着较为黑暗的一面。他采取的管理策略是"分而治之"，因此沙普利对一些人来说是仁慈的教父，而对另一些人来说则是暴君。如果新的科学数据与他个人对宇宙应该如何运作的看法相冲突，沙普利有时也会固执地忽略它们。[87]

就在沙普利入主哈佛大学天文台的时候，他的前雇主要求他再做一件事——为威尔逊山天文台的年度报告提供资料，详述他1920年在那里完成的最后工作。沙普利戏谑地回答道："我想我告诉过你，我离开威尔逊山天文台就是为了避免这种折磨。就当我很邪恶，死不悔改，那又怎样？难道你还会向已逝去的尼布斯国王讨要每年的什一税吗？"[88] 沙普利的幽默感又回来了。这是他最后一次为加州天文台做出的贡献。威尔逊山天文台再次引人瞩目。

同时，柯蒂斯本可以为解决螺旋星云之谜做出更大的贡献，但他完全退出了。就在辩论几个月之后，柯蒂斯离开了利克天文台，成为阿勒格尼天文台的台长。这也是詹姆斯·基勒曾经担任过的职务。在华盛顿辩论发生前十天，柯蒂斯实际上已经提出了辞呈。[89] 作为天文台的负责人，不仅薪酬高，而且声望也越来越高，这对于有家室的人来说，尤其是不容错过的好机会。但是和基勒一样，宾夕法尼亚州的城市环境、多云的天气以及天文台装备不佳的望远镜最终使柯蒂斯难以取得更进一步的尖端发现。有些人认为，这是"他犯的最大错误"。[90] 就连柯蒂斯后来也向他的前老板坎贝尔承认："加州的仪器设备和气候是强项……没有地方会像汉密尔顿山一样更适合从事天文工作……没有那些条件，任何人都一定会感到遗憾。"[91] 一天，一位来访的同行发现柯蒂斯在摆弄一个仪器，就责备他成了工匠。柯蒂斯回答道："你喜欢打高尔夫，对吧？这就是我的高尔夫呀。"[92]

尽管宇宙观迥异，柯蒂斯和沙普利多年来仍然关系亲密，并保持通信联系。大辩论结束两年多以后，柯蒂斯回顾此事时，不无幽默地称之为"令人难忘的一幕"。柯蒂斯对沙普利说："我一直认为，因为都比较客气，所以我们互相挥舞的棍棒都更有效。我们都赞许地看待那个老妇人的观点，（为了减少小猫的痛苦）用温水溺死小猫……我想，我们俩都像以前一样顽固，我肯定是这样的人。看不出我的观点有丝毫的变化。"尽管他在阿勒格尼天文台有了新的职责和任务，但柯蒂斯还得在场外时刻关注动态，用他的话来讲，就是"饶有兴趣地看着别人在这场战斗中立马横枪"。[93]

几年之后，一位来自利克天文台的朋友问柯蒂斯，如果他在1920 年继续留在汉密尔顿山的话，会用克罗斯雷望远镜做什么。柯蒂斯回答说，会不停地"拍摄、拍摄、再拍摄"。他想到一个项目，即"每隔一段时间就为较大的螺旋星云拍摄曝光大约为 30 分钟的照片，来寻找新星和变星"。[94] 简而言之，柯蒂斯将完成埃德温·哈勃后来在威尔逊山天文台用 60 英寸和 100 英寸望远镜进行的一切工作，但是会在早几年前就开始。克罗斯雷望远镜是否能胜任这项任务？柯蒂斯对他钟爱有加的这架望远镜充满信心："我在设计中模仿这架望远镜的次数远远超过任何其他的。要是在 60 英寸望远镜和克罗斯雷望远镜之间举行'赛跑'比赛的话，每次我都会把宝押在克罗斯雷望远镜上。"[95] 其他人后来也认为，克罗斯雷望远镜有机会解决仙女座的距离问题。但是，一旦柯蒂斯去了宾夕法尼亚州，利克天文台就没有对拍摄螺旋星云感兴趣的其他天文学家了。事实上，柯蒂斯的离开，意味着利克天文台将接力棒拱手让给了威尔逊山天文台。

注释：

[1]感谢弗吉尼亚·特里姆博（Virginia Trimble）在 1995 年为大辩论七十周年纪念撰写的一篇评论中指出了这些有趣的事实。见 Trimble（1995）and also Streissguth（2001），p. 42.

[2]见 De Sitter（1932），p. 86.

[3]NAS，详见阿伯特 1920 年 1 月 3 日写给黑尔的信件。

[4]HP，详见阿伯特 1920 年 1 月 20 日写给黑尔的信件。

[5]Hoskin（1976a），p. 169; Smith（1983），p. 28; NAS，详见阿伯特 1920 年 1 月 3 日写给黑尔的信件。

[6]见 Struve（1960），p. 398.

[7]HUA，详见沙普利 1919 年 2 月 12 日写给罗素的信件。

[8]在威尔逊山天文台，沙普利越来越不自在，他和副台长沃尔特·亚当斯不睦。当沙普利首次提出星系模型时，亚当斯就进行了强烈抨击，质疑沙普利在得出结论时走捷径。沙普利将亚当斯的不赞成归咎于"职业嫉妒"。（见 HUA，台长信函，详见尼克尔森 1921 年 11 月 6 日写给沙普利的信件。）

[9]英国历史学家迈克尔·霍斯金首次谈及哈佛大学的任命对沙普利在辩论中的表现所起的作用。霍斯金之前关于大辩论的历史记载完全是以辩论的印刷出版物为基础。霍斯金是第一个发现了有关会议及其背景的档案材料的人。见 Hoskin（1976a）.

[10]HUA，详见柯蒂斯 1920 年 2 月 26 日写给沙普利的信件。

［11］同上。

［12］HUA，详见沙普利 1920 年 3 月 31 日写给罗素的信件。

［13］HP，详见沙普利 1920 年 2 月 19 日写给黑尔的信件。

［14］HUA，详见沙普利 1920 年 3 月 12 日写给阿伯特的信件。

［15］HP，详见柯蒂斯 1920 年 3 月 9 日写给黑尔的信件。

［16］HUA，详见阿伯特 1920 年 3 月 18 日写给沙普利的信件。

［17］HUA，详见沙普利档案，黑尔 1920 年 3 月 3 日写给柯蒂斯的信件。

［18］LOA，详见柯蒂斯档案，柯蒂斯 1920 年 4 月 8 日写给坎贝尔的信件。

［19］AIP，详见查尔斯·韦纳、海伦·赖特对哈罗·沙普利的采访。

［20］NAS，详见科学会议，1920 年 4 月 26 日、27 日、28 日的年会。

［21］详见 "Scientists Gather for 1920 Conclave"（1920），p. 38.

［22］见 Bok（1978），p. 250.

［23］见 Shapley（1969），p. 78.

［24］NAS，详见科学院媒体 1920 年 4 月 19 日发布的《美国学者欢聚一堂》。

［25］后面对沙普利演讲的摘录都来自 HUA，沙普利档案，"辩论 MS"。

［26］见 Shapley（1918d），p. 43.

［27］HUA，详见柯蒂斯 1920 年 6 月 13 日写给沙普利的信件。

［28］霍斯金对所有的要点都进行了讨论（1976a），第 178—181 页。

［29］HUA，详见沙普利 1920 年 3 月 31 日写给罗素的信件。

［30］见 Fernie（1995），p. 412.

［31］见 Hoskin（1976a），p. 174.

［32］同上。有一些证据表明，沙普利听说了关于他缺乏演讲技巧的流言蜚语。在哈佛，沙普利曾写信给他的前老板乔治·黑尔说，正筹划举办一系列讲座。"事实证明，我有娱乐普通观众的技巧（如果我经验不多的话，我超级怀疑会是这样）——你知道，不需要太多的尊严，而需要些热情，还有越来越多的自信。"HL，详见沙普利 1921 年 10 月 3 日写给黑尔的信件。

[33] HUA，详见 A.G. 阿加西斯 1920 年 4 月 28 日写给洛厄尔的信件。

[34] HUA，详见柯蒂斯 1920 年 6 月 13 日写给沙普利的信件。

[35] 同上。

[36] HUA，详见柯蒂斯 1920 年 8 月 2 日写给沙普利的信件。

[37] HUA，详见沙普利 1920 年 7 月 27 日写给柯蒂斯的信件。

[38] 同上。

[39] HUA，详见柯蒂斯 1920 年 9 月 8 日写给沙普利的信件。

[40] 见 Shapley and Curtis（1921），p. 192.

[41] HUA，详见沙普利 1920 年 9 月 30 日写给罗素的信件。

[42] 见 Shapley and Curtis（1921），p. 214.

[43] 见 Berendzen and Shamieh（1973），p. 582，and Seares（1946）.

[44] 见 Sandage（2004），p. 127，and van Maanen（1944）.

[45] 见 Trimble（1995），p. 1138.

[46] AIP，详见 1976 年 6 月 3 日对尼古拉斯·梅耶尔的采访。

[47] 见 Shapley（1969），p. 56.

[48] 见 Sandage（2004），p. 129.

[49] HUA，详见沙普利 1918 年 1 月 28 日写给乔治·蒙克的信件。

[50] 见 Hetherington（1990b），p. 30.

[51] 同上，pp. 31–33.

[52] HP，详见范马伦 1916 年 5 月 2 日写给黑尔的信件，以及 1915 年 12 月 28 日黑尔写给钱柏林的信件。

[53] 见 Hetherington（1990b），p. 35.

[54] 见 Van Maanen（1916），pp.219–220. 约翰·邓肯刚刚被任命为马萨诸塞州韦尔斯利学院天文台的台长。1916 年夏天，邓肯在西部进行了一次长途旅行，访问了多个天文台。在那里，邓肯帮助给新的 100 英寸镜片涂上了第一层银，并写信给斯里弗道："范马伦是个非常热情的荷兰人，他用闪视比较仪测量了几年前拍摄的 M101 的一些照片，得到了一些似

乎可以肯定的、证明沿着螺旋星云旋臂有运动迹象的证据。"LWA，详见邓肯 1916 年 7 月 14 日写给斯里弗的信件。

[55]见 Shapley（1919e），p. 266.

[56]见 Hetherington（1990b），p. 37.

[57]HP，详见钱柏林 1916 年 1 月 31 日写给黑尔的信件。

[58]见 Hetherington（1974b），pp. 52–53.

[59]HP，详见范马伦 1917 年 12 月 17 日写给黑尔的信件。

[60]HL，详见沃尔特·亚当斯档案，亚当斯 1935 年 8 月 15 日写给约翰·梅里亚姆的信件。

[61]见 Hetherington（1990b），p. 26.

[62]LOA，详见柯蒂斯档案，柯蒂斯 1922 年 7 月 11 日写给坎贝尔的信件。

[63]见 Jeans（1917a），p. 60.

[64]见 Smith（1982），p. 40.

[65]见 Hetherington（1990b），p. 42.

[66]见 Smart（1924），p. 334.

[67]HUA，详见范马伦 1921 年 5 月 23 日写给沙普利的信件。

[68]HUA，详见沙普利 1921 年 6 月 8 日写给范马伦的信件。

[69]HUA，详见沙普利 1921 年 9 月 8 日写给范马伦的信件。

[70]见 Van Maanen（1921），p. 1.

[71]同上，p. 5.

[72]见 Lundmark（1921），p. 324.

[73]同上，p. 326.

[74]1922 年，伦德马克发表论文批评沙普利的一些研究后，沙普利回信时也不客气地写道："如果我们中的任何一个人……努力挑出一些小而不相关的观点，那就不会有什么收获。想想看，你或我在你关于球状星团距离的论文大作中可能会发现多少缺陷或仓促的结论。"HUA，详见沙普利 1922 年 7 月 15 日写给伦德马克的信件。伦德马克对沙普利的话深

感不安，并暂时停止了对范马伦的批评，以免别人开始把他自己的研究结果放在显微镜下。HUA，详见范马伦 1922 年 10 月 21 日写给沙普利的信件。罗伯特·史密斯指出，伦德马克在 20 世纪 20 年代初在威尔逊山天文台逗留期间，曾有机会重新测量范马伦的底片，并暂时确信范马伦探测到了螺旋星云中的一些真实运动，这使他认为宇宙岛理论"不大可能"。但是到了 1924 年，另一项研究证实伦德马克是错的，这使他又重新成为宇宙岛理论的信徒。见 Smith（1982），p. 108.

[75] 见 Slipher（1921），p. 6.

[76] 见 Öpik（1922），p. 410.

[77] HP，详见罗素 1920 年 6 月 13 日写给黑尔的信件。

[78] 见 DeVorkin（2000），p. 169.

[79] HUA，详见朱立安·L. 柯立芝 1920 年 11 月 24 日写给沙普利的信件。

[80] HUA，详见沙普利 1920 年 12 月 10 日写给阿伯特·劳伦斯·洛厄尔的信件。

[81] 乔治·黑尔在给哈佛大学校长劳伦斯·洛厄尔的一封信中首先提出了这个建议。黑尔写道："你可以给沙普利博士某个职位，期限为一年，如你最近给他的这个，时间可以更长一些，这样你就能够测试出沙普利的科学素养和个人品质，目的是在获得有利结果的情况下任命他为台长……如果你想尝试这个计划，我愿意给他一年的假期。"HP，黑尔 1920 年 12 月 11 日写给洛厄尔的信件。关于沙普利争取哈佛大学任命的完整幕后细节，详见 Gingerich（1988）.

[82] 见 Hoagland（1965），p. 429.

[83] 见 Payne-Gaposchkin（1984），p. 155.

[84] AIP，详见大卫·德沃金 1979 年 8 月 17 日对海伦·索耶·霍格（Helen Sawyer Hogg）的采访。

[85] AIP，详见大卫·德沃金 1978 年 3 月 29 日对哈利·普拉斯基特的采访。

[86] AIP，详见斯宾塞·沃特 1978 年 5 月 16 日对利奥·戈德伯格的采访。

［87］AIP，详见保罗·赖特 1974 年 7 月 31 日对杰西·格林斯坦的采访。

［88］HL，详见沃尔特·亚当斯档案，沙普利 1921 年 7 月 29 日写给贾内蒂
（Gianetti）的信件。

［89］LOA，详见柯蒂斯 1920 年 4 月 16 日写给坎贝尔的信件。

［90］AIP，详见伊丽莎白·凯尔西亚诺 1969 年对查尔斯·唐纳德·肖恩的
采访。

［91］见 Osterbrock，Gustafson，and Unruh（1988），p. 146.

［92］见 Stebbins（1950），June 24.

［93］HUA，详见柯蒂斯 1922 年 7 月 10 日写给沙普利的信件。

［94］LOA，详见柯蒂斯 1925 年 1 月 2 日写给艾特肯的信件。

［95］LOA，详见柯蒂斯 1934 年 3 月 16 日写给艾特肯的信件。

第 11 章

阿多尼斯般迷人的哈勃

当你从威尔逊山一英里高的山顶远眺时，可以看到在西南十几英里处一个宽阔的山谷，对面就是好莱坞山及其低矮的山丘。20世纪20年代，那里的电影制片厂迅速发展，吸引力不断飙升，产生了神话般的光环。这种迷人的气氛一定是飘到了圣加布里埃尔山脉，因为那个最终解决了螺旋星云之谜的人，看上去就好像是演员选派部派来的美男子。

在朋友们眼中，哈勃是一个"阿多尼斯"（Adonis）*：高大而健壮的身材、一双迷人的淡褐色眼睛、有颏裂的下巴，以及一头泛着金红色光彩的棕色波浪卷发。[1] 在照片中，他高高的颧骨塑造出迷人的轮廓，使他的脸看起来像电影明星。一位女编剧认为他长得太帅，与他的职业很不相称，她把哈勃比作是票房偶像克拉克·盖博（Clark Gable）。《绅士喜爱金发女郎》（*Gentlemen Prefer Blondes*）的作者安妮塔·露丝（Anita Loos）说："如果我们来为米高梅电影公司

---

* 阿多尼斯在希腊神话中是植物神、王室美男子，身高190cm以上，如花一般俊美精致的五官，令世间所有人与物，在他面前都为之失色，连维纳斯都倾心不已。他是一个每年死而复生、永远年轻的植物神，是一个受女性崇拜的神。

（M.G.M）*选扮演科学家的演员，那么埃德温·哈勃就会因为'不符合实际'而被排除在外。"[2]

哈勃出生于一个家境殷实的中产阶级家庭，不知从什么时候开始，特别渴望成为与众不同的人。成年后，决意要出人头地的他改头换面——说话采用英国口音，穿着时髦，并在简历中添加可疑的经历。[3]这个年轻人似乎一心想要掩盖他中西部家族传统中平庸的一面，把自己打造成银幕形象那样的大人物。通过与南加州一个富裕家庭联姻，哈勃实现了许多梦寐以求的社会和经济目标，妻子格蕾丝成为他的"帮凶"。格蕾丝对丈夫崇拜至极，在他去世很久以后，大肆渲染他的传奇，其中许多细节都是胡编乱造或有明显的错误。她将哈勃置于神坛之上。曾与哈勃合作过的天文学家尼古拉斯·梅耶尔（Nicholas Mayall）说，时间越长，神坛就越高。[4]哈勃对于现代宇宙的发现似乎还不够荣耀。

1889年11月20日，哈勃出生于密苏里州的马什菲尔德，是七个幸存孩子中的第三个，受洗时取名叫埃德温·鲍威尔（Edwin Powell），尽管他通常不使用中间名或首字母。他的父亲约翰在密苏里州长大，受过法律方面的培训，却在家族保险公司里工作谋生。当他不在外奔波时，就用严厉的清教徒手段管理家庭事务。而哈勃的母亲维吉尼亚·李·詹姆斯（Virginia Lee James）与之正好相反，比较宽容，平易近人，在家里起到了很好的平衡作用。[5]她是当地一位医生的女儿。

---

* 米高梅电影公司（Metro-Goldwyn-Mayer）是美国好莱坞八大影业公司之一。

在密苏里州——求证之州（the "Show Me" state）*，哈勃爱上了星空。哈勃的外祖父威廉·詹姆斯（William James，著名罪犯杰西·詹姆斯的远亲）制作了一个望远镜，在他八岁生日时，作为礼物送给了他。家里人允许小哈勃熬夜不睡觉[6]，用它来仔细观察夜晚天空中像璀璨宝石一样闪闪发光的星星。冬夜漆黑的星空奇观给哈勃留下了深刻的印象，使他终生难忘。两年后，他家搬到了芝加哥地区，定居在城市西边的伊利诺伊州的惠顿村。上高中时[7]，正如他的朋友们所熟知的那样，哈勃各方面都表现不凡：成绩经常保持在 A 水平，在田径、足球和篮球方面也很出色。因为敢于在课堂上和老师争论，在"应用"和"举止"两方面有几次被降等。与同龄人一样，哈勃冷漠，有时还很傲慢；他既是梦想家，又是阴谋家。一位儿时的朋友回忆道："他似乎总是在寻找听众，以便讲一些理论什么的。"[8]比大多数同学小两岁的他，也许已经在知识方面显现出超前的成熟和自信。

1906 年，16 岁的哈勃高中毕业，获得了芝加哥大学的奖学金，部分原因是由于出色的运动技能。但是，他和父亲在专业选择上争执不下。哈勃从未忘记用外祖父制作的望远镜观看星空的童年经历，热切地希望研究天文学。但哈勃的父亲很务实，希望他学习法律。据哈勃的姐妹之一回忆，父亲认为，做天文学家是"鲁莽的"职业选择。[9]哈勃则采取了折中的方案，一方面选修了数学、天文学、物理学、化学、地质学等科学课程，另一方面又学习了一些经典的必修课程（包括大量的希腊语和拉丁语），为从事法律行业做好准备。[10]

---

* "求证之州"为密苏里州的别名，还有"索证之州""重证据之州""不轻信之州"等多种译法。

在科学学习方面，哈勃正当其时。芝加哥大学虽然是相对较新的机构，但已经吸引了两位顶尖的物理学家：阿尔伯特·迈克尔逊（Albert Michelson）和罗伯特·密立根（Robert Millikan）。他们将因开创性的工作而获得诺贝尔奖。而隶属于该大学的耶基斯天文台拥有当时最好的望远镜之一。哈勃后来回忆说，20世纪初是整个世界都在骚动的时期："汽车终于战胜了马匹，飞机正准备'振翅'高飞，布莱里奥（Bleriot）刚刚完成英吉利海峡的飞越，并且……无线电正在扩大其应用版图。马可尼将一条信息从爱尔兰传送到6000英里外的布宜诺斯艾利斯……技术之神以排山倒海之势横扫一切。"[11]

哈勃深深地沉浸在这个令人振奋的时代氛围中。一位同学形容哈勃是微积分方面的"天才"，常常令教授"目瞪口呆"。[12]到二年级快结束时，哈勃被评为物理学得最好的学生。[13]他也参加田径比赛（虽然很少获胜），但在篮球方面表现出色，因为身高优势（6英尺2英寸）成为主力中锋。他和队友在1909年获得了全国冠军。此外，哈勃还在校外体育馆练习拳击，成了一名优秀的业余重量级拳手，芝加哥的赞助商们都渴望他成为职业运动员（或者他自称如此）。[14]这些形形色色的活动和课程可能都是他计划中的一部分，因为他很早就着眼于罗德奖学金。塞西尔·罗德（Cecil Rhodes）是英国帝国的拥护者，靠开采南非钻石发家致富。他设立了这个奖学金项目来加强英国和美国之间的关系，每年在每个州都会有一名年轻人被选中去英国牛津大学攻读研究生。罗德在遗嘱中规定，罗德学者应该是介于19岁到25岁之间已获得学士学位的年轻人，擅长学术，但不是纯粹的"书呆子"。每个人都应该是个男子汉，展现出"品格的道德力量"，同时擅长体能运动，拥有领导能力。[15]哈勃确信，他在大学里的成就满足了所有的条件。在高年级时，哈勃甚至担任过班级的副班长，他轻松获得了这个职务，因为他很清楚自己不会有对手。

经过初试后，哈勃成为伊利诺伊州的两个入围者之一。如果评审委员会事先看到了密立根写的那封热情洋溢的推荐信，哈勃很可能都无须参加复试。哈勃曾担任芝加哥大学密立根基础物理课程的实验室助理。对于密立根来说，哈勃是一个"体格健壮、学识广博、品德高尚、性格可爱的人……我认为，哈勃先生是最有资格拿罗德奖学金的人"。[16]

哈勃于 1910 年 10 月抵达牛津，在接下来的三年里，靠每年 1500 美元的津贴生活。[17] 在那里，他走过爱德蒙·哈雷曾经大步流星走过的门厅，加入了一个由来自英国最富有家庭的特权青年组成的舒适俱乐部。这些年轻人正在接受从事军事、银行、工业、政府和外交服务等精选职位的培训。在父亲和祖父的持续压力下，哈勃尽职尽责地学习法律，并在两年内完成了法理学课程，而不是通常的三年。哈勃获得了二等荣誉。但是，内心深处的天文学又一次向他招手。哈勃对天体物理专业的热情如此之深，不想再错失良机。感觉到这样会引发家庭争吵，哈勃并没有告知自己的父母，他正在巴结牛津大学顶尖的天文学家赫伯特·特纳（Herbert Turner），多次到家里去拜访他。

一位罗德官员在哈勃的记录中草草地写道，他相当"有能力，很有男子汉气概，在这里做得很好。我对他的生活方式不是很在意，但他本人比他的生活方式要好多了。他会得 A"。[18] 他的"生活方式"已经毫无疑问英国化了，但是以一种夸张的、几乎超现实的方式。

正是在牛津旅居期间，哈勃经历了令人困惑的蜕变。他的风格很独特，并余生都保持着这种风格。作为成熟（有些人可能会说是狂妄）的亲英派人士，哈勃开始经常讲话带上流社会口音、抽烟斗、煮正宗的英国茶、穿一件很霸气的黑斗篷。有些人对此并不以为然，其中就包括罗德学者沃伦·奥尔特（Warren Ault）。他相信牛津"似乎已把哈勃变成了假冒的英国人，就像他的口音一样"。[19]

这种戏剧性的转变清楚地表明，哈勃正拼命地寻找一种身份认同，以及一份他能对其产生持续影响的职业。在牛津大学三年级时，哈勃选择专攻西班牙语，这是刻苦钻研法律课程之后的一段休整期。哈勃早些时候写信给他的母亲说："有时候我觉得，我的内心深处还是渴望做一些普通人做不到的事情，只要能找到那个目标，为了它，我可以放弃一切，甚至奉献生命。"[20]毋庸置疑，哈勃有远大的理想和追求。当一个同学宣称，他宁愿在外省排第一，也不愿在罗马排第二时，哈勃精彩地答道："那为什么不在罗马排第一呢？"[21]

1913 年 1 月，哈勃的父亲经过与肾炎多年的斗争后去世。这是一种肾脏方面的疾病。哈勃首次听到父亲身体状况恶化的消息时，本想回家，但他父亲责令他留下。尽管对任何孩子来说，父亲的去世都是毁灭性的事件，但这件事在很多方面解放了这位罗德学者。哈勃不再被严厉的父亲预先设定的职业道路所束缚，尽管完全解放还需要一段时间。5 月底，哈勃在英国完成学业后，第一次回到肯塔基州路易斯维尔市，帮助家人摆脱困境，并思考下一步他该做什么。他的寡母和兄弟姐妹们定居在此地。

在写从牛津回来的这一段时间时，哈勃的早期传记作家们一致声称，他很快就通过了肯塔基州的律师考试，并在路易斯维尔市短暂地执业。这正是哈勃告诉大家的故事,并成为他一生以及去世后几十年间的标准说法。但事实上,这两件事情都不属实。据他后来的传记作者盖尔·克里斯蒂安森(Gale Christianson)所述,哈勃做的最接近法律职业生涯的事情,是为路易斯维尔一家进口公司翻译在南美开展业务的法律信函。[22]尽管哈勃写信给英国的密友说,他处理过专业的法律案件,但没有任何真凭实据。哈勃在简历中凭空添加了很多传奇色彩。从回国开始,哈勃实际上一直是在印第安纳州新奥尔巴尼市的一所中学教书,与路易斯维尔隔俄亥俄河相望。他在该学校教了一年的物理、数学和西班牙语。尽管哈勃的学生都很喜欢他,但这段经历他从未公开提及。哈勃执教的篮球队在州赛季中保持了全胜的战绩,并且在国家锦标赛中夺得了第三名的好成绩之后,该学校将 1914 年的年鉴献给了他。[23]

尽管如此,在中学执教并不能满足哈勃对更加辉煌职业生涯的坚定渴望。眼见着同去英国读书的罗德学者们一个个都成了受人尊敬的记者、作家、诗人和国会议员,哈勃渴望在科学领域与之匹敌,尽管还是保留了自己是专业律师的故事。哈勃后来回忆说:"因此我还是弃法律从天文学了,事情是这样的:我知道天文学对我来说更为重要,即使最终只是二流或三流的天文学家,也会非常开心。"[24]

由于父亲令人望而生畏的存在已不再是他长期追求目标的障碍,哈勃联系了他最喜爱的芝加哥大学的天文学教授福雷斯特·雷·莫尔顿(Forest Ray Moulton),询问是否可以回来攻读研究生课程。莫尔顿给当时的耶基斯天文台台长埃德温·弗罗斯特写了一封热情洋溢的推荐信。莫尔顿说,哈勃是一个"优秀的人",在科学上显示出"卓越的能力"。[25]弗罗斯特立即接受了哈勃,并提供了一笔奖学金，用以支付他 120 美元的学费，另外每月还补贴 30 美元的基本生活费用。

1897 年，在耶基斯天文台开始运行几个月之后，来自新英格兰的弗罗斯特就加入了其工作人员的行列。弗罗斯特是黑尔聘请的第一位天体物理学教授。他以测量恒星的径向速度而著称（恒星向地球移动或远离的速度有多快），并担任《天体物理学杂志》的主编。有一天，弗罗斯特收到一位记者发来的电报，恳请他："给我们写 300 个词的稿子，表达你对火星特性的看法。"[26] 弗罗斯特幽默地回答道："300 个词没必要，三个词就足够了——no one knows（无人知晓）。"

作为台长，弗罗斯特把天文台的夜晚观测工作分成了两个时段，天文学家只选其一就可以了，这样他们可以倒班睡一觉。某几个小时用于拍摄光谱，另外几个小时用于确定恒星的距离。在剩余的时间里，观测者还要进行诸如光度测量方面的研究——确定恒星的亮度，或目视观察有趣的物体，如双星。

在冬季，耶基斯天文台的气温可能会达到零下 15 到 20 华氏度，但由于室内温度必须与室外温度相当，所以圆屋顶不能取暖。否则，在镜头前方升起的暖空气会破坏望远镜的分辨率。弗罗斯特回忆说："那些在这样的夜晚去过大天文台的人说，永远都不会忘记那个寒冷而可怕的地方，除了转仪钟发出持续的幽灵般的滴答声以及圆顶缝隙周围的狂风发出哀号声外，四周是死一般的沉寂。但是，身着爱斯基摩人套装或毛皮衣帽的天文工作者，依然眼睛紧贴目镜，密切注视着要拍摄的星星，因为底片曝光时，要防止星星偏离视场中心的十字叉丝标记。"[27]

偶尔，来访者也受邀用望远镜观看星空。访客最喜欢看的是武仙座中一个耀眼的星团。就在1908年总统大选之前，有一个人观看到了这个大星团之后，对弗罗斯特说："你说那些个光点，每一个都是一个太阳，每一个都比我们的太阳大。你声称，这个星系太遥远了，光需要三四万年才能到达，是吗？唉！"他叹了一口气，又接着说，"如果是这样的话，我想，不论是布莱恩，还是塔夫脱当选，真的不是很重要"。[28]

芝加哥大学天文学专业的研究生培养工作，主要是由天文台完成的。耶基斯天文台投入运行时，是当时一流的天文台之一。但是，当创始人黑尔搬到加州，在威尔逊山顶上建造更大的天文机构时，带走了耶基斯天文台的观测精英，只有那些过了巅峰期的老天文学家或处于第二层次的天文学家留了下来。弗罗斯特本人因白内障而逐渐失去视力，[29]无法再进行观测，这对于天文学家来说是终极悲剧。除了少数外，大多数这个时候在耶基斯完成博士学位的学生，都没有对天文学做出重大贡献。不过，耶基斯天文台的没落并没有妨碍哈勃。

1914年秋天，去耶基斯天文台之前，哈勃参加了在伊利诺伊州埃文斯顿市西北大学校园举行的美国天文学会会议。正是在这次重要的会议上，维斯托·斯里弗报告了螺旋星云的快速运动，展示了令人惊叹的结果，引起了不小的轰动。哈勃和当时顶尖的天文学家们，肯定已经了解到了斯里弗宣告的重要性。哈勃天文学名望的背后（虽然刚刚进入美国天文学会，但他却成功地挤进了会议合影的前排），充满了神秘色彩，引起了人们的广泛关注。很可能就是在那一周，当哈勃和听众们一同站起身来，为斯里弗所取得的成就鼓掌时，他做出了研究星云的决定。

作为一名研究生，哈勃在天文台的级别最低，不能经常接触耶基斯天文台 40 英寸的大望远镜。但是，他发愤图强，自力更生，充分利用可以使用的设备。哈勃接管了那架天文台当时闲置的 24 英寸反射式望远镜。奇妙的是，这正是乔治·里奇几年前为与利克多产的克罗斯雷反射式望远镜竞争，而建造的两英尺的那架。哈勃将相机连接到望远镜上，然后开始拍摄各种各样的星云。不久，这些照片成为他博士论文《暗弱星云的拍摄调查》的主题。哈勃的第一个发现是某些微弱的星云可以发生改变。他将彗星形气体星云 NGC 2261 的底板与天文台早些时候拍摄的其他底板进行了比较。哈勃拍摄的最新照片显示有明显的差异，表明该星云肯定相对较小，距离较近。（这个物体位于银河系内，现在被称为哈勃可变星云。）

在许多方面，这项工作成为哈勃后来星系研究的试验。虽然根据现代标准，哈勃的望远镜属于小型望远镜，但他能够辨别出暗弱的白色星云不全都是螺旋盘状的（当时许多人都是这样认为）。有些也呈球根状，后来被称为椭圆星系。哈勃还看到，天空中聚集着许多这样的星云。就像天文学家在之前几个世纪对恒星所做的研究那样，哈勃希望从星云在天空中的分布了解一些关于星云的东西。哈勃写道："假设它们是系外恒星（在银河系之外），我们看到的也许是星系团。但如果假设它们处在银河系内，那它们的类型就说不清楚了。"[30] 哈勃甚至估计，如果那些星云是独立的星系，每个都有银河系那么大的话，就肯定距离地球有数百万光年才能显得如此之小。

虽然哈勃似乎很有先见之明，但在这一点上他的发现并非是革命性的。其他人，如柯蒂斯和斯里弗，已经发表过类似的看法。今天的天文学家认为，哈勃的论文不够严谨，因为它对早期的工作几乎没有标注参考来源，所提出的理论思想也混乱不清。唐纳德·奥斯特布罗克、罗纳德·布拉希尔和乔尔·格文在对哈勃的论文进行评估时强调，"但是它清楚地表明了一位伟大的科学家在为解决重大问题而付出的努力。哈勃从来不是一位杰出的专业观测者……但总是干劲十足、精神百倍，并有足够的技巧使用现有的工具，最大限度地发挥它们的作用……他认清了问题所在，对自己在照片上看到的东西充满自信，并加以描述。以前也许有人也看到过，但忽略了，或者更糟糕的是有意去忽略它，因为这种东西与他们当时脑海中已有的对宇宙的设想不相协调"。[31]

哈勃相当清醒地意识到，他对星云的初始研究只触及了表面。在论文中，哈勃十分确信地指出，"问题正等待着那些拥有更强大望远镜的人来解答"。[32]他已经在事先考虑了，并敏锐地意识到另一个地方——南加州的威尔逊山天文台，因为在建造一个史无前例的100英寸的望远镜，而正迅速成为世界上首屈一指的天文学机构。相应地，威尔逊山天文台的台长黑尔也同样意识到了哈勃的存在。他听说耶基斯天文台有一位杰出的年轻人正在研究暗弱的星云。在咨询了芝加哥大学的一些教授后，黑尔向哈勃提供了一份工作，条件是哈勃要顺利取得博士学位。

黑尔写给自己的副手亚当斯说，"我向哈勃提供了一份年薪1,200美元的职位。他很快就会与弗罗斯特讨论这个问题"。[33]对于哈勃想要离开耶基斯天文台，弗罗斯特没有意见。事实上，耶基斯天文台的这位台长可能还如释重负，因为没钱为这个应届博士生提供他所期望的高薪职位，[34]而很高兴听到哈勃另谋高就的好消息。

在准备学位论文的过程中，哈勃花数百个小时用望远镜拍摄了大量的星云，并进行分类。然而，哈勃后来发表的论文只有9页文字、8页表格和2个底片，看上去有点单薄。这主要是由于在最后的准备阶段发生了异常情况。哈勃原计划在1917年6月完成论文，但是在4月6日，国会通过了伍德罗·威尔逊（Woodrow Wilson）总统关于美国加入第一次世界大战的请求。几天后，哈勃请弗罗斯特为他写一封推荐信，[35]想在军队里谋个一官半职。一听说军官训练营即将在5月中旬开始，哈勃就匆匆忙忙提交了最新修改的一稿论文，尽管他清楚自己的论文毫无疑问还"缺斤短两"。[36]在弗罗斯特的建议下，哈勃将自己研究的可变星云NGC 2261的数据填充进论文，以使论文看起来较为丰满。即便在那个时候，弗罗斯特也不认为它适合在著名的《天体物理学杂志》上发表，最终还是将其发给了较小的《耶基斯天文台出版物》(Publications of the Yerkes Observatory)刊载。战争的狂热显然让哈勃这篇"缺斤短两"的论文没有大改，就得以顺利通过。这位年轻的新兵在最后的答辩中表现出色，6人组的答辩委员会以优等成绩授予他博士学位。3天后，即5月15日，哈勃到芝加哥北部密歇根湖军事保留地——谢里丹堡报了到。

至于黑尔应允的威尔逊山天文台的职位，哈勃在一个月前给黑尔写信，[37]告诉他自己希望进入预备役军官团，并询问这会不会影响他的工作。黑尔回答说，申请报名参军是"自然的"事情，并表示"只要你愿意，还可以续签"。[38]黑尔甚至还为哈勃写了一封推荐信，以帮助他进入军官团。

哈勃的陆军师在美国待了一年，主要是教新兵。他的天文学背景一度派上了用场。指挥官让他指导学员们利用星星来引导夜间的行军。当其他人加入炮兵并被委任为副官时，哈勃选择了步兵部队，因为可以得到更高的军阶——上尉军衔。到 9 月份时，哈勃成了伊利诺伊基地第 86 师 343 步兵团 2 营的负责人。哈勃在他的新营地给一位朋友写信说，"在这动荡的时代，我都无法想象自己错过了多少家族的相聚"。[39]

哈勃因为卓越的成就而受到嘉奖，仅仅入职八个月就被提升为陆军少校。1918 年 9 月，哈勃终于抵达欧洲。他的手下被派到各个部门作替补，哈勃被派往在法国的战斗训练营，但后来发生的事情是值得商榷的。（他的全部军事记录在一场大火中毁于一旦。）哈勃总是声称，他在战壕里看到了一些战斗场景。后来哈勃告诉妻子，一颗炮弹在附近爆炸，一度使他昏迷不醒。[40]等他醒来的时候，发现是在野战医院里。于是他迅速穿好衣服，重返战场。然而，在他的退役文件中，没有任何记录表明他参与过战斗、交战或小规模冲突。在列出的每个类别栏旁边，都只有"无"字出现。此外，他的军服上没有任何"战伤 V 型章"。[41]也许他的功绩从来没有在战争的迷雾中被精确地记录下来，又或者哈勃把更多的装饰品系在了他重新塑造的自我身上，他的妻子出于完全的信任，将那些高大上的故事忠实地记录在了他逝世后的一本回忆录里。哈勃在战争刚结束时写给弗罗斯特的一句话，似乎是最诚实、未加任何修饰的："我几乎毫发未损。"[42]

据称，哈勃凭借其超强的外语能力和法律方面的专业知识，完成了在德国的美国占领军总部、在法国的战斗军官补给站，以及在巴黎的美国和平委员会的战后任务。在等待被运送回国期间，哈勃听说了一个美国军官可以在英国大学学习的项目。哈勃很快就设法与其他 200 名美国军官和士兵报名剑桥大学，并于 1919 年 3 月抵达那里开始学习。和詹姆斯·基勒一样，哈勃也善于积累人脉，在英国期间始终与剑桥著名的天文学家保持联系。不久，有人就推荐他加入了英国皇家天文学会。当时，英国最优秀、最睿智的天文学家主持了一场豪华晚宴，[43] 威尔逊山天文台的来客无比惊讶地发现，他们这位资历较浅的未来同事获得了殊荣，被安排与一位英国著名的物理学家和一位皇家天文学家坐在一起。

到 1919 年 5 月，由于担心威尔逊山的工作，可能会因为战后事务的拖延而消失，哈勃向黑尔匆匆寄了一张简短的便条，好让他安心。哈勃提醒黑尔："我还是对星云最感兴趣，尤其是对更暗弱星云的摄影研究。"[44] 黑尔很快就回复了。他写道，"我一直盼望着你的来信，很高兴你还想来天文台"。哈勃的薪水涨到了 1,500 美元。黑尔还承诺，如果工作积极努力的话，会迅速得到晋升。但黑尔敦促哈勃尽快来，"因为我们期望 100 英寸望远镜很快投入使用。你来时，应该有大量的工作要做了"。[45]

哈勃于 8 月 10 日抵达纽约。[46] 他在芝加哥逗留了一天，与母亲和妹妹见面。她们专门从威斯康星州的新家来与他进行短暂的团聚。之后，哈勃很快就来到了加州，穿着耀眼的制服，自诩为哈勃少校。从那以后许多人都沿用了这一称呼。但在威尔逊山天文台现身之前，刚一到旧金山时，哈勃就给黑尔发了一封电报："我刚刚复员。除非你改变主意，否则我会立即前往帕萨迪纳。"[47] 哈勃要么是奉承，要么是仍然怀疑黑尔是否为他保留了这么久的职位。

这项工作确实是他的，哈勃在最佳时间现身于威尔逊山天文台。1919 年 9 月 11 日 [48]，在哈勃到帕萨迪纳一个星期后，100 英寸望远镜投入了正常运行。自从 1906 年以来，天文台台长黑尔就一直期盼着这一刻的到来。

注释：

［1］HUB，盒 7，格蕾丝的回忆录。

［2］HUB，盒 8，安妮塔·露丝的回忆录。

［3］这可能是家族传统。哈勃的家人说他父亲曾在某岗位工作过，后来发现他从未担任过这一职务。见 Christianson（1995），p. 12.

［4］AIP，详见伯特·夏皮罗 1977 年 2 月 13 日对尼古拉斯·梅耶尔的采访。

［5］HUB，盒 8，海伦·哈勃的回忆录。

［6］同上。

［7］哈勃高中成就的事实来自 HUB，盒 2。

［8］见 Christianson（1995），p. 31.

［9］同上，p. 40.

［10］HUB，盒 25，本科生教材。

［11］HUB，盒 1，文件夹 13，第 1—2 页。

［12］HUB，盒 19，约翰·朔默（John Schommer）1958 年 5 月 15 日写给格蕾丝·哈勃的信件。

［13］HUB，盒 25，1910 年 1 月 26 日的《马龙日报》（*The Daily Maroon*）。

［14］HUB，盒 7，"芝加哥大学，1906—1910，1914—1917"，第 3 页。

［15］见 Encyclopaedia Britannica（1911）.

［16］HUB，盒 15，密立根 1910 年 1 月 8 日写给埃德蒙德·詹姆士（Edmund James）的信件。

［17］HUB，盒 25，1910 年 1 月 26 日的《马龙日报》。

［18］见 Osterbrock，Brashear，and Gwinn（1990），p. 4.

［19］见 Christianson（1995），p. 64.

［20］同上，p. 67.

［21］HUB，盒 8，格蕾丝的回忆录。

［22］见 Christianson（1995），p. 86.

［23］HUB，盒 22A。

［24］HUB，盒 7，《哈勃：传记回忆录》。哈勃最终于 1949 年获得加州大学荣誉法学博士学位。

［25］见 Osterbrock，Brashear，and Gwinn（1990），p. 5.

［26］见 Frost（1933），p. 217.

［27］同上，p. 205.

［28］同上，p. 207.

［29］见 Christianson（1995），p. 95.

［30］见 Hubble（1920），p. 75.

［31］见 Osterbrock，Brashear，and Gwinn（1990），p. 7.

［32］见 Hubble（1920），p. 69.

［33］HP，详见黑尔 1916 年 11 月 1 日写给亚当斯的信件。

［34］HP，详见亨利·盖尔（Henry Gale）1917 年 4 月 4 日写给亚当斯的信件。

［35］见 Osterbrock，Brashear，and Gwinn（1990），pp. 8–9.

［36］见 Christianson（1995），p. 101.

［37］MWDF，详见哈勃 1917 年 4 月 10 日写给黑尔的信件。

［38］MWDF，详见黑尔 1917 年 4 月 19 日写给哈勃的信件。

［39］见 Osterbrock，Brashear，and Gwinn（1990），p. 9.

［40］HUB，盒 7，格蕾丝的回忆录。

［41］HUB，盒 25，退役证书。

［42］见 Christianson（1995），p. 109.

［43］同上，p. 110.

［44］MWDF，盒 159，哈勃 1919 年 5 月 12 日写给黑尔的信件。

［45］MWDF，黑尔 1919 年 6 月 9 日写给哈勃的信件。

［46］见 Osterbrock，Brashear，and Gwinn（1990），p. 11.

［47］MWDF，哈勃 1919 年 8 月 22 日写给黑尔的信件。

［48］见 Christianson（1995），p. 122.

第 12 章

处于伟大发现的边缘——或者可能是个佯谬

乔治·埃勒利·黑尔对荣誉的追求永无止境，对待工作和事业有无穷的热情。[1] 英国理论家詹姆斯·琼斯说，他拥有"超强的意志力，不完成计划和规划，他就誓不罢休"。[2] 在 40 岁之前，他已获得了几乎所有的重大科学荣誉，从被遴选为美国国家科学院院士，到被授予英国皇家天文学会的金质奖章，不一而足，但黑尔还是渴望获得更多的成就。"黑尔已经到了不满足于科学著作和成就的地步"，在一次与黑尔发生冲突之后，乔治·里奇黯然地说，"他还想拥有无尽的权力：竭尽其影响，决定观测台内外的科学工作者的福利——制定或取消，甚至决定他们的职位"。[3]

甚至在威尔逊山天文台 60 英寸望远镜于 1908 年投入使用之前，黑尔就已经在未雨绸缪了。1906 年夏天，黑尔在洛杉矶富商约翰·胡克（John Hooker）家中度过了一个周末。胡克也是南加州科学院的创始人之一。黑尔兴奋地谈论起自己最近的梦想——建一个更大的望远镜。像登山狂一样，黑尔总是期待着下一座充满挑战的山峰。他以 100 英寸口径的望远镜来吸引业余天文学家胡克的注意力。黑尔说，100 英寸口径的望远镜所聚的光是 60 英寸口径的近三倍，而聚光量是天文学的命脉。黑尔和里奇接着给胡克写了一封信，概述了这样一架大望远镜的应用前景，其中包括可能会发现数万个星云，并揭示它们的神秘本性之谜。[4]

黑尔的人格魅力，加之里奇的技术专长，发挥了魔力。靠五金器具发财的胡克，在几个星期之内就被他们成功游说，许诺出资建造这个大望远镜，尽管当时没有人（不论是黑尔，还是里奇）知道，这块重达四吨半的玻璃毛坯是否可以顺利铸造、抛光或安装。以前从未有人铸造过这么大的玻璃镜。黑尔的弟弟威尔曾经把他称为世界上最大的赌徒，[5]订购一个100英寸口径的镜面是他有史以来下的最大赌注。而黑尔差一点就赌输了。

1908年12月，巨型镜坯在法国铸造完毕后，运抵美国。但是在帕萨迪纳圣巴巴拉街的天文台总部拆开包装箱时，大家都不免心头一沉，因为这块镜坯存在严重的缺陷：气泡遍布盘面，玻璃熔合不充分。从侧面看，它就像一个三层蛋糕。这样的缺陷危及坯体热胀冷缩的均匀性，因此在夜间当穹顶屋的温度发生变化时，望远镜就很难拍摄出稳定的图像。黑尔宣布："我们不为此镜付款！"[6]

黑尔又订购了一个新的镜坯，但是最好的一片在冷却的时候碎了。由于资金耗尽，黑尔决定把第一块打磨好，尽管它有诸多的瑕疵。胡克和里奇都强烈反对这一决定。使黑尔的尝试更加复杂的是，胡克对黑尔和自己妻子的友谊越来越嫉妒，对黑尔的态度变得越来越冷淡、敌对。以前他们是同盟，现在胡克是令黑尔意志消沉的对手，他拒绝任何新的要求。面对多重压力，黑尔突然崩溃了。继承了隐居母亲高度紧张和焦虑的气质，黑尔患上了困扰他余生的严重的神经疾病。症状包括持续的噩梦和剧烈的头痛。曾经取之不尽的旺盛精力终于耗尽了。黑尔的妻子在给沃尔特·亚当斯的一封信中写道，她现在希望"那块玻璃镜片永沉海底"。[7]

黑尔的神经衰弱经常发作，一个与此有关的神奇故事流传甚广：他在精神崩溃期间有时会出现幻觉。据说，黑尔曾看到过一个为他提出生活建议的"小精灵"。海伦·赖特（Helen Wright）首先在她著名的黑尔传记中叙述了这个故事，把这个精灵称为黑尔的"小人儿"。其他作者根据赖特的叙述也开始使用"小精灵"这个词。这个故事其来有自，黑尔在给一位朋友的信中提到过困扰他的这个"小恶魔"。精神病学家威廉·希恩（William Sheehan）和天文学家唐纳德·奥斯特布罗克举了一个很好的例子来说明，[8]我们不能仅从"恶魔"一词的字面意思来理解，黑尔只是想用它比喻自己低迷的精神，就像温斯顿·丘吉尔（Winston Churchill）在面对忧郁时所说的"黑狗"一样。

最终，还是由里奇执行了关于打磨不完美玻璃镜片的命令。他恨得咬牙切齿，一直抱怨个不停，于1910年开始对这个有缺陷的镜坯进行研磨和抛光。[9]这项艰巨的任务终于在1916年完成。六年来，镜坯被打磨得非常精致完美。后来，曲面玻璃表面被镀银，最终变成了真正的天文望远镜的镜片。自始至终，安装望远镜和圆屋顶的所有材料——螺栓、铆钉和钢梁，每一件都是用卡车艰难运上山的。这面九千磅重的镜片于1917年7月1日被安装到位。对沃尔特·亚当斯来说，在运送镜片的过程中"宣传效果……更令人满意"。[10]帕萨迪纳警方接到消息说路上可能有麻烦。结果，桥梁被看守起来，警察们也一路护送镜片到山顶。

四个月后，第一次世界大战激战正酣之时，胡克望远镜进行了首次测试。这架100英寸的望远镜与当时德国著名的榴弹炮"大贝莎"（Big Bertha）同名。在11月的第一个夜晚，参加首次测试的人有黑尔、亚当斯以及英国诗人阿尔弗雷德·诺伊斯（Alfred Noyes）。当时，诺伊斯正作为大学讲师在帕萨迪纳访问。身为台长的黑尔第一个沿着黑色的铁质阶梯而上，走到了观测台，透过目镜观看选定的目标——在夜空中闪闪发光的木星。令他惊骇的是，他看到了六个重叠的木星影像，而不是一个。镜片发生了扭曲。这可能如之前里奇所警告的那样，是镜片本身的缺陷——那些为数众多的气泡导致的，还是仅仅因为工人们那天忘了关闭穹顶，使镜片受热而造成的暂时性扭曲？多年以后，亚当斯回忆说："更令人沮丧的是，刚好又传来了意大利军队在卡波雷托战役中伤亡惨重的消息。我记得，我们坐在圆顶屋的地板上，猜测意大利是否已经完全退出了战争。"[11]

等待了漫长而痛苦的几个小时之后，镜片才在夜间的空气中冷却下来。他们很想回到只配备了床和书桌的员工宿舍客房睡上一觉，却发现不可能。先是黑尔，然后是亚当斯，在凌晨两点半左右又回到了黄铜和钢条搭建的"大教堂"。[12]木星现在已遥不可及，所以夜间助手来回地转动望远镜。望远镜虽然重量巨大，却平稳地旋转着，摩擦力很小，因为它的底部支撑物浮在水银罐中。观测的新目标是明亮、蓝色的织女星。黑尔再一次将眼睛贴近目镜时，发出了兴奋的叫声。星星的影像很清晰。所有人都松了一口气——镜片不是永久性损坏。诺伊斯后来在其诗歌《天空守望者》（*Watchers of the Sky*）中向这一具有历史意义的事件表达了致敬，文中充满了欧洲正在发生的冲突所激发的隐喻：

它在高高的天宇闪耀，

充满了人类冒险精神的

所有的想法、希望以及

梦想。

在天上，我知道

天空的探险者——科学的先驱

正准备再一次向那黑暗发起

攻击，去征服新的

世界。

……

他们希望辛劳工作二十年

把人类所制造的最崇高的武器

转嫁给天空。

战争使他们拖延。他们被

调走

去设计更暗黑的武器。但没有枪

可以超越这个……

我们缓慢地向着权力葡匐前进。欧洲仍然

相信

她的"巨人四十"。甚至今晚

我们自己六十岁的老人还有工作要做，

而现在我们的一百英寸望远镜……我几乎都

不敢

奢望我们这门新炮

可能会发现什么……[13]

但是，长而壮丽的望远镜"炮口"的最后准备工作出现了延误，使其无法全面运作。一年后，沙普利对一位同事说："事实上，战时工作使 100 英寸望远镜的工作处于完全停滞状态。由于加工厂的战争合同……因此，大望远镜几乎没有什么进展。"[14]例如，里奇不得不转向透镜和棱镜的制作，[15]诸如双筒望远镜、测距仪和潜望镜等军用物品。从美国正式加入盟军一方的战争开始，威尔逊山的光学作坊就立刻参与了这项工作。

直到战争结束，相关人员终于从军事任务中解脱出来，用 100 英寸望远镜进行观测才真正开始。它拍摄的第一批照片是月球以及星云，超过了黑尔几年前对胡克做出的承诺。当时如此巨大的望远镜只是遥远的愿望。黑尔说："在财政如此紧张的情况下，最主要的困难是抵御分散精力的诱惑，形成旨在解决关键问题的观测程序，而不是积累大量杂七杂八的数据。"[16]

黑尔认为的首要任务是一劳永逸地解决宇宙的真实大小和本性问题。哈勃则以一种专心致志的献身精神来完成这项任务。

哈勃在山上进行观测的第一个晚上是 1919 年 10 月 18 日。他大概花了一个小时才将车开到山顶。[17]山下收费站的管理员通过唯一一条通到威尔逊山顶的电话线，打电话警告天文台有一辆车正在路上，因为这条路只有一个车道。由于战争，哈勃在两年多的时间里一直没有进行过积极的观测。在那个秋天的晚上，哈勃使用了一架名为库克镜的 10 英寸折射式望远镜，开始重温拍摄技巧。望远镜虽小，但宽阔的视角却使他能够相当方便地探索天空。哈勃拍摄了北美洲星云（天鹅座中的一片散射云）的照片，然后将望远镜指向猎户座"带"附近的一个气态环状星云。他正在适应孤独的生活，仔细研究熟悉的天体领域，并考虑未来几个月的观测策略。

七天后，哈勃试用了 60 英寸的望远镜。他拍了一张 NGC 1333 星云的照片，该星云是英仙座一个恒星富集的区域，后来哈勃查看了他所钟爱的那个可变星云。第一次注意到这个星云还是在耶基斯天文台做研究生的时候。哈勃指出，这个星云自从 1916 年最后一次观测以来"已经发生了惊人的变化"。[18]

十年后，米尔顿·哈马逊成为哈勃忠实的观测伙伴。哈勃是刚开始在天文台观测的时候，与这位年青的天文学家相识的。多年以后，哈马逊回忆道："哈勃当时站在 60 英寸口径望远镜的牛顿焦点处，正在拍摄。哈勃身材高大、矫健，嘴里叼着烟斗，天空的暗景清晰地勾勒出他的轮廓。微风吹拂着他的军用风衣，偶尔也会把烟斗中的火花吹进圆顶屋的黑暗中。那天晚上威尔逊山上的观测条件极差，但是当哈勃冲洗好底片兴高采烈地从暗房里回来时说：'如果这也算糟糕的观测条件的话，我随时都可以用这台望远镜拍出合格的照片。'……他对自己有信心，知道自己想做什么，以及如何去做。"[19]

在平安夜，哈勃第一次用 100 英寸的望远镜，他将之称为"魔镜"。[20]它的聚光力量如此强大，以至于人们能用它从五千英里以外的地方辨认出一支蜡烛。对于哈勃来说，这是再好不过的节日礼物了。夜幕降临时，空气几乎处于最佳状态，同时这也是黑暗降临之时，一轮新月挂在西边的天空。这是寻找天空中最暗弱物体的最佳时机。哈勃首先为昴宿星团附近的一个朦胧的星体拍照。曝光 60 分钟，其星云状态显示得恰到好处。之后，他又仔细观测了另外两个对象：一个是细小的行星状星云，另外一个（又）是可变星云 NGC 2261。在哈勃将巨大的望远镜对准这个目标后，获得了当晚最好的照片。[21] 可变星云很快变成了他观测的"吉祥物"。[22]

在观测结束时，如果特别想看到结果，哈勃就会直接走进暗房，冲洗底片。等干了之后，每一个底片他都会记录进正式的观测报告，[23] 并放进有标号的信封保存起来。为了标记底片，哈勃使用特殊的代码。例如，H 31 H 代表的含义是哈勃用100英寸望远镜拍摄的，底片号为31。

哈勃在威尔逊山的第一批任务之一是与弗雷德里克·西尔斯合作，确定"星云恒星"的颜色，这些恒星被弥漫的发光物质云团所包围，比如昴宿星团中的某一星云。在这个项目中，哈勃主要用60英寸的望远镜进行研究，并很快在《天体物理学杂志》上发表了一篇论文。[24] 这是哈勃在威尔逊山完成主要目标前的热身活动。他打算完成在博士论文中开始的事情：弄清楚那些微弱的螺旋星云究竟是什么。正如哈勃后来告诉斯里弗的，他只致力于一个问题的研究。这个问题就是："确定星云与宇宙的关系。"[25]

在这个时候，亨利·诺利斯·罗素正对螺旋星云感到忧心忡忡，因为有那么多相互矛盾的观测结果。在螺旋星云中偶尔发现的新星表明，这些星云是遥远的恒星系统。但是如果它们真的很遥远的话，范马伦不可能看到它们在旋转。罗素大胆地断言："我们正处在重大发现的边缘——或者可能是个佯谬，直到有人找到正确的线索为止。"[26]

20世纪20年代的开端似乎是打破僵局的良机。随着战争的结束，积蓄的能量催生了大量发明和先进的理念。现在定居在阿勒格尼天文台的赫伯·柯蒂斯尤其迷恋一种新奇的娱乐媒体。他在给利克天文台的前老板坎贝尔的信中写道："我刚刚走进讲堂，按下按钮，就收听到了嘉丽–库契（Galli–Curci）*和拉赫玛尼诺夫（Rachmaninoff）**的演出录音。这些录音是通过无线电话从 10 或 12 英里以外的东匹兹堡发出的。西屋电气公司一在旧金山建立广播电台，山上的人就能收听到下列节目：音乐、股市报道、新闻公报、演讲……我们这里借用了他们的一个实验电台（希望他们最终会送给我们），被称为'Aeriola Grand'，它跟你拥有的小型留声机差不多大。构造非常简单，只有一个按钮和一个不能调节的指示板。一根大约 75 英尺长的电线用作天线。星期天的讲道，绝对收不到！"[27]

在威尔逊山，阿尔伯特·A.迈克尔逊和弗朗西斯·皮斯（Francis Pease），在 100 英寸望远镜的前面安装了一种叫作干涉仪的特殊仪器，并首次成功地测量了一颗恒星的直径。猎户座的参宿四是他们的目标。他们发现，猎户座右肩上的这颗红色巨星如果放置在太阳系内，就会吞没木星之内的所有行星。当然，哈罗·沙普利此时还在山上测算银河系的大小。

哈勃和沙普利在威尔逊山天文台一起共事的时间大约为一年半，直到沙普利到哈佛天文台去任职。但是，在这段短暂的时间里，他们之间的关系却很难称之为和谐。两人都来自美国的中部地区，但他们在各方面有着天壤之别。哈勃在同事面前总是一副老练、克制的样子。[28]他年轻时那种冷漠的性格从未消失过，与人总是

---

* 嘉丽–库契（1882—1963 年），意大利女高音歌唱家。
** 拉赫玛尼诺夫（1873—1943 年），20 世纪著名的古典音乐作曲家、钢琴家、指挥家。

保持一定距离，举止高贵。烟斗不离手的哈勃偶尔会把烟圈吹到房间里，[29] 或者把点燃的火柴弹出去，然后再接住，火柴还燃烧着。正如其他天文学家所言，哈勃是一个"自命不凡的家伙"，[30] "写个内部便条，读起来也要像美国宪法的序言一样"。[31] 另一方面，沙普利则保留了那种粗俗、友好的乡村风格。哈勃那种在观测或闲逛的时候，穿着马裤、打着皮绑腿、戴着贝雷帽，[32] 满口"哼啊"的矫揉造作的做派，对沙普利来说实在是太难以忍受了。讲朴实无华的"密苏里方言"对他来说已经足够了。沙普利和阿德里安·范马伦是密友，这使得来自中西部的沙普利和哈勃更加难以亲近。几年后，沙普利声称，"从到威尔逊山开始，哈勃就不喜欢范马伦，哈勃总是嘲笑他"。这可能是因为资格更老的范马伦，对不得不与哈勃分享 100 英寸望远镜公开表示过嫉妒的缘故。然而，在沙普利看来，"哈勃就是不喜欢人，不和别人交往，也不想与别人合作"。[33]

　　哈勃和沙普利之间关系紧张的部分原因，在于他们在战争中的不同经历。哈勃当时将自己的职业生涯搁置一边，并冒着研究职位被其他人取代的风险，马上主动报名参军。讨厌战争的沙普利则留在了威尔逊山。他说自己是"尽心尽责的懒鬼"，[34] 差强人意地暗示，是黑尔说服他留下来，并承担了哈勃希望解决的问题，如球状星团。但是幸运的是，哈勃从海外返回时，分析神秘星云仍然有广阔的领域。沙普利是威尔逊山一直在塑造的天文学金童。沙普利到哈佛天文台后，哈勃终于有机会走出他可怕的阴影。

　　哈勃首先对银河系内的弥漫星云进行了广泛的研究，确定了各种类型，并描述了它们光度的来源。但哈勃也跟踪了在进行这项研究时遇到的"非银河系星云"。哈勃当然倾向于支持宇宙岛理论。在耶基斯天文台读研究生时，哈勃特别指出螺旋星云的高速移动"使这样的假设显得更可信：螺旋星云是遥远的恒星系统，通常距离地球有数百万光年远"。[35] 但他在威尔逊山天文台工作后，至少在发表论文上，变得更加谨慎。谨慎成了他的代名词。哈勃在1922年《天体物理学杂志》上发表的论文中强调，"non-galactic"（非星系）一词并不意味着螺旋星云必然"在我们的星系之外"，[36] 而是因为这些星云大多不在银河系的平面上。此后，哈勃的论文不再像赫伯·柯蒂斯和维斯托·斯里弗所做的那样，包含对宇宙岛或其他星系说的大量引用。哈勃开始使自己的话语保持中立，后来，谨言慎语成为哈勃研究报告的主要特征。他现在开始有意识地隐藏自己的偏见，以避免受到批评。

然而，哈勃对自己的观测计划倒是直言不讳，毫不隐瞒。1922年2月，哈勃给国际天文学联合会星云委员会成员之一的斯里弗发了一封冗长的打字稿信件，内容是关于他研究星云的长期战略。这将是一场对星云的全面观测。哈勃计划确定它们的结构，测定它们在天空中的分布，并测量它们的大小。作为宇宙岛理论的隐形倡导者，哈勃希望得到无可争辩的证据，证明螺旋星云中存在大量恒星。他知道，寻找新星对此至关重要，并强烈要求国际天文学联合会，"除了仙女座以外，应该仔细搜寻半打最大螺旋星云中的新星"。[37] 哈勃少校正在运用在军事战术上获得的经验教训来征服天文目标。

利克的天文学家威廉·H.赖特也收到了一份哈勃的议事日程。他说："必须承认，我对（哈勃的）信件感到非常茫然。人们可以看到，哈勃以自己的方式说明，星云研究并不属于个人。哈勃是个不错的小伙子，我只希望他有能力和精力完成计划中要完成工作的一部分。"[38]

　　刚刚获得委员会一个席位的哈勃，希望国际天文学联合会采用他的星云分类方案，他对此特别关注。[39] 对于哈勃来说，恰当地分类星云是确定其物理性质的重要的一步。到1923年，哈勃将银河系外星云分为两类：椭圆星云和螺旋星云。椭圆星云是形状有点像鸡蛋的无定形云团。当然，螺旋星云呈惊人的轮转焰火状。如果螺旋盘的明亮中心是圆形、凸起的，他就称之为"正常螺旋星云"；如果是拉长的，他则称之为"棒旋星云"。那些不符合这两个类别的银河系外星云，就像混乱的麦哲伦星云那样的星云，他统称为"不规则星云"。但是国际天文学联合会委员会却在哈勃命名的分类方案上拖了很长时间，并提出了一些可能产生了长期影响的非难。在漫长的等待中，克努特·伦德马克发表了一个类似的方案，这激怒了哈勃。他指责这位瑞典天文学家剽窃。之后，哈勃就再也不积极从事委员会的工作，也不参加一般性天文学会议或分享合作了。除少数情况之外，哈勃倾向于独自工作。这可能还有另外一个原因。在晚年认识哈勃的艾伦·桑德奇说，尽管哈勃给人的印象太威严，但实际上"在陌生的同事面前，他过于害羞……"。[40] 哈勃以自己的方式对星云进行分类，随着时间的推移，他的方案最终为天文学界所接受。

　　在整个1923年，哈勃总共在山上度过了47个夜晚。他利用60英寸和100英寸的望远镜观测天空周围的各种星云。哈勃在进行筛选。虽然几乎没有任何星云被重复，但哈勃确实特别注意到了NGC 6822这个星云。它位于人马座，由他耶基斯天文台的前同事爱德华·E.巴纳德于1884年首次发现。该星云引起哈勃的特别关注，是因为它与南半球的麦哲伦星云惊人地相似。

到了 7 月，哈勃在 NGC 6822 中发现了五颗变星，并告诉了哈佛天文台的沙普利，建议他用哈佛天文台储存的底片也来研究一下这个星云。沙普利回答说："100 英寸的望远镜简直太强大了，连那些极其暗弱的星云都可以拍得到。至于 NGC 6822，我认为，毫无疑问，是像麦哲伦星云一样的另外一个星云。"[41]虽然沙普利和哈勃彼此之间没有好感，但两位天文学家还是保持了一种礼貌性的通信，也许是遵循了那句古老的格言："亲近朋友，但更要亲近敌人。"实际上，他们需要彼此。沙普利负责世界上最重要的天文照片的收集工作，而哈勃则可以随时使用世界上最大的望远镜。

通过比较 NGC 6822 和大麦哲伦星云的大小和其中最亮恒星的星等，沙普利估算出了 NGC 6822 的距离。有趣的是，结果约为一百万光年。沙普利在其所在天文台 1923 年 12 月的公报上说："它似乎是一个巨大的星云，距离是已知球状星团距离的至少 3~4 倍，可能远远超出了银河系的范围。"[42]《科学服务》（*Science Service*）的一条新闻报道迅速将其称为"人类所见到的最遥远的物体，是另外一个恒星宇宙"。[43]NGC 6822 不是螺旋星云，但它肯定给沙普利提供了银河系外存在大恒星系统的证据。然而，对于沙普利来说，他对这个星云的距离计算与螺旋星云的问题毫无关系。那些顽固地追随沙普利观念的人，继续在各种出版物上散布这样的论调，即螺旋星云"无论从大小还是结构上看，都不是星系"。[44]

在一段时间内，哈勃共获得了五十多张 NGC 6822 的照片，并发现了 15 颗变星。两年后，他终于报告说："11 颗……显然是造父变星。"[45]把它们当作标准烛光，哈勃计算出了 70 万光年的距离。毫无疑问，这超出了沙普利最新计算出的超大银河系的界限。哈勃说："NGC 6822 远远超出了银河系的范围，因此这可能成为推测有系外星系存在的基石。"[46] 很可能是对 NGC 6822 的早期研究让哈勃确信，可以寻找螺旋星云中的造父变星作为距离标志，那时发表的观测数据，实际上是他在这方面的第一次报告。

在 100 英尺高、几乎一样宽的巨大圆顶屋内，用 100 英寸的望远镜进行观测像是在跳华美的舞蹈。有时候，哈勃可以靠在他最喜欢的折叠木椅上，一边拍摄照片，一边在黑暗中静静地抽烟斗。但有些时候，他待在高悬在半空中的平台上。这个平台可以通过穹顶开口两侧的导轨调整到任何高度。当夜晚的天空在头顶上缓缓移动时，转仪钟转动望远镜，以确保与地球的旋转同步。同时，为了使望远镜不被穹顶遮挡，哈勃和助手操作穹顶不断转动，并不断调整平台高度。威尔逊山天文台的天文学家艾伦·桑德奇指出，"这就是天文观测的全部：一个暗黑、静谧的圆顶屋，一架悄无声息移动的巨大望远镜，以及平台上危险的操作……（这一切）都是为了收集有关一个具有超验意义问题的数据"。[47] 夜以继日，宇宙华尔兹还在继续。如果碰到乌云密布的情况，哈勃还有 B 计划："可以先从案头工作开始，然后读沉闷的书，再然后，读侦探小说。"[48]

唯一预定的休息时间是在午夜提供"午餐"的时候。在早期，"午餐"只不过包括硬面饼和可可汁（黑尔认为咖啡"不健康"[49]），天文学家可以在 60 英寸望远镜下面的一个混凝土地堡中饮用。后来，在 60 英寸和 100 英寸望远镜之间建了一间小屋，天文学家们可以在那里得到两片面包、两个鸡蛋、黄油和果酱，以及一杯咖啡或茶。[50] 天文台以节俭著名的管理员沃尔特·亚当斯故意地把这一餐安排得很简陋。

哈勃吃完饭后，总是自己洗餐具[51]以减少夜间助手的劳苦，故而赢得了他们的尊重。助手也很喜欢哈勃严肃认真的工作态度。与其他一些威尔逊山的天文学家不同的是，观测时哈勃总是带着一份周密的观测计划。他授权给助手，并期望得到专业的表现回报。哈马逊说："你要知道什么时候支持他。"[52]

哈勃当时的观测相当规范，有条不紊地完成了一个又一个目标。哈勃因大脑中储存着一张天空地图而闻名。梅西耶星团星云列表上的一百多个天体，对他来说就像字母表一样熟悉。[53]7月17日，哈勃抽空想确认一个新的、小束状的星云。[54]当年早些时候，沙普利说曾两次在牧夫座（Boötes）看到过这个星云。但即使经过了150分钟的曝光，哈勃也还是一无所获，在天空中的那片区域什么也没看到。哈勃在日志中写道："沙普利说的那个东西可能是个意外。"[55]他在8月15日拍摄的一张照片中，发现了一个小行星经过的痕迹。一周又一周，观测在继续进行。

到了10月份，惊喜来了！

注释：

[1] 有研究表明，黑尔患有严重的躁狂抑郁症，这是一种精神综合征，表现为情绪高涨、身体不安和创造性思维敏锐，同时伴有一系列抑郁症。见Sheehan and Osterbrock（2000）.

[2] 见Wright（1966），p. 17.

[3] 见Osterbrock（1993），p. 157.

[4] 见Wright（1966），pp. 252–253; Osterbrock（1993），p. 92.

[5] 见Wright（1966），p. 184.

［6］同上，p. 254.

［7］见 Wright（1966），p. 263. 埃维莉娜·黑尔（Evelina Hale）一直在拼命保护丈夫，并在 1910 年 12 月 24 日写给天文学家沃尔特·亚当斯的一封信中，希望那块 100 英寸的镜片见鬼去。黑尔不在威尔逊山天文台的时候，由亚当斯代理台长。在那封信中，埃维莉娜恳求亚当斯在黑尔康复期间不要发送坏消息。

［8］见 Sheehan and Osterbrock（2000），p. 105.

［9］见 Osterbrock（1993），p. 142.

［10］MWDF，详见亚当斯 1917 年 7 月 5 日写给黑尔的信件。

［11］见 Adams（1947），p. 301.

［12］见 Wright（1966），pp.318–320.

［13］见 Noyes（1922），pp. 2–3.

［14］HUA，详见沙普利 1918 年 10 月 14 日写给艾特肯的信件。

［15］见 Osterbrock（1993），pp. 144–145.

［16］见 Hale（1922），p. 33.

［17］HUB，盒 7，《哈勃：传记回忆录》。

［18］HUB，盒 29，观测日志；HUB，盒 7，《哈勃：传记回忆录》。

［19］见 Humason（1954），p. 291.

［20］HUB，盒 1，讲稿《宇宙探索》。

［21］HUB，盒 29，观测日志。

［22］根据米尔顿·哈马逊所述。HUB，盒 7，《哈勃：传记回忆录》。

［23］HUB，盒 7，《哈勃：传记回忆录》。

［24］见 Seares and Hubble（1920）.

［25］LWA，详见哈勃 1923 年 4 月 4 日写给斯里弗的信件。

［26］HUA，详见罗素 1920 年 9 月 17 日写给沙普利的信件。

［27］LOA，柯蒂斯档案，柯蒂斯 1922 年 1 月 26 日写给坎贝尔的信件。

［28］AIP，详见 1976 年 6 月 3 日对尼古拉斯·梅耶尔的采访。

［29］HUB，盒 7，格蕾丝的回忆录。

［30］CA，详见蕾切尔·普鲁德姆（Rachel Prud'homme）分别在 1982 年 2 月 25 日、3 月 16 日和 3 月 23 日对杰西·L. 格林斯坦（Jesse L. Greenstein）的采访。

［31］AIP，详见保罗·赖特 1975 年 7 月 29 日对赫顿·阿普（Halton Arp）的采访。

［32］AIP，详见斯宾塞·沃特 1977 年 7 月 25 日对贺拉斯·巴布科克（Horace Babcock）的采访。

［33］见 Shapley（1969），p. 57.

［34］AIP，详见大卫·德沃金 1979 年 8 月 4 日对多丽特·霍夫莱特（Dorritt Hoffleit）的采访。

［35］见 Hubble（1920），p. 77.

［36］见 Hubble（1922），p. 166.

［37］LWA，详见哈勃 1922 年 2 月 23 日写给斯里弗的信件。

［38］LWA，详见赖特 1922 年 3 月 7 日写给斯里弗的信件。

［39］LWA，详见哈勃 1922 年 2 月 23 日写给斯里弗的信件。

［40］见 Sandage（2004），p. 525.

［41］HUA，详见沙普利 1923 年 8 月 3 日写给哈勃的信件。

［42］见 Shapley（1923b），p. 2.

［43］见 "A Distant Universe of Stars"（1924），p. x.

［44］见 Shapley（1923a），p. 326.

［45］见 Hubble（1925b），p. 412.

［46］同上，p. 410.

［47］见 Sandage（2004），p. 178.

［48］见 Mayall（1954），p. 80.

［49］HUB，盒 7，《哈勃：传记回忆录》。

［50］这一配餐一直持续到 1955 年。桑德奇将其描述为"饥饿配给量"。见

Sandage (2004)，pp. 191–192.

［51］见 Christianson（1995），p. 123.

［52］HUB，盒 7，格蕾丝·哈勃对哈马逊的采访。

［53］见 Mayall（1954），p. 80.

［54］HL，亚当斯档案，沙普利 1923 年 7 月 12 日写给亚当斯的信件。

［55］HUB，见 100 英寸望远镜观测日志。

位于亚利桑那州基特峰国家天文台上空的银河系

• 资料来源：都市影像（UrbanImager），照片由迈克尔·科尔（Michael R. Cole）拍摄

1910年时的利克天文台。36英寸的望远镜坐落于大圆顶屋内，克罗斯雷望远镜所在的较小圆顶屋在较远的左侧

詹姆斯·利克　　　　　　　詹姆斯·基勒

利克天文台的克罗斯雷望远镜原件

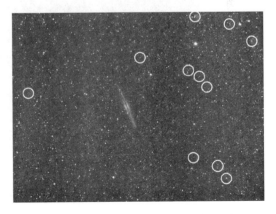

1899年基勒用克罗斯雷望远镜拍摄的
漩涡星系（M51）的照片
左上角可见一个微弱的星云

1899年基勒拍摄的NGC891的照片，背景有星云标记

杜伦的托马斯·赖特

- 资料来源：托马斯·赖特于1750年
  出版的《宇宙原创理论或新假说》

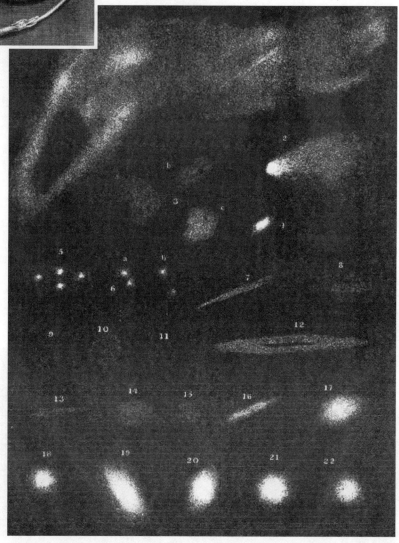

1811年由天文学家威廉·赫歇尔绘制的星云图

- 资料来源：《伦敦皇家学会的哲学议事录》，1811，第101期，第269—336页，底片 IV

赫伯·柯蒂斯站在改造过的克罗斯雷望远镜旁

- 资料来源：加州大学圣克鲁兹分校利克天文台玛丽·李·肖恩档案馆

1914年，由赫伯·柯蒂斯拍摄的箍状圆环星系，呈现出圆环内有灰尘和气体的黑暗带

- 资料来源：加州大学董事会/利克天文台

1901.4.16

1914.3.2

箭头标示的是赫伯·柯蒂斯在1901年和1914年拍摄的NGC4321照片中发现的新星

- 资料来源：加州大学董事会/利克天文台

帕西瓦尔·洛厄尔　　　　　年轻的维斯托·斯里弗　　　维斯托·斯里弗正在使用安装
在洛厄尔天文台的24英寸反射
望远镜上的摄谱仪

• 资料来源：洛厄尔天文台档案馆

在伊利诺伊州埃文斯顿举行的1914年美国天文学会会议上的天文学家们
维斯托·斯里弗在左侧，埃德温·哈勃在右侧

• 资料来源：《大众天文学》杂志1914年的"美国天文学会第17次会议报告"

从智利赛拉托洛洛的观测站看到的小麦哲伦云（左上）和大麦哲伦云
（左下）。银河系在右边

•罗杰·史密斯/美国国家光学天文台/全美大学天文学研究会协会/美国国家科学基
金会/WIYN 天文台

威廉敏娜·弗莱明（站着）在指导她的"计算姬"们，
哈佛天文台台长爱德华·皮克林在一旁观看

•资料来源：哈佛大学天文台

亨利埃塔·莱维特坐在哈佛大学天文台的办公桌旁

• 资料来源：美国物理研究所埃米利奥·塞格雷视觉档案室（Emilio Segrè Visual Archives）

乔治·埃勒利·黑尔在摄谱仪前

• 资料来源：加州理工学院档案馆

运送60英寸望远镜到威尔逊山上的途中

• 资料来源：加州理工学院档案馆

年轻的哈罗·沙普利

• 资料来源：巴克拉克（Bachrach）拍摄，由美国物理
  研究所埃利奥·塞格雷视觉档案室提供

球状星团 M80

• 资料来源：哈勃遗产团队（全美大学天文学研究会协会/太空望远镜科学研究所/美国国家航空航天局）

一些绕着银河系运行的球状星团（已圈出）

• 资料来源：哈佛大学天文台，由美国物理研究所埃米利奥·塞格雷视觉档案室提供

亚瑟·爱丁顿
• 资料来源：美国物理研究所埃米利奥·
  塞格雷视觉档案室

1932年，爱因斯坦与威廉·德西特在威尔
逊山天文台的帕萨迪纳总部一起讨论问题
• 资料来源：美联社

阿德里安·范马伦（左）和贝蒂尔·林德布拉德
• 资料来源：多萝茜·戴维丝·罗堪西（Dorothy Davis
  Locanthi）拍摄，由美国物理研究所埃米利奥·塞格
  雷视觉档案室提供

哈罗·沙普利坐在哈佛大学天文台的轮状
办公桌前
• 资料来源：哈佛大学天文台，由美国物理研究所
  埃米利奥·塞格雷视觉档案室提供

威尔逊山上100英寸胡克望远镜的全貌图

• 资料来源：美国物理研究所埃米利奥·塞格雷视觉档案室

100英寸（左）和60英寸（右）的望远镜在威尔逊山毗邻

• 资料来源：加州理工学院档案馆

已知最早的埃德温·哈勃和望远镜在一起的照片，拍摄于1914年，当哈勃从牛津回到印第安纳州新奥尔巴尼市的时候

• 资料来源：加州圣马力诺市亨利·亨廷顿图书馆

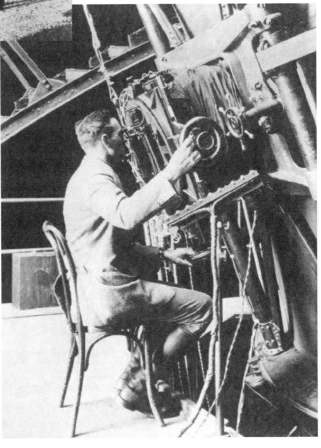

埃德温·哈勃坐在他最喜爱的折叠木椅上，用100英寸望远镜进行观测

• 资料来源：加州圣马力诺市亨利·亨廷顿图书馆

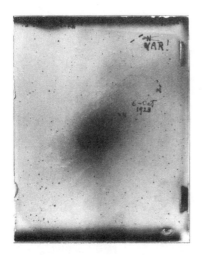

仙女座（M31）的底片。埃德温·哈勃在其上确定了一颗造父变星，起先他将之误认为是一个螺旋星云中的新星。这时哈勃处于发现宇宙的初期

• 资料来源：华盛顿卡耐基研究所天文台

哈勃和格蕾丝在1924年的婚礼当天

• 资料来源：加州圣马力诺市亨利·亨廷顿图书馆

埃德温·哈勃坐在他最喜爱的折叠木椅上，用100英寸望远镜进行观测

• 资料来源：加州圣马力诺市亨利·亨廷顿图书馆

埃德温·哈勃在他的办公室，手里拿着一张仙女座星系的照片

• 资料来源：黑尔天文台，由美国物理研究所埃米利奥·塞格雷视觉档案室提供

米尔顿·哈马逊在威尔逊山上

• 资料来源：美国物理研究所埃米利奥·塞格雷视觉档案室

在威尔逊山天文台访问期间，为了拍摄需要，爱因斯坦假装透过100英寸望远镜的目镜观测。埃德温·哈勃（中）正在吸烟斗，天文台台长沃尔特·亚当斯（右）在一旁观看

• 资料来源：加州理工学院档案馆

1931年1月，爱因斯坦、妻子爱尔莎与查理·卓别林在卓别林电影《城市之光》首映式上的合影

• 资料来源：《犹太纪事报》有限公司 / HIP / 影像作品

1933年，乔治·勒梅特与阿尔伯特·爱因斯坦在加州理工学院

• 资料来源：加州理工学院档案馆

1931年1月29日访问威尔逊山天文台期间，爱因斯坦与哈勃（左二）以及加州理工学院和天文台的其他学者们，摄于天文台100英寸望远镜圆顶屋外

• 资料来源：加州理工学院档案馆

由哈勃太空望远镜拍摄的涡旋星系（M51）

• 美国国家航空航天局、欧洲航天局、S.贝克威斯（太空望远镜科学研究所）和哈勃遗产团队（太空望远镜科学研究所/全美大学天文学研究会协会）

发现

第13章

无数个完整世界……遍布星空

　　1923 年 10 月 4 日。那个秋夜,尽管观测条件不好,但是追踪某些天上的猎物还是不错的(仅仅是勉强)。哈勃首先将 100 英寸望远镜对准了他一直在研究的类似于麦哲伦云的遥远星云 NGC 6822。这架巨大望远镜在转动时先是发出呜呜声,接着是一连串响亮的咔嗒声,最后是仪器被固定到位时的哐当声。[1]曝光一小时后,哈勃又暂时观测了圆形的小星云 M32。然后,他将望远镜稍微偏转了一点,拍摄了著名的仙女座星云 M31,那个宇宙岛争论中的星云。[2]那时,其他天文学家对观测这一星云的热情已经到了消失殆尽的程度,但哈勃坚持了下来。哈勃很快就注意到仙女座云雾般的面纱里有了新的光点,这正是他坚持对星云进行广泛观测,希望有一天能找到的。人们曾经在仙女座见过新星,并没什么好奇怪的。但是哈勃确信,多看看有助于揭示仙女座的秘密。哈勃用黑色墨水笔在日志中整洁清晰地写下对 H 331 H 底片的描述:“疑似新星。”在拍摄了仙女座 40 分钟后,他又继续观测另一个星云——一个棒旋星云,然后才结束了当晚的观测。

　　第二天晚上,哈勃又用 100 英寸望远镜继续观测。这一次,空气好多了，至少在一段时间内变得澄清、稳定。当天空处于最佳状态的时候，哈勃将望远镜瞄准了仙女座，又发现了新的光点。哈勃在日志中写道："确认在 H 331 H 上有可疑新星。"

然而，重要的东西是无法简单通过目镜，或新洗出来的照片看到的。H 335 H 底片是 10 月 5 日为验证新星而拍摄的，曝光了 45 分钟，后来哈勃在帕萨迪纳的办公室对其进行了更详细的分析。哈勃证实了仙女座中不是只有一个，而是有三个新的光点。他觉得自己又发现了两颗新星，于是在底片的新星边上写上了"N"，以标明它们的位置。

哈勃从早期对类似于麦哲伦云的 NGC 6822 进行的研究中得知，必须确保新发现的物体是真正的新星，而不是其他天体。为了做进一步的查验，哈勃调用了天文台总部一个防震地下室中保存的大量底片。他开始仔细查看早在 1909 年由天文台的天文学家拍摄的仙女座星云的照片。通过比较最近拍摄的和以前拍摄的照片，证实了其中的两个光点确实是新星，是以前从未见过的恒星耀斑。但是距离星云中心最远的那个光点，以前就一直在那儿。哈勃从多个底片中看出，这个微小的光点随着时间的推移，时而变得更明亮，时而变得更暗淡。这根本不是新星，而是某种变星。就在此时，哈勃回到 H 335 H 的底片，划掉了这个特定点旁边的 N，在它下面写上了"VAR！"（变星）。惊叹号强调了这个发现的意义：他发现了天体金矿。哈勃一经抓住了这个天体金块，就没有再让它溜走。

哈勃更仔细地从档案室的底片上追踪变星光度的起伏变化。他还继续对星空进行观测，确保反复地检查仙女座，因为当年正是仙女座尽收眼底的时候。哈勃发现了更多的新星和另一个变星。他记下所有发现，为每个新星和变星编号，[3]并在仙女座的照片上用小红点或圆圈标记它们在螺旋星云中的位置。

1924年2月的三个晚上是决定性的。在那个月的第五、第六和第七天，哈勃在仙女座中首次发现了一个变星。三天中这颗星的光度提高了一个星等，亮度增加了一倍，这是个巨大的突破。根据手头掌握的数据，可以勾画出一条可靠的光变曲线了。该变星在大约31.415天内经历了一个光变周期——从明亮到暗淡，再从暗淡回到明亮。从周期的长度和曲线的形状（急剧上升和缓慢下降），哈勃意识到，他俘获了那种难以捉摸的罕见天体——一颗造父变量，一颗比太阳明亮七千倍的恒星。但是，它看起来非常暗淡，在感光板上只是一个模糊的斑点，因此，哈勃知道它肯定在很遥远的地方。这颗星的平均亮度，比肉眼可见的最暗淡的恒星要暗十万倍。

在深思熟虑这些问题的过程中的某一时刻，哈勃将日志翻回到第157页，并迅速在空白处潦草地添加了补充说明，修订了10月5日的观测报告。矜持的哈勃在这一刻想必难掩内心的激动。为了保留记录，哈勃都是用墨水笔写字，但这次用的是铅笔。通常他的笔迹流畅、规整，但这次潦草、歪斜得多。哈勃兴高采烈地说："在这块底片上（H 335 H），发现了三颗星。其中两颗是新星，另外一颗是变星，后来被确定为造父变星。这是在M31中发现的第一颗。"为了突出显示添加的文字，他画了一个大箭头，直接向下指向具有历史影响的消息。粗体的箭头表明了他兴奋的心情。哈勃甚至一度象征性地手舞足蹈以庆祝这一发现的时刻。

哈勃情不自禁地把这一消息告诉了他的死对头。2月19日，他写信告诉哈罗·沙普利自己前几个月的成果。在信的开头，哈勃并没有礼貌性地嘘寒问暖，而是直截了当地说："亲爱的沙普利：我在仙女座星云（M31）中发现了一颗造父变星，我想你会比较感兴趣。本季度，只要天气允许，我就追踪这一星云。在过去的5个月里，我已经捕获了9个新星和2个变星。"[4]哈勃向沙普利提供了关于色指数校正和星等估计的所有技术细节，喜悦的心情跃然纸上。毕竟，沙普利是世界上最著名的造父变星专家。沙普利不仅把它们当作标准烛光，而且在他到威尔逊山后不久就指出，它们是脉动变星，[5]其大气层反复膨胀和收缩。

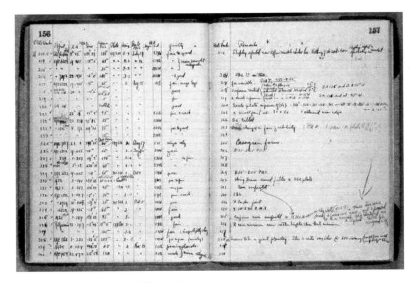

哈勃100英寸望远镜观测日志的第156页和157页

（资料来源：加州圣马力诺市亨利·亨廷顿图书馆）

在这封具有传奇色彩的信里，随附的是哈勃在从笔记本里撕下的纸上，用铅笔一丝不苟地画出的一张图表，显示的是他在M31中发现的"变星1号"的光变曲线。其星等就像坐过山车一样，峰值能达到18等，稍低于19等，然后经过31天的周期后再次上升到最高亮度。哈勃告诉沙普利说："虽然粗糙，但该图表明确无误地显示了造父变星的特征。"这就是症结所在。哈勃用来测量螺旋星云距离的技术，正是沙普利发明的用来绘制银河系周围球状星团排列图的技术。哈勃利用沙普利推导出的造父变星周期—光度公式，计算出到仙女座的距离约为 100 万光年。（他特别指出，"如果造父变星受到了星际物质的遮蔽，实际数值就会减少"。）不同于赫伯·柯蒂斯，哈勃没有勉强使用间接的证据或错综复杂的推理。造父变星为星云的测量提供了直接、无可争辩的标尺。仙女座确实是一个宇宙岛。

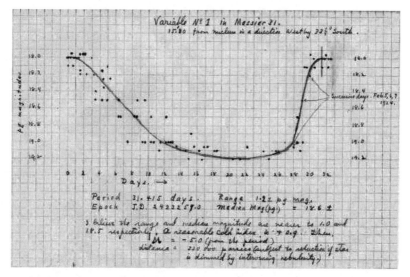

埃德温·哈勃关于仙女座变星 1 号的周期表，随附在他给哈罗·沙普利的信中。这封信摧毁了沙普利的宇宙

（资料来源：哈佛大学档案馆）

哈勃后来在仙女座的一条旋臂边缘发现了第二个变星，但它太暗淡了，到目前为止还无法进行可靠的距离测量。但没关系。哈勃在信的结尾处说："我有一种感觉，通过对长时间曝光照片的仔细搜

索，会发现更多的变星。总之，下一拍摄季应该是一个快乐季，要以适当的形式和仪式来迎接。"消遣沙普利，哈勃很受用。

看了这封信后，沙普利立刻意识到，哈勃的发现意味着他所珍爱的宇宙观将遭受厄运。当哈勃的信件送达时，哈佛大学的天文学家塞西莉亚·佩恩（后来的塞西莉亚·佩恩－加波施金）恰巧就在沙普利的办公室里。他把这两页信纸递给佩恩，惊呼道："这封信摧毁了我的宇宙。"[6]哈勃终于证实了自托马斯·赖特、伊曼努尔·康德和威廉·赫歇尔时代以来，天文学界一直在流传的猜测。银河系并不是唯一的星系，它仅仅是在向外延伸数百万光年的星系群岛中的一个星岛。

虽然沙普利确实感觉到了这场突变，但他还是坚持了一段时间——打起脸充胖子。沙普利恶作剧似地回复说，"关于在仙女座星云方向上发现新星和两颗变星的消息，是我长期以来所听过的最有趣的文学作品"。[7]他甚至不愿意承认这些变星都在星云中，只是用了词语"in the direction of"（在……方向上）来表示。沙普利承认第二个变星是"非常重要的天体"，但继续告诫哈勃说，第一个变星可能根本不是造父变星，这意味着把它作为距离标尺是不可靠的。即便它是，他继续说道，周期超过 20 天的造父变星"通常不可靠……（而且）周期—光度曲线可能不确实"。

哈勃并没有被沙普利的警告所吓倒，而是继续快速地搜索新星。他的发现促使他在仙女座和其他螺旋星云中发现了更多的造父变星。但哈勃一如既往地谨慎，没有发布消息，一直没有。

就在哈勃向沙普利发出胜利通报一周后，在这改变宇宙观的观测中，哈勃结婚了，这让许多人感到惊讶。新娘格蕾丝·伯克·莱布（Grace Burke Leib），35 岁，是一位富有的洛杉矶银行家的女儿。格蕾丝是位聪明而娇小的女性，以优异的成绩毕业于斯坦福大学，获得了英语学位。她有一双引人注目的黑眼睛，一头有光泽的棕色头发，嘴角透着刚毅。与其说她漂亮，不如说她端庄、落落大方。格蕾丝之前曾结过婚。她的丈夫厄尔·莱布（Earl Leib）是一名地质学家，专门从事煤炭勘探工作，于1921年因矿难不幸丧生。格蕾丝的姐姐是利克天文台天文学家威廉·赖特的妻子。在格蕾丝的丈夫去世之前，她促成了格蕾丝与威尔逊山最适合的单身汉的第一次接触。1920年夏天，赖特到访威尔逊山，并进行一些观测。他携妻子和格蕾丝，一同住在山顶上的一座客房里。有一天，两位女士来到实验室大楼里的一个小图书馆借书，偶然遇见了哈勃。在哈勃去世后的几年里，格蕾丝的大部分关于丈夫的作品都笼罩在怀旧的阴霾中，她回忆起那一刻："他站在实验室的窗户前，在看一个猎户座的底片。一位天文学家对着光线看底片，这应该是再寻常不过的事情了。但是，如果这位天文学家看起来像高大魁梧、英俊潇洒的奥林匹斯山神，拥有像普拉克西特利斯（Praxiteles）*雕刻的赫尔墨斯（Hermes）**一样宽阔的肩膀，性情温和平静，这就变得不寻常了。体内升腾起一种强大的想与之亲近的力量，在拉拽、撕扯着我，这种感觉无关乎个人抱负、焦虑和安全感缺乏。我努力摆脱这种感觉，尽管相当困难，但最终驾驭了这种力量。"[8]

　　1922年，当哈勃和寡居的格蕾丝重逢时，[9]他们很快就被对方迷住，陷入了爱情。她比任何其他人都更能看到哈勃温和的一面。

---

* 普拉克西特利斯，公元前4世纪的希腊雕塑家。
** 赫尔墨斯，希腊神话人物，十二主神之一，宙斯与迈亚的儿子。

每当有人给他意外的惊喜或讲出一句新奇的话时，哈勃都会自然而然地发出爽朗的笑声。虽然不爱闲聊，但哈勃有时会冒出冷峻又不失幽默的话来。一天晚上，哈勃和一位朋友在纽约的夜总会里玩耍，他的同伴终于熬不住了："我得去睡觉了。你怎么就不困呢？"哈勃答道，"论熬夜，你还想比过天文学家？"[10]

哈勃经常将书作为礼物，送给格蕾丝，向她求爱。在格蕾丝洛杉矶的家中拜访时，哈勃会读书给格蕾丝和她的父母听。1924 年 2 月 26 日，他们在一家私人天主教堂（格蕾斯的宗教信仰）举行了结婚仪式，哈勃的家人没有出席。[11]在格蕾丝家建在卵石滩风景区附近、占地六英亩的别墅度完蜜月后，他们前往欧洲旅行。

哈勃和格蕾丝都喜欢户外运动和时髦的服装，他们一起骑马、徒步旅行和钓鱼。他们在英国贵族气派的乡下有宾至如归的感觉。在加州，他们喜欢和好莱坞上流社会的精英们混在一起，而不是天文学家。[12]这些精英中有作家、导演和演员，如海伦·海斯（Helen Hayes）、乔治·亚理斯（George Arliss）和查理·卓别林（Charlie Chaplin）。鉴于哈勃有狂热的恋英情结，他们还和好莱坞源远流长的英国帮成员们混在一起。英国帮一度包括著名作家阿道司·赫胥黎（Aldous Huxley）和赫伯特·G. 威尔斯（H. G. Wells）。

哈勃夫妇十分般配，因为他们都喜欢上流社会的生活方式（格蕾丝的家里有两辆凯迪拉克汽车，从小就有专任司机为她开车；哈勃的西装和衬衫都是在伦敦定制的），而且总是保持礼貌的态度。正如一位熟人所指出的，"陌生人可以把覆盆子汤洒在地毯上，而不会听到任何怨言"。[13]那些观察他们之间互动的人称这对夫妇的关系"相当不寻常"。[14]哈勃有敏锐的观察力，特别注重细节。格蕾丝说，她自己是"福尔摩斯先生的华生"。[15]

当哈勃在 5 月结束为期三个月的蜜月,实际上是在到达加州的那个晚上,就回到山上了。哈勃把福尔摩斯的探案技巧应用到了螺旋星云的研究上。在 1924 年余下的几个月里,他发现了更多的变星,[16]小心翼翼地跟踪着每一个变星光度的起伏变化。这是一项单调乏味的工作。哈勃最终在仙女座中发现了 36 个变星,有十几个是造父变星,它们的周期从 18 天到 50 天不等。开始研究 M33 时,哈勃的表现更加出色了。M33 是三角形星座中一个引人注目的螺旋星云,向东与仙女座毗邻。哈勃在 M33 中共发现 22 颗具有类似周期范围的造父变星,这为他提供了用于计算星云距离的丰富样本。

在计算机或手持计算器出现之前的这些日子里,哈勃在估算他发现的造父变星的大小,确定它们的光变周期时,都是潦草地在黄色的薄纸或方格厚纸上进行计算,现在数百页的计算纸已归档保存。[17]哈勃在图上仔细绘制了很多代表造父变星光度变化的点,就像玩连点游戏那样,哈勃用一条粗线将这些点连接起来。造父变星光度变化的趋势清晰地显现出来了。

在使用仪器设备方面,哈勃并不是最在行的天文学家。有时着急看结果,哈勃就直接到暗房,[18]但他并不总是使用新的显影剂,或者花时间定影和清洗。哈勃自己处理的照片和光谱经常被刮坏,需要在公布前进行修版。但作为一名天体计算师,他非常出色。哈勃耐心地计算出一个又一个变星的数据。哈勃对新星也进行了研究,并制成表格。天文学家离开望远镜的伏案工作,才是天文学的核心工作,但从未得到应有的赞扬。哈勃在帕萨迪纳的圣巴巴拉大街有一间安静、装满书籍的办公室。它宽敞、装饰古朴,曾经被黑尔使用过。正是在这间办公室里，哈勃真正发现了宇宙。正如加州理工的天文学家杰西·格林斯坦（Jesse Greenstein）曾经说过的那样，天文观测"是一大堆混合着许多令人难以置信的无聊和不适的美丽……冗长而难以置信的艰难过程"。[19]

然而，尽管他有无数页的数据证明在银河系界限之外有其他的宇宙，但哈勃仍然没有发布消息。鉴于几十年来对自己个人生活经历进行的无情重建，显然哈勃的自我是脆弱的。但是，那些浮夸的装饰可以出现在他的生活中，却从来不会与他的科学成就产生任何瓜葛。当涉及天体推测时，哈勃高度保守，他从不像沙普利一样敢于在科学领域出风头。沙普利随便（大声地）发表他的猜想。哈勃受过的法律训练很可能已经教会了他，在牢牢掌握事实之前，要克制。或者，一想到可能不得不撤回自己的发现时，他就觉得那是无法忍受的耻辱，尽管这一发现将重塑宇宙。

在这个阶段，哈勃更容易非正式地讨论他的新发现。7月份时，哈勃给维斯托·斯里弗写了一封信，先谈了一些有关日常天文学委员会的事务，然后在信末漫不经心地提到了最近的工作："你……可能有兴趣听听在 M31 的外部区域发现变星的事情。已经有六个变星是绝对确定的，还有其他几个存疑……你要知道，我是多么渴望绘制出其他几颗的曲线。但过早地讨论'周期－光度'关系有多么令人难以启齿。"[20]哈勃还不知道，斯里弗已经听说过这些有趣的发现了。[21]通过非正式渠道，该消息迅速传播开去。[22]柯蒂斯早在3月份就知道了哈勃的发现，沙普利当然更早。普林斯顿大学的亨利·诺利斯·罗素是从英国的詹姆斯·琼斯那儿首次听到这个消息的！小道消息的秘密来源伸得够远、够复杂的。

除了哈勃，没有人会比阿德里安·范马伦更如坐针毡。如果哈勃的发现成立，那就意味着范马伦的旋转螺旋星云的看法是错误的。所以，范马伦一定要密切关注这方面发展的最新动态，并收集所有最新的流言蜚语。他写信给沙普利时问道："你对哈勃的造父变星有何看法？"[23]

与此同时，沙普利收到了哈勃的最新消息，听说了他发现的一些新变星，包括其他螺旋星云中的一些变星。哈勃在 8 月份写信给他说："我觉得用螺旋星云中的这些变星来得出结论还为时尚早，但这些毫无价值的东西都指向一个方向，开始考虑所涉及的各种可能性，不会有什么害处。"[24]

哈勃对其发现越来越有信心。面对涌现而来的越来越多的证据，沙普利终于意识到了显而易见的危险。他认输了，只好迅速、诚恳地默认。沙普利和家人一起去马萨诸塞州的伍兹霍尔度暑假，一度在玛莎葡萄园附近帮助挖海星。沙普利在嬉戏中短暂地抽出一点时间，回复哈勃 8 月份的来信。他形容新的结果"令人兴奋"。

沙普利写道："你真是太幸运了。看到这个星云问题有了突破，我不知道该遗憾，还是高兴。也许两者兼而有之。"[25]沙普利很清楚，改变主意意味着就要放弃自己的宇宙大星系模型，并质疑自己的好友范马伦对螺旋星系旋转的测量。他为此事的发生感到遗憾，但沙普利也松了一口气，因为他终于弄明白了一些关于螺旋星云的确切情况。一旦被证明是错误的，这位哈佛天文台的台长就再也没有回过头，而是很快就适应了新的宇宙观，并成为其最激进的推动者。[26]

到 1924 年底，哈勃终于开始为《美国国家科学院院刊》撰写研究结果的初稿。哈勃把脚趾浸入"众所周知"的水里，但还无法畅游。在 12 月 20 号写信给斯里弗时，哈勃仍然对范马伦螺旋星云旋转的矛盾观测感到非常沮丧。如果螺旋星云真的位于遥远的太空，距离地球至少 100 万光年的话，那么天文学家在几年之内不可能看到它们的旋转。怎么能消除这个矛盾呢？哈勃告诉斯里弗说："我正在花费大量的时间，核实范马伦观测数据的可靠性。用 M33 和 M81 中的恒星与之比较，结果非常明确。但是我无法用其他的星云来核实。"[27] 他是否真的发现了范马伦的错误根源？范马伦挑选出来的螺旋星云中恒星的表观星等，到底是因为观测条件不同，在不同底片上不一致，还是因为恒星在底片的不同位置，导致他的测量值不同？这都可能使他很难确定每颗恒星的精确中心，而导致错误地测量恒星的运动，使整个螺旋星云看起来像是在旋转。或者还有什么别的原因吗？在发表任何东西之前，哈勃想要面对和推翻范马伦工作中与他的发现不一致的所有结果。哈勃在给斯里弗信中的结尾说，不会参加天文学会十天后在华盛顿召开的会议。

哈勃发现宇宙的消息仍然像野火一样在天文学界蔓延。虽然还没有正式发布，但这则消息甚至已被《纽约时报》刊登了出来。读者在 1924 年 11 月 23 日的报纸上翻阅到第六版时，就可以看到这样的标题（名字拼写错误）："发现螺旋星云是恒星系统——哈贝尔博士透露，它们是'宇宙岛'，类似于我们自己的宇宙。"[28] 哈勃发现仙女座星云和其他星云至少有 100 万光年之遥，但报纸上的报道却说，"我们正通过上新世时代就离开这些天体、现在才到达地球的光观测它们"。

然而，哈勃继续拖延，不愿匆忙将他的发现发表到科学文献中去。虽然支持宇宙岛理论的人越来越多，但其他人坚持认为螺旋星云是次要的实体。问题仍悬而未决。在1924年12月举行的英国天文学会会议上，英国业余天文学界的杰出人物彼得·多伊格（Peter Doig）发表了一篇关于螺旋星云的论文。该论文警告人们说："知识的迅速发展，以及关于这些对象的性质和起源的推测理论的演替状态，也许可以使之成为……（关于这个话题的）一篇论文……而不是一场冒险。"[29]多伊格没有意识到他的预言会很快实现。在不到一个月的时间里，人们对螺旋星云的疑虑和保留意见就逐渐销声匿迹了。

罗素对哈勃的成就印象深刻，他提名这位年轻的威尔逊山天文学家为美国国家科学院院士，这对职业生涯中资历较浅的人来说是一种荣誉。以前是沙普利宇宙模型的坚定支持者，现在这位普林斯顿的天文学家来了个180°大转弯。就在十个月前，罗素在演讲时还一直在说螺旋星云离我们很近，这得到了范马伦证据的支持。但现在罗素告诉《科学服务》的主编，哈勃的发现无疑是"今年最显著的科学进步之一"。[30]罗素联系了哈勃，鼓励他尽快公布结果，并希望他在美国天文学会第33次会议上提交一份论文，该会议将于当年由美国天文学会与美国科学促进会联合承办。

罗素在12月12日写道，"你在螺旋星云中发现了造父变星。在此请允许我送上最衷心的祝贺！它们当然相当有说服力。一两个月前，我从琼斯那儿听说了此事，就在想你准备什么时候宣布这个发现。这个工作干得漂亮，你应该得到所有的荣誉，这无疑将是伟大的成就。你什么时候会详细公布这个发现？我希望你把它提交到华盛顿会议上，因为我们都想知道此事。另外，你应该将那1000美元的奖金收入囊中"。[31]美国天文学会委员会准备提名哈勃的论文，以使其获得美国科学促进会给会议上宣读的最佳论文 1000 美元的奖金（这在当时是一笔可观的数目）。这还只是该奖项的第二次颁发，《华盛顿邮报》报道说，对结果"充满期待"。[32]

但是哈勃对改变计划犹豫不决。他后来告诉罗素，"正如你可能猜到的那样，我不情愿匆忙公布发现的真正原因是，它与范马伦的旋转说相矛盾"。[33]范马伦是威尔逊山更资深的天文学家，哈勃希望避免公开冲突，甚至幻想着能有办法调和这两组相互矛盾的数据。他承认，"但是，尽管如此，我确信必须放弃旋转……旋转的说法似乎是有点牵强"。[34]

罗素以为他的信（以及奖金的诱惑）最终会说服哈勃抛开所有的顾虑，并就此正式公布这个发现。罗素一到华盛顿，就和天文学会的秘书、威斯康星大学的天文学家乔尔·斯特宾斯（Joel Stebbins）共进晚餐，并急切地问斯特宾斯，哈勃是否已提交论文。当斯特宾斯回答说没有时，罗素惊呆了，称哈勃"蠢驴！！有 1000 美元的奖金可拿，他都不要"。[35]

罗素迅速起草了一份电报，敦促哈勃通过邮递快件提交主要的研究结果。无论哈勃选择提交什么，罗素和沙普利都准备好接受哈勃的数据，并将之变成适当的会议论文。但斯特宾斯和罗素正准备去电报局时，罗素看到在旅馆服务台后面的地板上有一个大信封，是寄给他的。斯特宾斯注意到在回信地址中写的是哈勃的名字。哈勃已经邮寄了他的论文，真是太及时了。斯特宾斯后来告诉哈勃说："我们走回大堂的会务组说，我们拿到了快递，真是个奇迹。"[36]

1925 年 1 月 1 日银装素裹的早晨，在哈勃缺席的情况下，罗素向与会者宣读了这份论文。哈勃告诉我们，他已在仙女座发现了 12

个造父变星，在三角座发现了 22 个，其闪烁的星光表明它们距离地球约为 100 万光年，证实了其他人未能确定的结论。更重要的是，哈勃用那个 100 英寸的望远镜，分辨出两个星云的外围区域中有大量恒星。现在天文学家可以确定，这些螺旋星云不仅仅是由尘埃和气体构成的云雾。在论文结尾处，哈勃暗示未来还会有更多的结果，因为他已经在 M81、M101 和 NGC 2403 这些最典型的螺旋星云中发现了变星。

听众中的天文学家在听罗素讲话时，几乎可以感觉到自己的宇宙观正在发生改变，但有一个人例外。在华盛顿会议上也做了短暂演讲的柯蒂斯对此淡然处之。第二天，他在给一位前利克同事的信中说道："如你所知，我一直相信螺旋星云就是宇宙岛。哈勃最近的研究结果似乎证实了这一点，但我不需要这样的证实。"[37] 你能感觉到他字里行间所透露出的那份泰然自若。

在罗素宣读完哈勃的论文后不久，美国天文学会委员会就向美国科学促进会递交了申请，提名哈勃的论文（当年提交的 1700 份论文中的一篇）获得那个令人觊觎的奖项。委员会指出，"哈勃博士发现，仙女座和三角座中两个最惹人注目的星云的外围区域，在他出色的照片上，显现为'密集的恒星群'，清晰可辨。这种充满疑虑的想法已经存在一个世纪了，但以前从未被明确证实……这篇论文是一个年轻人在这一领域中的独创成果，表现出了突出和公认的能力。论文开辟了以前难以进行观测的深度空间，并有希望在不久的将来取得更大的进展。与此同时，论文将已知物质宇宙的体积扩大了 100 倍，并显然解决了长期以来一直在争论的螺旋星云的本性问题，表明螺旋星云是巨大的恒星聚集体，几乎可以与我们自己

的星系媲美".[38]

虽然这两个遥远星云的距离数据与范马伦的极其不一致，但大多数天文学家很快就相信了哈勃的数据。造父变星迅速成为测量宇宙中更遥远恒星区域距离的黄金标尺。[39]几乎所有人都认为范马伦是错的。哈佛大学天文学家威廉·卢伊滕（Willem Luyten）说："最近得出的巨大距离使得快速旋转变得不可能，而几年前测量到的快速内部运动现在被普遍认为是一种光学错觉。"[40]詹姆斯·琼斯用另一种技术证实了哈勃的距离结果，并写信给哈勃说，"范马伦的测量数据不得不放弃了"。[41]围绕螺旋星云本性的冗长而复杂的争论——长达几个世纪的争论，终于结束了。螺旋星云根本不是银河系的附属物，它们本身就是星系。宇宙变得大多了，而且变得更加迷人。

事实证明，罗素的直觉非常准。哈勃最终因扩大已知宇宙的边界而获得了美国科学促进会的奖项。他从2月7日的电报中得知了获奖的消息，但收到的金额却只有一半。这位年轻的天文学家被告知他将与另一位科学家分享这个奖项。约翰·霍普金斯大学卫生和公共卫生学院的寄生虫学家莱缪尔·克利夫兰（Lemuel Cleveland），也因其对白蚁消化道内发现的微小原生生物的研究而受到奖励。[42]他表示，微生物是白蚁消化纤维素所必需的。《洛杉矶时报》报道说："对于科学家来说，无限大和无限小只是相对而言，都相当重要。"[43]哈勃夫妇刚刚在圣马力诺买了一英亩地，[44]建造了他们迷人的新房子（一幢托斯卡纳风格的小别墅），并用这笔奖金雇人修剪橡树和清除枯木，因为这样，他们就可以从后院观赏到威尔逊山和圣加布里埃尔山的美景了。搬进这个新居之后，哈勃开始收集古老的书籍，特别是文艺复兴时期的，因为那个时期亚里士多德关于宇宙的古老陈述正在土崩瓦解。一位当地记者写道："一旦发现在这一神圣时期发表的旧纸片中包含有哥白尼、第谷·布拉赫（Tycho Brahe）、开普勒或伽利略等人的名字，哈勃追求这一纸片就像年轻女子追求兰花一样。对建立自己新改进宇宙模型的人来说，这是可以理解的爱好。"[45]

为什么哈勃能够完成这个伟大的壮举，而其他人却不能呢？事实上，人们有机会可以更早地解决有关宇宙岛的争议问题。即使没有100英寸的望远镜，造父变星也早就可以被捕捉、观测到。有点令人惊讶的是，更多的天文学家没有意识到，在遥远的太空有待开发的财富。使用世界上最大的望远镜并不是哈勃成功的关键（尽管它确实有所帮助）。威尔逊山建于1908年的60英寸望远镜本可以将这个工作做得很好。甚至利克天文台的克罗斯雷望远镜也有机会。但是很少有人对这个领域感兴趣，而有些人则是运气不佳。例如，第一个在螺旋星云中找到变星的人不是哈勃，而是韦尔斯利学院的天文学家约翰·邓肯（John Duncan）。1920年，在使用威尔逊山60英寸和100英寸望远镜寻找新星时，邓肯在三角座星云M33内发现了三颗变星。[46] 在接下来的两年里，他拍摄了更多的照片，并查看了自1899年至1922年在耶基斯、利克、洛厄尔和威尔逊山等天文台拍摄该区域的其他照片，试图追踪这些变星的光度变化周期，但没有成功。当时的数据实在太少了。在发现报告中，邓肯没有直接将变星与星云联系起来。如果邓肯继续努力的话，奖金就是他的了：邓肯所看到的最暗弱的变星后来被证明是一个造父变星，而且它本可以用来标定星云的距离。

为什么沙普利本人，这位世界著名的造父变星专家，没有在螺旋星云中找到这些特殊的恒星，并获得天文学历史上最好的发现之一呢？对沙普利来说，变星似乎是一个自然的进程。但是在1910年左右，沙普利在威尔逊山的同事乔治·里奇，在仙女座和其他螺旋星云中拍摄到了成千上万个"细微的星状凝结物"，[47]里奇认为这是正在形成过程中的星云恒星。这种解释表明，螺旋星云不过是星云形成普通恒星的早期阶段，而不是整个星系。沙普利承认，当时他和其他许多人一样深受里奇观点的影响。多年以后，沙普利在自传中也曾提到，威尔逊山天文台在研究范围上有严格的分工：沙普利被转去负责球状星团，而哈勃负责螺旋星云。[48]而且，沙普利接受了哈佛天文台的台长职位之后，更是远离了这场激烈的角逐。

但事实上，沙普利基本上已摘下了科学家的帽子，变得固执己见，拘泥于自己的银河系是整个宇宙的观念。对于矛盾的数据，沙普利忽略了应该忽略的，但不该忽略的，也被忽略了。这使他无法将工作扩展到螺旋星云，也无法先发制人，从而击败哈勃。沙普利认为没有理由在螺旋星云中寻找造父变星，因为他确信，它们不是独立的星系。沙普利非常重视自己创立的"大银河系"概念，并据此为基础建立了自己的职业生涯。沙普利不愿意让自己的观点被取代，也就不足为奇了。

最终，沙普利也只是个普通人。沙普利认为，他忽视了早期对范马伦的怀疑不是科学上的疏忽，而是个人的失误。沙普利宣称，"我忠实地跟着我的朋友范马伦走，他在星系运动上……的观点是错的……（人们）很奇怪为什么沙普利犯了这么个大错。他之所以犯错，是因为范马伦是他的朋友，他相信朋友！"[49]（奇怪的是，这里沙普利是用第三人称说的）如果在威尔逊山天文台经常讲述的一个流行故事是真实的话，那么，沙普利也是一个对自己的能力太过自信的人。大约在 1920 年，据说沙普利要求职员米尔顿·哈马逊，用闪视比较仪查看过去三年拍摄的一些仙女座星云照片。经过几个星期的比较，哈马逊发现星云中似乎有一些是变星，很可能就是哈勃几年后发现的那些造父变星。仍在培训中的哈马逊，用钢笔在玻璃板上标出了那些可疑的变星，然后拿给沙普利看。沙普利并没有认同，反而耐心地向哈马逊解释，为什么那些斑点不可能是造父变星。沙普利笃信自己的判断，便从口袋里掏出一块手帕，将标记擦掉了。[50] 他把底片擦干净的同时，也擦掉了天文台获得更多荣耀的机会。1920 年，在等待哈佛大学对台长任职的决定时，沙普利向密苏里大学的一位前教授奥利弗·D. 凯洛格（Oliver D. Kellogg）吐露，他对哈佛大学的犹豫不决感到沮丧，这令他无法准备未来几年的研究计划。为了掩饰后来所说的威尔逊山天文台有"严格的分工"，沙普利指出，"螺旋星云"在他的议事日程上，而"宇宙进化论"将是他未来的研究领域。[51] 如果沙普利没有去哈佛大学，而是留在威尔逊山，他拍摄调查的目的肯定是继续在仙女座寻找新星，或许最终还能识别造父变星。这样，沙普利就能抢占先机，赢过哈勃，而不只是加剧密苏里州两名男人之间的持续对抗。

甚至几十年后，在 20 世纪 60 年代末写回忆录时，沙普利仍然无法将与竞争对手之间的恩怨一笔勾销。"哈勃在星系上所做的工作很大程度上是在使用我的方法"，他闷闷不乐地回忆道，"哈勃从来不承认我的优先地位，但也有像他这样的人"。[52] 但后来他勉强承认，哈勃"使自己非常出名，而且确实如此。他是个出色的观测者，比我强"。哈勃很有耐心。

正是这种耐心使哈勃有条不紊地进行了早期天文学家们未能完成的测量。其他人虽然接近了星云之谜，但只找到了诱人、不完整的线索。哈勃完成的是找到最后一块拼图的艰巨任务。这意味着要在望远镜分辨能力的极限范围内寻找恒星和新星，并利用它们来测量距离。柯蒂斯已经不再使用大望远镜，沙普利拒绝考虑螺旋星云可能是巨大的星系。只有哈勃以顽强的意志力不停地追问这个问题，即便开始时他寻找的是新星，而不是造父变星。运气的作用的确很小，正如路易斯·巴斯德（Louis Pasteur）曾经说过的："在观测的领域里，机会只留给有准备的人。"[53]

消息一经传出，记者们就频繁地去采访这位高大、肩膀宽阔的哈勃少校，采访得再多也总觉得还不够。哈勃成为炙手可热的新闻人物。他告诉当地的一名记者，"宇宙并不只有一个。无数个完整的世界遍布天空，每一个都是浩瀚的宇宙。就像沙滩上众多的沙粒一样，每一个都拥有数十亿颗恒星或太阳系。科学家已经对近千万个银河系统或个体恒星宇宙进行了普查"。[54]

报纸争先恐后地打出最醒目的大字标题[55]来形容新的宇宙秩序："天空中有一千万个世界"，"巨型望远镜在天空中发现新奇观"，"威尔逊山天文台的观测家正在研究新近发现的宇宙中的恒星"，"恒星系的距离如此巨大，用英里表示的话，需要十八位数字"，"底片捕捉到的是100万年前就离开恒星的光"。伦敦一家杂志将哈勃的成就列为"天文学史上最伟大的成就。哥伦布发现了已知世界的一半，但哈勃博士发现的是一大堆新的宇宙"。一位滑稽的抄写员说，哈勃发现的"星系比圣诞老人的胡子还多"。[56]

哈勃已经获得了足够大的名气，甚至被人拿来调侃。一幅《国家》

（*Nation*）漫画的说明文字说："埃德温·哈勃教授宣称，找到了另一个宇宙。有些人似乎从不知足。"[57]

哈勃的演讲吸引了众多的听众，人数之多破历史纪录。有一次，哈勃在洛杉矶做讲座时，大厅爆满不说，数百人挤在门口和窗户边听，另外还有 500 人被拒之门外。《洛杉矶检察官》（*Los Angeles Examiner*）说："天文学作为大众感兴趣的话题，演讲当晚的安保等级与足球赛和拳击赛的相当。"[58]一天晚上，一位记者与哈勃站在威尔逊山天文台实验室的阳台上，凝视着山下城镇的灯光。当哈勃被问及他是如何进行工作时，他回答说："就像看着那些灯光一样。仅仅凭着对灯光的观察，说出那里居住的是什么样的人。"[59]

从那时起，银河系以外的星云成了哈勃职业生涯中唯一的主题。尽管哈勃在 1937 年 8 月拍摄螺旋星云时，偶然发现了"哈勃彗星"，[60]但他几乎不研究其他的东西。有一天，当一个朋友让哈勃说出木星几个卫星的名字时，他只说出了三四个，其他的就记不起来了。哈勃抱歉地说，"我正往返于螺旋星云，忘记了郊区的车站"。[61]

天文学家们一直在踩着踏脚石向外探索时空，第一站是球状星团，然后是向着螺旋星云的巨大跨越。对宇宙的传统理解正在迅速变化。就在哈勃证实了存在其他星系几年后，琼斯写道："天文学是一门科学。在这门科学中，确切的事实甚至比虚构的故事更离奇；在这门科学中，想象总是在现实的背后累得喘不过气来。如果有人努力去做了，那他就很难平淡无奇。"[62]

英国诗人伊迪丝·西特韦尔（Edith Sitwell）在拜访哈勃家时，被领进了书房。在那里，哈勃给她放了幻灯片，展示了数百万光年以外肉眼无法看到的众多星系。"多可怕啊！"西特韦尔喊道。哈勃回应说，"只是刚开始你不习惯而已。看到后面你就不会有这么大的反应了，因为你知道没有什么好担心的——什么都不用担心！"[63]

或许，如何取名更让人伤脑筋。起初，人们对如何区别新发现的星系有很多困惑。似乎每一个星系都有一个爱称，包括银河系外星云、非星系星云、恒星云、宇宙星云和宇宙岛。哈勃更喜欢称之为"河外星云"，他在演讲和出版物中经常使用它，而不是"星系"这个术语，后者是哈佛大学的沙普利经常使用的名称。沙普利说，"提及这些物体，我想尽可能地避开宇宙和星云这两个词，因此，我采用……星系这个词，这样，星系际空间这个词（inter-galactic space）就顺理成章了"。[64]

但是，哈勃认为没有废除仅为银河系保留"星系"这个词这一"古老先例"的迫切需要。[65]"galaxy"（星系）这个词起源于希腊语"galakt"，意思是"牛奶"。作为一个语言的纯粹主义者，哈勃选择《牛津英语词典》作为最终的裁决者。当时，词典上说"星系"这个词"主要适用于一堆美好的东西……一群漂亮的女人或知名人士"。哈勃总结道，"星云这个词体现了传统的价值，而星系这个词具有浪漫的魅力"。[66]历史学家罗伯特·史密斯（Robert Smith）说，根据美国天文学家使用的词汇，就能很快准确指出他们是来自东海岸，还是西海岸。[67]激烈的哈勃-沙普利之争已经扩展到了令人惊讶的新领域。直到1953年哈勃去世，"星系"才成为被普遍接受的名词。

哈勃的发现正式公布后，范马伦显然非常惊慌失措。范马伦很快就写信给沙普利，询问是否有一个列表，列出了所有观测过的新星。范马伦说："我想把它们和螺旋星云中的新星进行比较。在哈勃发现了造父变星后，我又开始研究星云的运动，以及如何看待这些测量方法。"[68] 他显然很困惑，"在我对 M33 的测量中找不到任何瑕疵。我有最好的数据，它们似乎看起来非常谐调"。范马伦明白，两组观测结果——他的和哈勃的，得出了"根本不同的结论"。范马伦计划用更多的底片进行重新评估。

但沙普利现在已经完全改变了立场，并最终降低了对好友的热忱。他答复说："我完全不知道该怎么相信这些测量的角运动，倘若哈勃的周期—光度曲线和我们听到的一样明确，那么似乎就没有办法怀疑造父变星了。"[69] 几年后，当范马伦再次试图向沙普利为他的螺旋星云的工作辩护时，这位哈佛天文台的台长回复说，"不知道该如何看待你那令人困惑的螺旋星云……我们几乎没有可能把宇宙从这个混乱中拯救出来"。[70] 从那时起，他就回避与范马伦探讨该话题。

哈勃自认为是个绅士，也没有公开与范马伦争论，天文学界几乎无人对此特别关注。但是背地里，则完全是另外一回事。哈勃个人认为，范马伦自相矛盾的发现在他伟大的成就上留下了永久的污点，玷污了他不俗的声誉。在回忆录中，格蕾丝·哈勃高兴地宣称，范马伦的事情丝毫没有影响到她的丈夫。[71] 但她私下却告诉其他人，"范马伦的矛盾发现使她的丈夫在 20 世纪 20 年代末到 30 年代感到非常不安，他有时从办公室回家后就躺在床上，直到痛苦烟消云散"。哈勃对范马伦的发现持批判态度已经有一段时间了，甚至在宣布银河系不是宇宙中唯一的星系之前，就开始着手一系列的私人手稿。哈勃唯一的目标就是找出范马伦出错的地方。

几年来，哈勃一直对自己的怀疑隐而不说，将秘密手稿藏在办公室抽屉里。看起来，哈勃—范马伦的冲突将会逐渐消失，如果将来人们还能记得的话，这一冲突也只是宇宙岛辩论史上的一个小插曲。情况就是如此，只不过范马伦很倔强，不愿意承认失败而已。范马伦开始重新计算一些螺旋星云，并在威尔逊山 1931 年的年度报告中宣布，他已经在 M101 中发现了"与最初测量的星云方向相同的内部运动"。[72] 这次出人意料的攻击使战火重新燃起。哈勃针对最新的攻击回应道，"他们要我给他时间。那么，我给了，我给了他十年"。[73] 现在，面对范马伦扇的一巴掌，这位前拳击手戴上手套，冲进了威尔逊山最传奇的风暴之一，迎接挑战。在望远镜的使用方面已经散发出浓浓的火药味了。范马伦确信哈勃领导了一个阴谋小集团，拒绝他享有 100 英寸望远镜的合理使用时间。就在此时，范马伦在闪视比较仪前面贴上了指示牌，警告别人不要在未经他允许的情况下使用该机器。[74]

冲突甚至延伸到了威尔逊山顶上的餐厅。[75] 职员午餐的座位安排遵循一项严格的规定：预定使用 100 英寸望远镜的观测者总是坐在桌子的首席，使用 60 英寸望远镜的观测者坐在右手边，使用太阳塔[*]的观测者坐在左手边。座位是按望远镜声望大小的顺序排列的。但是有一天，哈勃来到山上，预定使用的是 60 英寸望远镜，但他狡猾地更换了套餐巾用的小环。每个餐巾环上都标有职员的名字。用餐铃响了之后，当时正在 100 英寸望远镜上工作的范马伦进入了餐厅，发现自己的餐巾环被放在了座位较次的位置上，而哈勃的餐巾环被摆在了桌子的最佳位置。这在山上是对人最大的侮辱。

研究哈勃的学者诺里斯·赫瑟林顿（Norriss Hetherington）认为，利用以前的法律训练，"哈勃巧妙地运用审判策略，以获得科学

---

* 又称作塔式太阳望远镜。

法庭的有利判决”。[76] 1931 年 9 月，哈勃首次让观测伙伴米尔顿·哈马逊拍摄了两个晚上的三角座螺旋星云。然后哈勃把最新的照片与1910 年拍摄的同一星系的照片进行比较。随后他研究了其他一些著名的螺旋星云的新照片，这些星云都是范马伦一直在研究的，如漩涡星系和风车星系。哈勃花了几个小时比较新旧底片，挑选出对比恒星，就像范马伦多年来一直在寻找旋转的迹象时所做的那样。最后，他总结说，无法找到“运动的证据”。[77] 在一次战略性的“政变”中，哈勃征募了塞思·尼科尔森，一起检查底片。尼科尔森曾在以前的测量中协助过范马伦。这一次，尼科尔森没有看到任何变化，至少在可能的误差范围内。聪明的检察官让一名关键证人推翻了他之前在法庭上的证词。看来范马伦在螺旋星云旋转方面犯了个人的错误，他只是找到了他期望找到的东西。

哈勃将自己的发现写成论文，但他的上司们对他的初稿并不满意。打破不带偏见的科学话语的所有规则，哈勃对范马伦的怨恨在纸上显露无遗。威尔逊山天文台台长沃尔特·亚当斯向华盛顿卡耐基研究所主席约翰·梅里亚姆（John Merriam）透露：“该论文的语言在许多地方很不节制，仇恨的态度诉诸笔端。哈勃反对措辞上的任何重大改变，协商似乎陷入了僵局。”[78] 就像两个交战国之间的谈判一样，解决方案涉及微妙的外交手腕，[79] 尽管在这件事情上，主要当事人是在同一地点工作。弗雷德里克·西尔斯是负责威尔逊山论文的编辑，他不希望这场战争公开。如果他只发表了哈勃对范马伦工作的批评，那就好像他是站在哈勃一边。西尔斯以庄重、彬彬有礼闻名，他想办好此事，又不失体统。否则，天文台的士气可能会骤然跌落。

西尔斯建议，最好准备一份联合声明，以参与审查此案的所有人员的名义发表——哈勃、范马伦、尼科尔森以及瓦尔特·巴德。巴德是新职员，也提供了协助。除了哈勃表示强烈反对外，其他各方都同意这种合作的方案。在休战即将开始时，哈勃宣称"不妥协，不妥协"，[80]坚持不放弃对证据的看法。哈勃确定他是对的，范马伦错了。亚当斯对这个回应感到震惊。亚当斯向梅里亚姆报告说："我认为，哈勃在这个问题上的态度是不明智的……哈勃以科学人的身份发表的过激、褊狭的意见严重伤害了他自己，这已经不是第一次了。"[81]西尔斯对哈勃固执的态度非常恼火，差一点就对哈勃说："你想发表什么都成，到别处去发吧。"[82]

那一刻，哈勃完全失去了辨别力和判断力。虽然所有的事实都肯定对他有利，但哈勃在这一事件中的顽固态度深深地伤害了他在天文台的关系。"范马伦在这件事上的态度比哈勃要好得多"，亚当斯总结道，"虽然哈勃所坐拥的证据分量要重得多，但他明显表现出心胸狭隘、近乎报复的心理"。[83]哈勃已经成为天文学界的大人物，越来越不能容忍同事。当杂务不适合他的日程安排时，哈勃已经开始毫无顾虑地忽视对国际委员会的职责，也不太愿意参加天文台的合作项目。哈勃更多地是出于个人抱负，而不是为天文台这个集体工作。亚当斯哀叹说，"在处理哈勃的几乎所有重大事件中都发现了这个奇怪的'盲点'"。[84]

随着在世界上的知名度不断提高，哈勃的自我也越来越过于膨胀。哈勃不仅从来不和天文台的同事交朋友，而且用粗暴的行为加大了他们之间的分歧：违背诺言、忽视重要的信件、（带薪）旅行的次数比规定的多、不出席他所要参加的会议。亚当斯的话反映了威尔逊山对这种粗野行为的日益愤怒，但这对这位天文台最著名的工作人员很难有约束力。毕竟，哈勃是现代宇宙的发现者。哈勃的家人也深受他以自我为中心的行为的影响。当他的母亲于 1934 年去世时，哈勃正在英国旅行，接到噩耗的电报后，他丝毫没有试图返回的打算。那时，哈勃几乎和家人断了联系，也没有为他们提供多少经济上的帮助。格蕾丝就从来没有见过她的姻亲。哈勃最小的妹妹贝特西多年后无奈地接受他："伟人可能都走不寻常的路。"[85]"肯定会有一些常人无法理解的行为。我们从来都不介意……至于我们，埃德温是眼不见，心不烦。当他和你在一起的时候，你是世界上唯一的人，但是如果你离开了，埃德温就会把你忘记。他的心都在星星上。"[86]

最后，哈勃和范马伦勉强达成了一个君子协定。经过与亚当斯的多次讨论（以及大量的说服工作），哈勃终于同意自己发表一份简短的声明，并附上范马伦的一篇论文。在这篇论文中，范马伦承认他的研究中存在可能的错误。[87]哈勃在 1935 年 5 月出版的《天体物理学杂志》上发表的简要说明，[88]只有四段加上一张表格，总结了他对 M81、M51、M33 和 M101 的测量。所有的结果都得出了同样的结论：没有"预期的旋转"。按照精心安排，杂志社接着马上发表了范马伦的论文。[89]在重新评估包括用 100 英寸望远镜拍摄的新底片后，范马伦承认他测到的运动现在变小了。他说："我的结果，加上哈勃、巴德和尼科尔森的测量结果……使我们有必要谨慎地看待这些运动。"范马伦承诺"未来将进行最彻底的调查"，但随着时间的推移，他再也没有跟进过。

哈勃无法完胜的令人烦恼的矛盾最终得到了解决。螺旋星云是真正独立的星系，这一发现无可争辩。在杂志上，这两个对手似乎是握手言和，各走各的路了。但是，从那时起，当两人在天文台门厅擦肩而过时，他们谁都不理谁。[90]

注释：

[1] HUB，盒 7，《哈勃：传记回忆录》。

[2] 哈勃对仙女座观测的所有细节都来自 HUB，100 英寸望远镜观测日志。

[3] HUB，盒 1，哈勃补遗。

[4] HUA，详见哈勃 1924 年 2 月 19 日写给沙普利的信件。

[5] 见 Shapley（1914）.

[6] 见 Payne–Gaposchkin（1984），p. 209.

[7] HUA，详见沙普利 1924 年 2 月 27 日写给哈勃的信件。

[8] HUB，盒 7，格蕾丝的回忆录。

[9] 见 Osterbrock，Brashear，and Gwinn（1990），p. 14.

[10] HUB，盒 7，《哈勃：传记回忆录》。

[11] 在接下来的几年里，哈勃甚至与家人更加疏离，仿佛希望他在中西部的家家道中落似的。他的弟弟比尔是一名奶农，负责照顾母亲，好让埃德温无牵无挂地追求自己的梦想。见 Christianson（1995），pp. 98–99，166.

[12] 见 Dunaway（1989），p. 69.

[13] 同上。

[14] 格蕾丝小学时的朋友苏珊·厄茨（Susan Ertz）对他们做出的评价。HUB，详见盒 1，文件夹 3.

[15] HUB，盒 7，《哈勃：传记回忆录》。

[16] 见 Hubble（1925a）.

［17］加州圣马力诺市亨廷顿图书馆。

［18］AIP，详见伯特·夏皮罗 1977 年 6 月 3 日对尼古拉斯·梅耶尔的采访。

［19］AIP，详见保罗·赖特 1974 年 7 月 31 日对杰西·格林斯坦的采访。

［20］LWA，详见哈勃 1924 年 7 月 14 日写给斯里弗的信件。

［21］LWA，详见斯里弗 1924 年 8 月 8 日写给哈勃的信件。

［22］HUB，详见盒 1，迈克尔·霍斯金写的《埃德温·哈勃与外部星系的存在》。

［23］HUA，详见范马伦 1924 年 3 月 14 日写给沙普利的信件。

［24］HUA，详见哈勃 1924 年 8 月 25 日写给沙普利的信件。

［25］HUA，详见沙普利 1924 年 9 月 5 日写给哈勃的信件。

［26］沙普利很快发表了一篇通俗的文章，题为《超越银河系的界限》。HP，详见沙普利 1925 年 4 月 2 日写给黑尔的信件。

［27］LWA，详见哈勃 1924 年 12 月 20 日写给斯里弗的信件。

［28］*New York Times*，November 23，1924，p. 6.

［29］见 Doig（1924），p. 99.

［30］见 Berendzen，Hart，and Seeley（1984），p. 134.

［31］HUB，详见罗素 1924 年 12 月 12 日写给哈勃的信件。

［32］详见 "Welfare of World Depends on Science, Coolidge Declares" (1925), p. 9.

［33］详见哈勃 1925 年 2 月 19 日写给罗素的信件，Berendzen and Hoskin（1971），p. 11.

［34］同上。

［35］HUB，详见斯特宾斯 1925 年 2 月 16 日写给哈勃的信件。

［36］同上。

［37］LOA，详见 1925 年 1 月 2 日柯蒂斯写给艾特肯的信件。

［38］HUB，盒 9.

［39］见 Russell（1925），p. 103.

［40］见 Luyten（1926），p. 388.

［41］见 Berendzen，Hart，and Seeley（1984），p. 123.

［42］见 "Honor for Dr. Edwin P. Hubble"（1925），pp. 100–101.

［43］见 "Infinite and Infinitesimal"（1925），p. B4.

［44］HUB，盒 7，格蕾丝的回忆录。20 世纪 70 年代末，哈勃家被列入了"国家历史遗迹登记册"。详见 *Pasadena Star-News*，April 5，1977.

［45］见 Blades（1930），p.J10.

［46］见 Duncan（1922）.

［47］见 Ritchey（1910a），p. 32.

［48］Shapley（1969），p. 58.

［49］同上，p. 80.

［50］这个故事首次发表于 Smith（1982），p. 144. 史密斯指出，他没有找到任何文件证据，但他认为，"有迹象表明这可能是真的"。艾伦·桑德奇在威尔逊山历史中详述了这个故事。见 Sandage（2004），pp. 495–498.

［51］HUA，详见沙普利分别在 1920 年 6 月 10 日和 1920 年 12 月 1 日写给凯洛格的信件。

［52］见 Shapley（1969），pp. 57–58.

［53］见路易·巴斯德 1854 年 12 月 7 日在里尔大学作的就职演讲。

［54］HUB，盒 28，剪贴簿。

［55］同上。

［56］见 Blades（1930），p. J10.

［57］见 "The Universe，Inc."（1926），133.

［58］见 "Crowd Jams Library for Hubble Talk"（1927）.

［59］见 Blakeslee（1930）.

［60］HUB，100 英寸望远镜观测日志。

［61］HUB，盒 8，自传回忆录。

［62］见 Jeans（1929），p. 8.

［63］HUB，盒 10，文件夹 HUB195。

［64］HUA，详见沙普利1929年5月29日写给哈勃的信件。

［65］HUA，详见哈勃1929年5月15日写给沙普利的信件。

［66］见Hubble（1936），p. 18.

［67］见Smith（1982），p. 151.

［68］HUA，详见范马伦1925年2月18日写给沙普利的信件。

［69］HUA，详见沙普利1925年3月8日写给范马伦的信件。

［70］HUA，详见沙普利1931年4月6日写给范马伦的信件。

［71］见Sandage（2004），p. 528.

［72］见Hale，Adams，and Seares（1931），p. 200.

［73］HUB，盒16，格蕾丝·哈勃1968年3月7日向迈克尔·霍斯金作的回
忆陈述。

［74］见Christianson（1995），p. 231.

［75］AIP，详见大卫·德沃金1978年7月11日对奥林·威尔逊（Olin Wilson）
的采访。

［76］见Hetherington（1990a），p. 23.

［77］HUB，盒3，文件夹52。

［78］HL，见亚当斯档案，梅里亚姆1935年8月15日写给亚当斯的信件。

［79］见Hetherington（1990a），p. 10; Sandage（2004），p. 215.

［80］AIP，详见1976年6月3日对尼古拉斯·梅耶尔的采访。

［81］HL，详见亚当斯档案，亚当斯1935年8月15日写给梅里亚姆的信件。

［82］HP，详见西尔斯1935年1月24日写给黑尔的信件。历史学家罗伯特·史
密斯是第一个追踪此事来龙去脉，并把这场冲突曝光的人。见Smith
（1982），pp. 135-136.

［83］HL，详见亚当斯1935年8月15日写给梅里亚姆的信件。

［84］HL，详见亚当斯1936年2月19日写给梅里亚姆的信件。

［85］见Christianson（1995），p. 225.

［86］同上，p. 61.

［87］范马伦的初稿基本上只是重申了他的结果。有相当多的证据表明，亚当斯随后进行了干预，并面授机宜，范马伦同意了。见 Brashear and Hetherington（1991），pp. 419–420.

［88］见 Hubble（1935）.

［89］见 Van Maanen（1935）.

［90］AIP，详见 1976 年 6 月 3 日和 1977 年 2 月 13 日对尼古拉斯·梅耶尔的采访。

第 14 章

让 100 英寸望远镜发挥其应有的作用

虽然哈勃似乎已经在天文学界大获成功，最终揭开了螺旋星云的神秘面纱，但一个棘手的问题依然使人难以安宁：如何解释星系以惊人的速度在移动。这是 20 世纪 10 年代由维斯托·斯里弗首先观测到的现象。为什么螺旋星系正从我们身边飞驰而去？爱丁顿这样惊叹道："它们像躲避瘟神那样躲避我们！"[1]这是一个亟待解开的谜团，其重要性将比哈勃解决宇宙岛的争议更重要。

1928 年，哈勃开始全身心投入到对宇宙退行问题的研究。那年夏天，国际天文学联合会在风景如画的莱顿市召开了三年一度的大会。莱顿市坐落于荷兰南部的老莱茵河畔。宜人的气候吸引了三百多名代表出席此次大会。他们乘船沿本城著名的运河游览观光，领略了三世纪前伦勃朗笔下所描绘的瑰丽风景。[2]此时恰逢"咆哮的二十年代"的鼎盛时期，欧洲到处都是游玩的观光客。出席此次会议的洛厄尔天文台的著名天文学家卡尔·拉普兰（Carl Lampland）指出，"在这个夏季，大多数美国人似乎都一窝蜂地跑过来。他们总是全力以赴地搜罗各种文化新玩意儿——购买拐杖、鞋罩以及明信片"。[3]

哈勃被任命为国际天文学联合会星云委员会的执行主席，[4]在7月份的会议前后，他抓住和威廉·德西特坐下来交谈的机会，讨论相对论及其在宇宙学中的应用。毫无疑问，哈勃对爱因斯坦和德西特宇宙结构的解十分熟悉（尽管哈勃在这方面很难被称作专家）。在1926年发表的一篇题为《银河系外的星云》[5]的论文结尾处，哈勃撰写了小标题为"广义相对论的有限宇宙"的简短的一节，并在其中提到了这两位大师。此外，次年在哈勃的指导下，米尔顿·哈马逊重新测量了两个近地星系的红移。在简短的、很有可能由哈勃代笔的报告中，哈马逊特别指出，根据红移计算出的星系速度值异常低，"与已观测到的显著趋势相符"，[6]即离地球最近的星系运行速度相对较小。

因而，尽管哈勃早已知晓星系具有向外退行的总趋势，但似乎在莱顿，他才终于因星系红移而在宇宙学家中引起轰动，并得到了世界上屈指可数的广义相对论专家之一的进一步指点。此时，急于验证自己宇宙模型的德西特鼓励哈勃，拓展由洛厄尔天文台的斯里弗发起的螺旋星云的红移测量。[7]受限于微不足道的24英寸折射式望远镜设备，斯里弗的探索已经走到了尽头。他已经测量了最明亮的那些螺旋星云的红移，收集了四十多个星云的数据，但要想解读那些更暗淡渺小的星系，就显得束手无策。斯里弗已经耗尽了那架望远镜的能力，难以进一步收集足够的光子。沙普利后来指出，"在弗拉格斯塔夫镇，对这些星系的冲击就是因为缺少一些激动人心的东西而终止"。[8]大多数人认为，要想可靠地确定红移是否与星系的距离有可预测的关系，就需要一台更大的望远镜，就像位于威尔逊山的那架100英寸望远镜。仪器是关键问题。德西特知道这一点，哈勃显然对此也心知肚明。

回到加州后，哈勃立即将星系的红移列为自己的首要观测任务。在征服了螺旋星云的奥秘之后，哈勃现在开始下一个重大挑战，即看看飞向遥远太空的星系，是否真的有明显的红移趋势。正是在这个时候，哈勃与勤奋的哈马逊建立了伙伴关系，各自承担明确的任务以达成整体的目标。当哈勃寻找造父变星以确定到样本星系的距离时，哈马逊就专注于获取红移数据以计算出星系的速度（如果红移现象确实能那么解释的话）。哈勃打算将这两种信息放在一起对照，并确定是否有一条定律、一个明确的公式，可以将星系的距离与红移数据联系起来。

刚得知新的观测分工时哈马逊并不是太高兴。哈勃从莱顿回来时兴奋异常，并迅速向哈马逊提议，获取尚不为人所知的星系红移。但是那架 100 英寸摄谱仪上的棱镜已经开始泛黄，并且当时的感光板太不敏感，不适合这样的工作。哈马逊明白，要想拍到适当的光谱恐怕得花几个晚上。他后来回忆道："我并不热衷于这些漫长的曝光工作，但（哈勃）一直盯着我，并且鼓励我。"哈勃观测那些越来越暗淡的星系，即那些太过遥远、斯里弗无法用小望远镜观测到的星系，其中的一些处于南方星空的低处。哈马逊说，"要得到这些星系的光谱，你就得爬上 100 英寸望远镜的观测台，在漫长、寒冷的冬夜里坐在铁架子上，非常难受"。在冰冷的夜晚，他得连续好几个小时让目标星保持在十字叉丝的中心，以保证图像的清晰可靠。哈马逊说："眼睛的疲劳、工作的枯燥以及长时间保持注意力集中，是对耐力的考验。"[9] 但哈马逊进入天文学界的不寻常经历，为他从事这项艰苦的事业打下了良好的基础。他习惯于艰苦的工作。

1891 年，哈马逊出生于明尼苏达州。很小的时候，他就与家人一同搬到了西海岸。某个夏天，十几岁的哈马逊在威尔逊山上度过了一个野营假期。[10] 自那时起，他便爱上了这座山，并很快从文法学校退学，在新开的威尔逊山酒店[11] 做侍者和勤杂工。威尔逊山是深受当地居民喜爱的一处旅游胜地。哈马逊洗盘子，照料马匹，盖木瓦小屋。在 60 英寸望远镜的建造过程中，他赶着骡车，沿着崎岖不平的小路，一件一件将望远镜的材料运送到山顶。当人们在该地区发现了一头猎食珍贵山羊的美洲狮时，哈马逊一路追踪，将一枚 0.22 口径步枪的子弹射入了它的两眼之间。[12] 与天文台首席工程师的女儿结婚数年后，哈马逊的岳父给他安排了一份天文台看门人的工作。渐渐地，哈马逊获许以夜间助理的身份给天文学家们打下手。尽管他只上过八年学，没有接受过正规的天文学训练，但随着时间的推移，在独立进行观测上还是赢得了天文学家们的尊重和信任。塞思·尼科尔森将这个年轻人收在自己麾下，教他一些数学知识。沙普利也指导过他。圆圆的脸，圆圆的眼镜，安静而谦逊的哈马逊开始看起来有点儿像学者了。1920 年，哈马逊晋升为摄影部的工作人员，两年后又升为助理天文学家。他以耐心和对细节的认真关注而闻名，特别擅长拍摄最微弱天体的长时间摄影或光谱曝光。哈马逊是个讨人喜欢的家伙，也是个不可救药的赌徒，他和其他夜间助理、商店店员一起玩扑克，从而缓解了这份苦差事中令人压抑的紧张情绪。如果时间允许的话，哈马逊会赶去附近的圣安妮塔赛马场，观看下午晚些时候的赛马，带上任何想同去的天文学家。

久而久之，安排使用望远镜观测档期的工作也落在了哈马逊身上。[13] 出于同哈勃一样对共和党强烈的忠诚，在大选日，哈马逊想方设法让尽可能多的山上的民主党观测员不去投票。坚定的民主党人、太阳天文学家尼科尔森，通过确保共和党人同时被安排在太阳望远镜上观测，使去投票的双方人数均等。哈勃从未受到过出身卑微的哈马逊的威胁，哈勃与这位忠诚的小伙伴相处融洽。

到 1929 年时，哈勃已经确定了 24 个星系的距离（包括大麦哲伦云和小麦哲伦云），测定的最远星系距离地球约 600 万光年。通过建立一种测量阶梯，由一个台阶导向另一个，哈勃完成了这项壮举。[14]首先，哈勃使用最可靠的测量标尺——造父变星，直接获得了 6 个相对较近星系的距离，[15]然后测定那些星系中最亮星体的星等。因为推测其他遥远的星系中有同样明亮的恒星，哈勃接着把它们当作标准烛光，在更加遥远的星系（总计 14 个）中挑出这些明亮的恒星，根据其表观光度估计每个星系的距离。然后，整体考虑所有这 20 个星系（前面有 6 个，后面有 14 个）之后，哈勃估算出一个星系的平均亮度，并借助这个值来判断 4 个更遥远星系的距离。哈勃就这样，一个接一个台阶地拓展他的成果。这与沙普利测量球状星团距离的方法有异曲同工之妙，但哈勃向着宇宙深处迈出了更加大胆的一步。

然后，哈勃将每个星系的距离与其速度配对，观察这两者之间是否有关联，即星系飞向太空深处呈现出的规律。虽然哈马逊当时已测定了一些星系的红移，但当哈勃准备撰写第一篇成果论文《银河系外星云径向速度同距离之间的关系》时，主要使用的还是斯里弗原先的测量数据。

1929 年，在准备将这一里程碑式的发现公布于世时，哈勃显得比以往更加谨慎。这主要源自这一问题先前一波三折的历史。波兰裔美国数学物理学家路德维克·希尔伯斯坦（Ludwik Silberstein），早先尝试用笨方法寻找星系距离与其红移之间的关系，但遭到了学界的嘲笑，尤其是著名的天文学家克努特·伦德马克和古斯塔·斯特罗姆伯格（Gustaf Strömberg）。他们都是与哈勃一起在威尔逊山工作的同事。希尔伯斯坦曾把球状星团和螺旋星云混为一谈，令结果变得毫无意义。他因不当的分析以及故意遗漏不符合自己预期的数据而遭到嘲笑，败坏了人们对这一问题的看法。为了确保这种事情不会发生在自己的身上，机敏的哈勃先征询了这两位最吹毛求疵批评家的意见，并在论文中特意强调他们所做出的贡献。他捧上奉承之词："斯特罗姆伯格先生十分热心地帮我检查了这些理论的大体思路……而此类解决方案是经伦德马克先生验证过的。"[16]哈勃知道，他面对的是一个争议颇多的问题，因而采取了一切预防措施，把所有潜在的敌人都争取到自己这边。哈勃实际上不喜欢伦德马克，[17]先前曾指责伦德马克抄袭自己的星系分类系统；而他给斯特罗姆伯格看的内容非常简单，根本不需要验证。事实上，哈勃还扣住数据不公布，以确保每个论点都是板上钉钉，[18]同时采集那些更暗淡星系的数据，这样他和哈马逊就能够快速发布后续发现，防止其他人涉足此领域。哈勃既谨慎，又狡猾。他不仅仅是在推出，更是在拼命地推销一种新观点。哈勃明白他必须做到滴水不漏，以说服多疑的同事们。历史学家诺里斯·赫瑟林顿指出，"这不仅仅是新发现、新理论，更是科学的进步。人们终将被说服"。[19]

借用赫瑟林顿的话来讲，哈勃在呈现关于这个问题的第一批数据时，就好像站在法官和陪审团面前一样。鉴于其所受的法律训练，这并不令人奇怪。哈勃甚至还有目击证人。由于哈勃在论文中提及了斯特罗姆伯格和伦德马克的帮助，他们作为客观的旁观者被推到了前台，以证明他的能力。哈勃发现的是星系向外退行遵循的明确规则，这条规则既简单，又优雅：视线向宇宙深处延伸时，天文学家发现星系的运行速度随着距离的增加而呈线性增长（如科学家所说的那样）。星系的距离增加两倍，速度也增加两倍。距我们1000万光年远的星系，其运行速度是500万光年远的星系速度的两倍。哈勃还计算出了增长的比率，这个数字后来被修正了（随着这些年来观测水平的不断提高）。但哈勃最初发现，对应于每100万个秒差距（约为300万光年），星系的速度以每秒500公里的速度增长。他把这个系数称为K，这与早期其他人分析中使用的术语一致。然而，到了20世纪30年代末，天文学家们经常称之为H，"哈勃的常数"（Hubble's constant），后来又简写为"哈勃常数"（the Hubble constant）。

与其说哈勃"发现"了这个关系，不如说哈勃表明了自己对此持有的怀疑态度，最终用数据说服了他的同行们。在此之前，其他研究者绘制的曲线图上数据离散，看不出规律。但在哈勃的曲线图上，尽管也有一些离散的数据，但星系排列得更紧密。一条明确的直线穿过数据点。这张被收录进教科书中的、令人尊敬的曲线图，令所有人信服。

实际上，哈勃使用了两种不同的计算方法。在第一种方法中，哈勃计算了所有24个样本星系的退行速度。在第二种方法中，他根据星系在太空中的距离和方位，将星系分成9个组，再计算退行速度。这两种方法得出的结果相近。哈勃不无惊讶地做出结论："可用的星系如此之少，分布状况又如此之差，但结果却是相当明确的。"[20]

哈勃耍了一个花招。他没有在这张具有历史性意义的曲线图中使用手头最强有力的证据。哈勃把它留给了哈马逊，让他在另一篇论文中将其呈现，而这篇论文又恰好被排版在《美国国家科学院院刊》中哈勃自己论文的前面。哈马逊的数据将吸引人们的注意，并佐证哈勃的论文——那篇事实上仅以哈勃自己的名字发表的论文。

用斯里弗研究的几个星系小试身手后，在哈勃指导下，哈马逊把目标转向一个更加微弱的、先前难以测量的星系。那就是飞马座中的NGC7619星系。哈马逊回忆说："我答应先试拍一板。"[21] 他想看看能否走得比斯里弗更远一点。这一次曝光持续了几个晚上，来自昏暗星系的稀疏光子撞击摄影板足足33个小时。这是孤独的事业。哈马逊在100英寸望远镜的圆顶屋内工作时，陪伴他的通常只有一个昏暗的红色灯泡。一连几个小时，哈马逊都得始终保证那两根交叉线不偏不倚地对准那个星系，望远镜里那模糊的光点几乎看不清。抛开这一切不谈，正如一位观测者所说，"这座山本身正以十倍于特快列车的速度，随着地球的自转向东飞驰"。[22] 为了保证万无一失，哈马逊又回去重新测量了一遍，这次用了45个小时。

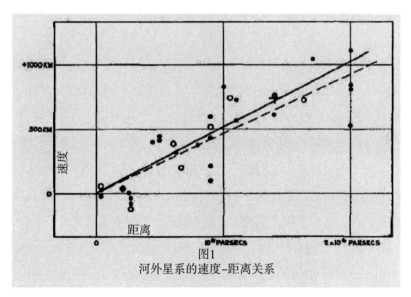

图1
河外星系的速度–距离关系

埃德温·哈勃著名的1929年绘制的速度–距离图，列举了一系列远至200万秒差距（600万光年）之外的星系，这后来被当作宇宙膨胀的证据

（资料来源：《美国国家科学院院刊》，1929，第15期，第172页，图1）

但这些观测工作不过是个开始。回到办公室，哈马逊还得将每个感光板上的光谱置于显微镜下，仔细测量光谱线的移动。哈马逊经常使用星系中钙原子发光产生的光谱线，因为它十分醒目突出。由前文可知，哈马逊缺乏数学训练，但这并不影响工作。他会把测量结果送至天文台有计算尺或计算器的人那儿，让那个人用公式将物理测量转换成星系的速度。以 NGC7619 星系为例，伊丽莎白·麦科马克（Elizabeth Mac-Cormack）最终计算出的速度为每秒 3，779 公里，[23]这是斯里弗测得的最高速度的两倍。哈勃的成功促使威尔逊的官员们为哈马逊配备了更优良、更快速的光谱仪，大大缩短了令他腰酸背痛的曝光时间。[24]柯达公司也受到启发，发明了成像更快的感光板，这对哈马逊来说很幸运。由于在最初的光谱观测中吃尽了苦头，若不是这些工作条件的改善，哈马逊本打算退出哈勃的项目。[25]

有了 NGC7619 星系的速度记录在手，哈马逊只要声明，他的测量结果与哈勃刚刚发现的星系距离和速度之间的关系完全吻合，就能为哈勃再建奇功。哈马逊报告说："从这些底片中得到的 NGC7619 的巨大速度，落在了哈勃曲线的延长线上。"[26]随着这一胜利的宣告，哈马逊将哈勃的发现扩展至更深远的太空，达到了 2000 万光年之外。

似乎不可避免的是，唯一对哈勃的新定律立即提出质疑的天文学家是他长期的老对手哈罗·沙普利。他认为只有最近处星系的距离才能被确认。历史学家罗伯特·史密斯认为，沙普利或许是出于嫉妒，"部分是由于后悔自己丧失了揭示这一规律的机会"。[27]沙普利飞快地写出了一篇针对哈勃论文的措辞尖锐的文章。他义正辞严地争辩说，在那么遥远的距离外观测，一群恒星会被误认为是一颗独立的恒星，而将之作为"标准烛光"真是糟糕透顶。但在这篇文章的开头，沙普利也不忘偷走一点哈勃的成果，声称他十年前就曾发表公布过，"螺旋星云的速度在一定程度上与表观亮度有关，这表明速度与距离之间有一定关系"。[28]沙普利并未透露，1919 年时他还在认为螺旋星云是银河系内的小成员。因此，他的主张最终毫无意义。

在两年时间里，哈勃和哈马逊在斯里弗早期所测量的数十个星系之外，又观测了 40 多个河外星系。[29]他们从当时测量的 600 万光年距离向外延伸到 1 亿光年以外，在如此短暂的时间内向宇宙深处跃进了如此惊人的距离。多年后哈勃回忆道，"哈马逊的冒险精神是惊人的。当他对自己的技术肯定，并对得到的结果充满信心时，就立刻着手开始做。哈马逊观测了一个又一个星群，大跨步迈进，直逼那架 100 英寸望远镜的极限。"[30]哈马逊曾花了整整一周的时间，一夜又一夜，从狮子座星系团中的一个暗弱星系中收集光线，以确定其红移。来自加州大学伯克利分校的研究生尼古拉斯·梅耶尔，当时正在协助哈勃完成一项星系计数项目的工作。他有幸目睹了哈马逊在拍摄期快结束时冲洗照片的过程。当哈马逊把那微小的底片放在灯箱前时，他大喊道："我的上帝，尼克，这个移位太巨大了！"[31]梅耶尔回忆说，光谱线"离它们应该所在的位置十万八千里远。事实证明，这是速度为每秒 2 万公里的红移，可能是哈马逊以前所观测到的最大速度的两倍多。他掩饰不住自己内心的喜悦"。这个星系正以二十分之一光速的速度向外飞奔。就在此时，哈马逊说了句应该庆祝一下，就迫不及待地跑回住处，拉开壁橱的门，掏出了一瓶秘藏的"黑豹汁"[32]——一种非法的酒精饮料。两人在黎明时分小酌一番并经过短暂的小憩之后，一同前往职员宿舍去吃早餐。哈马逊在电话里向哈勃告知了发现破纪录红移现象的好消息。哈勃回应道："米尔顿，你现在让这台 100 英寸的望远镜发挥出了应有的作用。"[33]星系的速度和距离之间的关系更加明确了。梅耶尔说：

"你无法想象那里的氛围是多么令人激动振奋，发生的这么多天文学和物理学中的重大事件，都集中在那个时间，那个地点。"[34]

哈马逊测出的速度如此惊人，以至于一些天文学家都不敢相信哈马逊能够做到，但哈马逊有经验方面的优势。[35]哈马逊是从那些速度相对较低的红移开始着手的，所以对光谱线就像老朋友一样熟稔。他发现，星系处在太空中的位置越遥远，其谱线就越向红色端偏移，且发出的光就越暗淡。这很容易辨识。

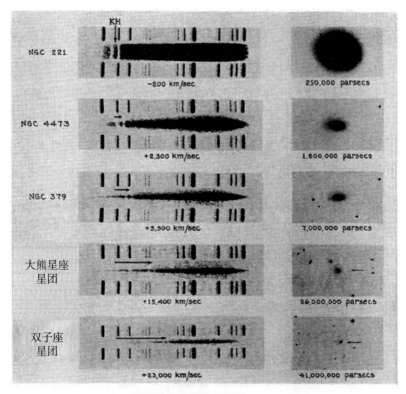

河外星系光谱线的红移

这是从米尔顿·哈马逊的测量结果中选出的光谱，表明当星系的距离和速度都在增加（1秒差距 = 3.26 光年）时，其钙原子的光谱线（标记为 KH）是如何向右移动的（光谱的红色端）

（资料来源：《天体物理学杂志》，1936，第 83 期，第 10—22 页，底片 III，经由美国天文学会提供）

威尔逊山天文台的管理层认为哈勃和哈马逊的研究工作非常重要。在20世纪30年代，他们将这台100英寸望远镜几乎所有的"黑暗时刻"都分配给了哈勃和哈马逊，这令其他两位星系研究者倍感不爽。只有在每个月宝贵的寥寥几个晚上，当月亮的破坏性光仍然隐藏在地平线之下时，这两位观测员才能对他们极其微弱的目标进行测量。艾伦·桑德奇这样写道："公众的注意力热切地围绕着威尔逊山的星云部，哈勃是其中心一颗最亮的星，这对（山上的）光谱学工作者来说是深恶痛绝之事。"[36] 这个时期，美国和其他地方的天文学家都在集中精力研究恒星的生命史。桑德奇继续说："而他们却在这里为恒星天体物理学费心竭力。在他们看来，这是当代天文学中最激动人心、散发着奇光异彩的部分。然而，公众似乎会觉得，呃，这很无聊。"尽管在这个时代威尔逊山的主要出版物中只有不到5%涉及宇宙学，[37] 但这个话题仍然占据着有关天文台的新闻报道的主导地位。桑德奇说："一些光谱学家开始感到愤慨。"[38] 即使到今天，坊间传说依然认为，威尔逊山天文台当时唯一的研究重点是星系，人们极其看重哈勃以及他所取得的成就。

但这一切意味着什么呢？是什么原因导致星系以如此有条不紊的方式逃离银河系？这些巨大的速度是真的吗？人们很容易将红移等同于速度，因为这是最简单的解释，也是科学论文中讨论这一现象最直接的方式。每个人都交替使用这些术语。但是或许这之中有一些新的物理定律在起作用，那些星系也许事实上根本没有向外逃逸，退行完全是一种幻想。

完美至上的观测者哈勃并没有把这个问题纳入自己的主要考虑范围内。他不想去做推测，只想权衡那些宇宙提供给他的数据。考虑到这一点，在那篇1929年的论文中，哈勃把大部分的篇幅都用于建立星系距离与红移之间的关系，论文中有整整六页充满了数字表格、几个方程和一张独立的曲线图。只在最后一段中，哈勃才提出了一种可能的解释。他写道："最突出的特点可能意味着，速度—距离关系可以体现德西特效应。"[39]这是当时最活跃的模型。也许光波在移动的过程中会变长，造成了运动的错觉；抑或由于德西特空间的奇怪性质，物质确实是向外飞散的。对哈勃来说更重要的是，可以使用真实的数据讨论宇宙模型。几个世纪以来，宇宙学仅仅依靠猜测和想象。任何人都可以肆无忌惮地提出对宇宙的设想——宇宙的起源、宇宙的行为和宇宙结构，仅仅是因为无法反驳。但是现在可以把真实的宇宙观测数据加入辩论中。现在的理论必须经受观测结果的考验。这是20世纪天文学的一大胜利，哈勃开了先河。那些星系成为他"散布于太空中的巨大灯塔"，[40]是绘制宇宙地图的清晰标记。

在大多数情况下，哈勃仍然只关注观测，而把理论研究留给其他人。哈勃曾告诉德西特，"应该把解释性的工作留给你和极少数有能力与权威人士讨论此事的人"。[41]很明显，哈勃对这一切的意义有严重的怀疑。1929年，哈勃对一位《洛杉矶时报》的记者说："很难相信测出的速度是真实的，也很难相信所有物质都从我们所处的空间向外散去。"[42]在哈勃一篇研究这个问题的论文的第一段中，他把星系速度称为"表观的"。[43]在后来的职业生涯中，哈勃始终坚持这一思想。只要各种理论解释尚在审查当中，他就不想被抓住把柄。哈勃从不擅长理论，因而以这样的方式公布，无论如何解释，他的观测数据都是清白无误的。沉思中他自语道，"只要实证资源尚未穷尽，就不必转向虚幻的猜测"。[44]这种态度也感染了他忠实的助手。哈马逊说："我一直相当高兴……在这个项目中，我所参与的部分，用你的话讲，是基础的。无论最终决定采用哪种解释，都不可能被改变。"[45]

哈勃对他们的成果占有欲极强，对其始终密切关注。当德西特在1930年发表的一篇综述文章中偶然提及速度和距离之间的关系时（"一些天文观测者认为，这两者之间呈线性相关"[46]），哈勃立马提笔，提醒德西特谁才是这一观点的最大功臣。他写道："星系速度–距离关系已经风行好几年了——而你，我相信是第一次提到它。但是……我把速度—距离关系，包括其表述、检验和确认，看作是威尔逊山的贡献，对于这一点是否能得到人们的认可，我深表关切。"[47]

哈勃忘了告诉德西特，他在1929年的论文中第一次所使用的大部分星系速度，实际上是斯里弗的数据，而哈勃并没有标注引用或致谢，严重违反了学术礼仪。哈勃倒是在下一篇大论文，即发表于1931年关于红移定律的论文中，部分补救了这一丑陋行径的后果。哈勃简短地提到了"伟大开拓者维斯托·斯里弗在洛厄尔天文台所做出的贡献"。[48]1953年，哈勃又做了更多的弥补。那一年，为即将在英国进行的题为《红移定律》的演讲做准备（英国皇家天文学会著名的"乔治·达尔文讲座"）时，哈勃写信给斯里弗，让他提供1912年拍摄的首批仙女座星云径向速度的一些光谱幻灯片。在这封信中，哈勃最终给予了这位洛厄尔天文台的天文学家应有的荣誉，承认其早期的开创性成果（尽管迟到了二十多年）。哈勃写道，"到目前为止，我认为这第一步是最为关键的。这个领域的大门一经打开，其他人就可以轻松跟进"。[49]在这次讲座中，哈勃坦言，他的发现"是由斯里弗在弗拉格斯塔夫镇测量的径向速度与威尔逊山测量的星系距离相结合的结果……斯里弗几乎是一人孤军奋战，十年后……在当时测出的46个星云速度中，有42个是斯里弗贡献的"。[50]

私下里，斯里弗苦闷不堪，因为他没有在公众中获得相应的声誉，但他太谦逊、保守，不好意思让哈勃在1929年这次演讲中分享荣耀。所幸的是，他的贡献至少得到了同事们的尊敬。1933年，皇家天文学会向其颁发了代表最高荣誉的金质奖章。天文学会的会长弗雷德里克·斯特拉顿（Frederick Stratton）幽默地宣布："如果当今的宇宙学家，必须和一个无论是事实还是想象中不断膨胀的宇宙打交道，而其速度让他们面临什么特殊困难的话，那我们这位奖章获得者难辞其咎。"[51]在许多方面，斯里弗的成就类似于几十年后阿诺·彭齐亚斯（Arno Penzias）和罗伯特·威尔逊（Robert Wilson）的成就。1964年，这两位贝尔实验室的研究人员在新泽西校准一个巨大的角形天线，为射电天文学观测实验做准备。在对天空进行观测时，收到了一种意想不到的、无论哪个方向都存在的宇宙无线电噪音，他们为此花了几个月的时间探寻其来源。正如斯里弗的卓越发现仍需其他人花费很多时间才能完全解析一样，彭齐亚斯和威尔逊也需要其他天文学家告诉他们发现的是什么。他们一直收听的正是宇宙大爆炸微弱的回响。但这两个事件的结局却迥然不同。彭齐亚斯和威尔逊因偶然的发现获得了诺贝尔奖，并巩固了他们在科学精英中的地位，而斯里弗虽然发现了星系逃逸这一重大事件，但随着时间的推移，他逐渐淡出了公众的视野。

注释：

[1]见 Eddington（1928），p. 166.

[2]LWA，详见拉普兰 1928 年 7 月 8 日写给斯里弗的信件。

[3]LWA，详见拉普兰 1928 年 8 月 8 日写给斯里弗的信件。

[4]见 Stratton（1929），p. 250.

[5]见 Hubble（1926）.

[6]见 Humason（1927），p. 318.

[7]这是米尔顿·哈马逊说的。HUB，盒 7，格蕾丝的回忆录。

[8]HUA，详见沙普利 1929 年 5 月 22 日写给罗素的信件。

[9]HUB，盒 7，格蕾丝的回忆录。

[10]见 Sandage（2004），p. 527.

[11]该酒店于 1905 年由威尔逊山收费公路和酒店公司建造。原来的建筑在 1913 年被烧毁，但很快就被重建，并一直营业到 1963 年。见 Sandage（2004），p. 24.

[12]见 Sutton（1933b），p. I4.

[13]见 Sandage（2004），p. 185.

[14]见 Hubble（1929a）.

[15]第六个星系实际上是间接获得的，它在五个星系中某一个星系的附近，因此假定它有相似的距离。

[16]见 Hubble（1929a），p. 171.

[17]见 Smith（1982），p. 183.

[18]HUA，详见哈勃 1929 年 5 月 15 日写给沙普利的信件。

[19]见 Hetherington（1996），p. 126.

[20]见 Hubble（1929a），p. 170.

[21]AIP，见伯特·夏皮罗大约在 1965 年对米尔顿·哈马逊的采访。

[22]见 Sutton（1933a），p. G12.

[23]见 Humason（1929），p. 167.

［24］AIP，见伯特·夏皮罗大约在 1965 年对米尔顿·哈马逊的采访。

［25］同上。

［26］见 Humason（1929），p. 167.

［27］见 Smith（1982），p. 184.

［28］见 Shapley（1929），p. 565.

［29］见 Hubble and Humason（1931）.

［30］HUB，盒 2，1953 年 5 月 8 日乔治·达尔文的讲座《红移的规律》。

［31］AIP，见伯特·夏皮罗 1977 年 2 月 13 日对尼古拉斯·梅耶尔的采访。

［32］同上。在采访记录中，"juice" 一词被替换成了梅耶尔在采访中使用的
四个字母的单词。

［33］AIP，见伯特·夏皮罗 1977 年 2 月 13 日对尼古拉斯·梅耶尔的采访。

［34］同上。

［35］AIP，见 1976 年 6 月 3 日对尼古拉斯·梅耶尔的采访。

［36］见 Sandage（2004），p. 284.

［37］艾伦·桑德奇对这些论文进行了统计，并在剔除了无关紧要的论文后发
现，在 1906 年至 1949 年期间，在威尔逊山贡献的 760 篇系列论文中，
只有 33 篇涉及星系或宇宙。见 Sandage（2004），p. 481.

［38］同上，p. 284.

［39］见 Hubble（1929a），p. 173.

［40］见 Hubble（1937），p. 15.

［41］HUB，详见哈勃 1931 年 9 月 23 日写给德西特的信件。

［42］见 "Stranger Than Fiction"（1929），p. F4.

［43］见 Hubble（1929a），p. 168.

［44］见 Hubble（1936），p. 202.

［45］AIP，见伯特·夏皮罗大约在 1965 年对米尔顿·哈马逊的采访。

［46］见 De Sitter（1930），p. 169.

［47］HUB，详见哈勃 1930 年 8 月 21 日写给德西特的信件。

[48]见 Hubble and Humason(1931), pp. 57–58.

[49]LWA，详见哈勃 1953 年 3 月 6 日写给斯里弗的信件。

[50]见 Hubble(1953), p. 658.

[51]见 Stratton(1933), p. 477.

第 15 章

你的计算没错，但你的物理洞察力糟糕透顶

英国皇家天文学会成立于 1820 年，54 年后，开始在位于伯灵顿馆西翼的新总部举行每月会议。伯灵顿馆位于伦敦市中心皮卡迪利大街上，其前身为一座帕拉第奥建筑风格的私人宅邸，现为很多英国学术团体的所在地。在 1930 年 1 月 10 日举行的学会会议上，就格林威治皇家天文台两个钟目前的运行状况做了报告后，天文学会主席邀请当时访问英国的德西特，介绍他的最新研究成果。那天晚上，德西特站起身，向与会者介绍了自己把星系的速度和距离联系起来的尝试。就如同哈勃前一年所演示的那样，德西特也利用哈勃、伦德马克和沙普利的观测数据，同样地在他得到的各数据点之间绘制出一条直线。但他是否能够解释清楚星系的这种有序退行现象呢？德西特向听众们坦言：“我不确定是否能做到。”[1] 这位荷兰天文学家开始意识到，他的宇宙模型是不恰当的，根本无法与宇宙观测数值很好地拟合。他的解建立在宇宙是空无一物的前提下，但宇宙无疑充满了物质。

在随后的讨论中，亚瑟·爱丁顿随口说出了心中的疑惑：迄今为止，为什么只有两种宇宙模型——爱因斯坦的宇宙模型和德西特的

宇宙模型从广义相对论出发来描绘宇宙呢？是否在爱因斯坦的方程式中还可以找到其他的解呢？一些数学界的巨擘零星地修补了这些模型，但都没有产生广泛的影响。难道这条路已经走到尽头了吗？

爱因斯坦和德西特从不同的简化假设出发，因而得到的解不同。但是有一点却是相同的：他们都理所当然地认为，时空的整体结构是静态、稳定和刚性的。爱丁顿在会上指出，"我想，问题是人们（只）寻求静态解"。[2] 从某个角度来说，如果宇宙中的任何物质都在不停地飞走，那么德西特的解就可以被视为非静态的，"但不包含任何物质的模型，本身没有意义"，爱丁顿说道。

在爱丁顿提出的问题中还有更多要命之处。我们很容易想象大质量物体（如一颗恒星）在特定局部位置给时空带来的扭曲，但是，宇宙的整个结构、横越宇宙的跨度，是否会随着岁月的流逝而改变呢？宇宙本身可以是动态的吗？与时空本身发生变化相比，星系穿越太空想象起来更加现实、合理，因而每个人都坚信宇宙不会动。"从20世纪20年代的宇宙学家的角度来看"，科学史学家赫尔奇·克拉夫（Helge Kragh）这样写道，动态的宇宙"是游离于他们思维架构之外的概念，不可能纳入考虑范围。或者说，如果考虑这样的问题，就会遭到排挤"。[3] 但是，为了以防万一，爱丁顿已让一位研究助手开始探寻这种构想的可能。

爱丁顿忘却了，这个宇宙模型早已被构思完成并呈现给他了。这个解已经存在多年，并与哈勃的观测结果十分吻合。它既不是爱因斯坦的宇宙，也不是德西特的宇宙。就像金发姑娘和她所选的椅子一样，这个新的模型介于两者之间——恰到好处。

这个新颖的解是爱丁顿从前的学生乔治·勒梅特（Georges

Lemaître）的心血结晶。勒梅特既是物理学家又是耶稣会*的神父。作为比利时鲁汶公教大学**的教授之一，勒梅特很快就读到了爱丁顿在伦敦会议上的言论[4]——发表在最近一期的《天文台》杂志上，因而勒梅特迅速发出了一封信，提醒爱丁顿自己在三年前撰写的一篇论文中有他渴求的答案。这篇题为《一个质量恒定的均匀宇宙及其扩张的半径解释了河外星系径向速度》的文章鲜为人知，因为某些未知的原因，勒梅特将这篇文章发表在比利时一本不知名的期刊《布鲁塞尔科学学会年鉴》（*Annals of the Brussels Scientific Society*）中，而不是那些每个天文学家必读的刊物。爱丁顿要么是将勒梅特的论文搁置一边，从未抽出时间来阅读它，要么就是他当时根本就没有理解其重要意义。

无论怎么说，爱丁顿都把这件事忘得一干二净了。在接到勒梅特的信后，他对自己的疏忽感到难为情。回头再来看这篇写于 1927 年的论文，爱丁顿终于意识到它的重大意义了，并以极大的热情弥补他的过失。爱丁顿迅速给德西特寄去了一份勒梅特的论文复本，并在其顶端写道，"这似乎正是我们在讨论的问题的一份完整答案"。[5]德西特也掌握了勒梅特方法的精妙之处，赞叹其"有开创性"，[6]并立即放弃了他自己的解。不久，爱丁顿就找人翻译了勒梅特的论文，并转载于 1931 年 3 月出版的《皇家天文学会月刊》（*Monthly Notices of the Royal Astronomical Society*）上。这篇论文最终在合适的舞台上

---

* 耶稣会，天主教修会之一。1534 年由圣罗耀拉在巴黎大学创立，1540 年经教皇保罗三世批准。该会不再奉行中世纪宗教生活的许多规矩，如必须苦修和斋戒、穿统一制服等，而主张军队式的机动灵活，并知所变通。

** 又译作"卢万公教大学"。

绽放了光彩。

最初接受工程学方面训练的勒梅特，研究生时转攻数学，获得博士学位后进入一所神学院，并于1923年被任命为神父。着迷于相对论的数学美感，勒梅特前往剑桥大学，在业界知名的爱丁顿教授的指导下开展博士后研究，以扩展其对爱因斯坦方程的理解。爱丁顿很快就注意到了勒梅特的卓越才能。一头乌黑的头发整齐地梳到脑后，天使般的脸上架着一副不相称的圆框眼镜。身着一套黑色西装，或是长及脚踝的教士服，再搭配一条呆板的白色衣领，勒梅特在校园中格外引人注目。其他人只要听到那洪亮的笑声就可以轻松地找到他。[7]爱丁顿是这样向沙普利介绍这位将近30岁的比利时年轻人的："极其出色……他对问题的物理意义有着深刻的洞察力，尤其擅长处理棘手的公式。"[8]

在英国学习一年之后，勒梅特前往美国进行深入学习，他很快就发觉自己对广义相对论在宇宙学问题中的应用格外感兴趣。他争取到了参加1925年美国天文学会华盛顿会议的机会。当罗素宣读哈勃关于存在银河系外星系的论文时，他也是台下听众中的一员。当房间里的其他人把注意力集中在哈勃结束了"大辩论"这一历史性事件时，勒梅特的思绪早已超前了两个跨度。尽管刚刚踏入天文学界，但他很快意识到，哈勃的发现同样可以应用于宇宙模型的塑造。这些新发现的星系可以用作测试宇宙状态的标记，就像广义相对论所预测的那样。在那一年晚些时候，当勒梅特在麻省理工攻读另外一个博士学位时，他开始着手修改德西特的宇宙模型。在返回比利时之前，勒梅特去拜访了亚利桑那州洛厄尔天文台的斯里弗，并前往阳光明媚的加州拜谒哈勃，向他了解测量螺旋星云距离的最新状况。[9]

在这趟行程中，勒梅特还不知晓另一位研究人员已经完成了与其想法类似的修改。在勒梅特仍在为神职工作做准备时，俄国数学家亚历山大·弗里德曼（Aleksandr Friedmann）就完成了这一工作。接受过基础数学和应用数学教育的弗里德曼专攻大气物理学，在高空气象台工作，并在第一次世界大战期间将他的专业知识应用于战争前线。战争结束后，他回到圣彼得堡，在地球物理天文台工作。在那里，兴趣广泛的他开始寻找爱因斯坦广义相对论的新解。直到第一次世界大战和随后的内战结束之后，这一点才为国内的科学家所知。

爱因斯坦和德西特的理论在某种程度上是互补的，而不是对立的。在德西特的宇宙模型中，不存在提供万有引力的物质，而是由宇宙中的斥力来产生运动；而另一方面，爱因斯坦的宇宙模型则包含物质，物质提供了足够的引力来抵抗斥力。有了足够的物质，一切都达到了完美的平衡。爱因斯坦的宇宙模型仍然是静止不动的。弗里德曼将这两种宇宙模型中最好的方面结合在一起，置两个极端于数学的屋檐下，提出了一个新模型，更好地描述了我们所观察到的宇宙：既包含物质，但同时也包含运动。

最重要的是，弗里德曼把时间也纳入了讨论的范畴。[10]在 1922年和 1924 年撰写的论文中，从某种意义上说，弗里德曼开始把玩爱因斯坦的宇宙模型。他想看看时空曲率随着时间的推移会发生怎样的变化，正如他所说的那样，"证明其可能性"。[11]对弗里德曼来说，这纯属数学，而根本不是天文学的研究。他唯一的目标就是尝试将爱因斯坦的方程式运用到整个宇宙，得出其可能的解。像爱因斯坦一样，弗里德曼也在其宇宙模型中加入了物质，但是这一次物质将随着岁月的流逝而急速运动。此外，根据物质的数量不同，这种时空的运动可能是膨胀，也可能是收缩，甚至可能是介于两者之间的振荡。他在写给《物理杂志》的报告中说："我们应当把这个宇宙称作周期世界。"[12]弗里德曼甚至计算了宇宙的年龄，这在整个天文学历史中是首次。尽管弗里德曼自认为自己的估算结果大概只能满足自己的好奇心，但他得到的100亿年的数字与当今公认的140亿年差的并不是很远。弗里德曼还谨慎地指出，宇宙存在的时间也可能是无穷大。但是，总而言之，他的论文主要是有关相对论数学的一次探索而非宇宙学，这就是为什么在当时没有引起足够重视的原因。弗里德曼没有提及星云、发散或红移，也没有推进宇宙膨胀论以击败收缩论。这本杂志实际上将他的文章编入相对论理论的索引，没有提到它涉及宇宙学，所以很容易被人们忽视。

不过，爱因斯坦当然知道这位俄国人的论文。他立即驳回了这个解，认为它没有任何物理意义。爱因斯坦在去日本之前，给《物理杂志》写了一封信。他写道，弗里德曼的结果"在我看来疑点重重"。[13]不幸的是，弗里德曼再也没有机会为自己有趣的想法辩护了。1925年，他在搭乘一枚破纪录的气象和医学观测气球（4.6英里高）后仅仅一个月就染上了风寒。不久，年仅37岁的弗里德曼就去世了。在此阶段，大多数广义相对论学者对天文学的兴趣都不太大，而那些战斗在一线的天文学家们还没有将这两者联系起来。他们认为，这样的宇宙模型不过是数学玩具罢了，把玩起来很有意思，但几乎无法应用到现实世界。他们并没有认真对待这些理论。[14]

勒梅特是个例外。不像弗里德曼，勒梅特从20世纪20年代中期独立计算开始，就把天文学放在其思维的首要位置。德西特的宇宙模型能够解释星云红移，但是建立在宇宙几乎是空的这一前提之上（事实并非如此）。爱因斯坦的宇宙里有物质填充，但他却无法解释星系的逃逸现象。勒梅特宣称，他的目的是"将两种模型的优点结合起来"。[15] 回到比利时，勒梅特接受鲁汶公教大学的教授职位之后，继续钻研这一课题，并最终于 1927 年发表了自己的结论。勒梅特发布了一个宇宙模型，表明宇宙半径在增大，星系乘着时空的波浪向远处飞散。整整两年后，哈勃提供了决定性的观测证据。正如勒梅特在其论文中所描述的，那些星系的退行"是宇宙膨胀带来的宇宙效应"。[16]

从我们的角度来看，宇宙中所有的星系似乎都在离我们而去，好像不知何故我们就位于宇宙运动的中心。但事实上，无论你身处哪个星系，你都会观察到同样的逃逸现象。勒梅特是第一个将星系逃逸归因于，整个宇宙任何一点的时空都在不断地拉伸。这些星系并不是在太空中狂奔，而是被无休止膨胀的时空裹挟而去。那些嵌入时空中的星系只不过是随波逐流罢了。这就是为什么星系的退行是以特定的方式发生：距离我们两倍远的星系，其退行速度要快两倍；距离我们三倍远的星系，其退行速度要快三倍，依此类推。

勒梅特还估算出了宇宙的膨胀速度[17]（625 公里每秒每百万秒差距，这一结果基于当时可得到的星系速度及距离数据），与后来哈勃计算出的 500 公里每秒每百万秒差距十分接近。这是一项巨大的成就，为宇宙是如何运作的提供了令人震惊的愿景。但是并没有人注意到这篇论文——一个也没有。勒梅特的论文如同弗里德曼先前的论文一样，完全被人忽略，就好像这篇文章从未发表过一样。勒梅特后来又访问了欧洲及美国，但莫名其妙地，他很少与同事就这一最新的看法进行广泛的交流，[18]无论是面对面的，还是通过书信的。在整个研究过程中，勒梅特一直与很有可能对他这一新看法如获至宝的天文学家保持联系，如沙普利、斯里弗和哈勃。然而勒梅特显然对他们缄口不言，也许他对自己的新宇宙模型仍不太自信，抑或是他的热情遭到了坚持已有宇宙模型的开创者的挫伤。表面上看，勒梅特很外向，但他对哪怕最小的轻视怠慢都是十分敏感的。

1927年10月，就在勒梅特的论文发表在比利时期刊上仅仅六个月后，他在布鲁塞尔第五届索尔维物理学大会期间会见了爱因斯坦。索尔维物理学大会是汇聚世界顶级物理学家的三年一次的盛会。两人在该市的利奥波德公园就勒梅特所取得的突破进行了简短的交谈。直到那个时候，勒梅特才第一次从爱因斯坦那里听说了弗里德曼的相似解。那时，爱因斯坦已不再对这两个人的数学模型持有异议了（爱因斯坦一开始反对弗里德曼的成果是因为他自己计算有误），但他依然排斥弗里德曼和勒梅特建立的模型中描绘的宇宙景象："你的计算没错，但你的物理洞察力糟糕透顶。"[19]爱因斯坦之所以这样说，是因为他不能（也不会）设想一个动态的宇宙。后来，在陪同爱因斯坦到某大学实验室参观时，这位比利时神职人员始终在向爱因斯坦推销自己的构想，谈论星系加速退行的最新证据。然而最后当他离会时，勒梅特对爱因斯坦的印象是"不能紧跟天文学的发展"。[20]9个月后，在国际天文学联合会1928年的会员大会上，德西特同样对这个鲜为人知的牧师不屑一顾。正如一位评论家指出的那样，德西特似乎"没有时间留给一位低调行事又缺乏国际声誉的理论物理学家"。[21]

这个僵局直到哈勃和哈马逊证实星系确实在以规律的方式向外

逃逸，才被打破。发表在 1931 年《皇家天文学会月刊》上更为显著版面上的勒梅特模型，最终将此现象解释为，时空结构本身向外扩张，裹挟着星系向外移动。现在人们观念中的宇宙已经不再是爱因斯坦的宇宙或者德西特的宇宙，而是不断膨胀的宇宙。作为这一理论的主要创始人之一，勒梅特成为了天文学界炙手可热的红人。与教科书中所写的和人们普遍认为的不同，哈勃 1929 年还尚未真正发现宇宙的膨胀。直到他的观测数据能够与勒梅特的宇宙模型极好地拟合，哈勃才恍然大悟。勒梅特远胜于弗里德曼的一点在于，他将自己的模型与紧跟时代前沿的天文观测相结合。他的解被称作"辉煌的发现"。[22] 顶尖的数学理论物理学家们开始涌入相对论天文学这片新领域，有的忙于扩展勒梅特的模型，有的则对勒梅特最初的宇宙主题变换花样。普林斯顿大学的理论学家霍华德·P. 罗伯森（Howard P. Robertson）是这个新领域中的领军人物。20 世纪 30 年代初，罗伯森在为一家物理杂志社准备一篇综述性文章时指出："当我唰唰地搜出 150 篇相对论天文学的参考文献时，你能想象出我有多惊诧吗？在我看来，我们中的一些翘楚……正在莽撞冲动地行事。"[23]

无论是天文学家还是理论物理学家都为这幅全新的宇宙图景所深深震撼。据称，这个宇宙宏伟壮观得令人叹为观止，其蕴藏的力量令人心生敬畏。[24] 爱丁顿说："宇宙膨胀论在某些方面是荒谬可笑的，因而我们对于把自己托付于它自然感到犹豫不决。它包含的内容看起来如此令人不可思议，除了我之外，几乎所有人都相信它，对此我感到一种愤慨。"[25] 那是因为直到那时爱丁顿才明白，该理论植根于自艾萨克·牛顿以来最强悍的物理学理论——爱因斯坦的广义相对论，而且人们一次又一次地证明了它的正确性。

詹姆斯·琼斯是一位多产的作家，也是一位理论物理学家。他对宇宙膨胀论标志性的描述沿用至今。他说："整个宇宙看起来在均匀地膨胀，就像膨胀的气球表面那样，以每 14 亿年增加一倍的速度……如果爱因斯坦的相对论宇宙学是合理的，那么星云就别无选择——它们所在的空间自身的性质迫使它们四散分离。"[26] 爱丁顿于 1930 年在《皇家天文学会月刊》上发表了一篇论文，向其他天文学家们介绍勒梅特的解时，第一次描绘出了这样的图面。[27] 在气球上画出一些点，当气球膨胀时，每个点都会规律地远离彼此。爱丁顿写道，与此类似，在膨胀的宇宙中，星系就像是"嵌在一个正在不断膨胀的气球表面一样"。[28] 因此，宇宙中的每一个星系都会看到它的近邻向遥远的空间退去。

尽管哈勃将诸如此类关于速度—距离关系的诠释留给了其他学者，但他也乐于参与这种讨论，希望收集所需的数据，以便在这些相互竞争的理论中进行选择。天文学家和理论物理学家们过去在自己的领域各自为战，但现在哈勃给他们创造了相互交流的机会。格蕾丝·哈勃回忆，勒梅特的宇宙模型得到广泛传播不久后的交流会，给家中带来了骚乱："大约每两周，一些来自威尔逊山天文台和加州理工学院的人就会夜访我们家，有天文学家、物理学家，也有数学家。他们从加州理工学院弄来一块黑板，把它挂在客厅的墙上。餐厅里备有三明治、啤酒、威士忌酒和苏打水，他们随时踱步进去，自己取食。他们围坐在火炉旁抽着烟斗，喋喋不休地讨论这些问题的不同解决方法，质疑、比较、对照他们自己的观点。有人会在黑板上写下公式，然后讲上一小段，随后再进行讨论。"[29]

争议依然颇多。那些对广义相对论仍持怀疑态度的人对于星系向外逃逸现象提供了其他解释。比如，英国宇宙学家爱德华·亚瑟·米尔恩（E. Arthur Milne）就认为，时空的膨胀只不过是一种错觉，[30]空间始终稳如磐石，而螺旋星云自形成以来就一直以不同的速度运动，方向随机。长久以来，那些速度最快的星云自然逃逸得更远，形成了宇宙膨胀的表象。从哲学角度来看，这种模型令米尔恩满意，他不相信空间会扭转、弯折或移动。

加州理工学院的天文学家弗里茨·兹威基（Fritz Zwicky）提出，当光波在太空中旅行时，可能会与物质发生相互作用，产生一种引力拖拽。光波穿越的距离越长，能量耗散的就越多，这使其波长向光谱红端移动。这与德西特效应类似，只有这个时候物质才起作用。这就可以解释为什么最远的星云总是呈现出最明显的红移现象，空间根本就没有膨胀，只不过是光子在穿越这个充满物质的宇宙途中逐渐衰弱罢了。因此，这种模型被称为"光子疲劳"理论。[31]然而，这种想法无法得到合理的解释，需要一套新的物理法则，但这根本阻挡不了兹威基。他的放肆已经成为流传在天文学家之间的一段传奇。兹威基认为，他的解释可能指向一个崭新的物理现象。

哈勃与加州理工学院的理论物理学家理查德·托尔曼（Richard Tolman）合作多年，[32]研究如何验证这些相互竞争的理论模型。他们想知道，这些模型中到底哪一种与在望远镜中得到的数据更加相符。然而他们的努力最终还是化为了泡影。鉴于当时的天文学境况以及可用的设备，整个验证过程存在太多的不确定性——太多猜测，要想在这些模型中筛选出可靠的正解，几乎是不可能的。他们最初得到的数据似乎更偏向于那些替代理论，如兹威基的"光子疲劳"理论。

但是哈勃认为，他的数据太不确定，才致使宇宙呈现出膨胀状态。[33]
他写道："我们无法忍受我们的物理法则架构是不完善的，但也不应
该随便地用临时想出来的解释来代替那些广为人知、谙熟已久的法
则，除非我们被实际的观测结果所迫。"[34]为了预防爱因斯坦的诘难，
哈勃必须拿出压倒性的证据。另一方面，观测结果的不确定性也很
可能加重了他支持任何特定理论的负罪感。

在 20 世纪 30 年代，利克天文台的天文学家唐纳德·肖恩（C.
Donald Shane）曾与哈勃多次交谈，得到的印象是，哈勃好像"想证
明红移不是宇宙膨胀所导致的……因为他似乎一直在寻找其他的解
释"。[35]仔细阅读哈勃对膨胀宇宙的看法，你会立刻察觉到他对这
一理论很不满。哈勃认为，理论物理学家们"完全有理由将星系红
移解释为向外逃逸；这是最合理的解释，不需要新的物理学定律"。
但是，哈勃总是把"另一方面"偷偷塞入他的文稿中。哈勃认为静
止、无限的宇宙更"合理"，更"亲切"，就像他难以割舍的旧鞋子。
1936 年秋，在牛津所做的罗兹纪念演讲中，哈勃再次表现出对红移
现象解释的动摇与踌躇。

哈勃表示，"这种现象的意义依然不明确"。近些年来，量子力
学和相对论的同台较量明确表明，科学家对大自然的理解可能会突
然发生惊人的转折，也许哈勃的提醒不无道理。演讲中，哈勃接着
将膨胀的宇宙描绘成"疑点重重的世界"，尽管他承认这可能是对红
移更为科学的解释。由于足以与膨胀理论匹敌的替代理论尚未出现，
哈勃总结说，天文学家们仍处于"两难境地，其解必须等待观测手
段的进步或是更先进理论的出现，抑或两者兼而有之"。[36]

最让哈勃感到不安的是星系的巨大速度。随着他和哈马逊的

观测范围越来越深入太空，他们观测到的星系退行速度也越来越快。在哈马逊那台摄谱仪的绝对极限附近，他记录到了每秒钟约两万五千英里的速度，哈勃指出："一秒钟就能绕地球一圈，十秒钟就能抵达月球，想到达太阳也只需一个小时……这个量级太惊人了。"[37]

直到 1950 年，在回复一位咨询红移现象的堪萨斯州立大学教授时，哈勃才称它们"要么代表着星系实际的退行（膨胀的宇宙），要么代表着某种迄今未知的自然原理。我相信，当那架 200 英寸的望远镜（在加州帕洛马山天文台）在几年内建成后，一切都会尘埃落定"。[38]哈勃仍保持着他那种律师般严谨的风格，在发表公开声明时，始终面面俱到，滴水不漏。

其他的天文学家，比如爱丁顿，却对哈勃这种含糊不清、模棱两可的态度感到困惑。他在一封给同事的信中这样写道："我只是不明白，他为什么要舍弃宇宙膨胀说，而热衷于探索其他的理论。宇宙膨胀说历经千辛万苦……才从爱因斯坦的理论中诞生。如果废除，那么就会使相对论理论倒退到 25 年前孱弱的婴儿时期了。而且，为什么当时发现的方程解得到了观测的显著证实，却会导致人们拼命地寻找避免它的方法。我真的搞不懂。"[39]

当哈勃依然秉持谨小慎微的态度时，沙普利却大胆地接受了这些膨胀宇宙的想法。这两位天文学家就好像是具有相同极性的磁铁，总是将对方排斥到问题的对立面。当爱因斯坦于 1931 年抵达帕萨迪纳，与加州理工学院和威尔逊山天文台的宇宙学领军人物磋商后，这场大辩论才终于落下了帷幕。

注释：

[1] 见 "Report of the RAS Meeting in January 1930"（1930），p. 38.

[2] 同上，p. 39.

[3] 见 Kragh（2007），p. 139.

[4] 见 Eisenstaedt（1993），p. 361；McVittie（1967），p. 295.

[5] 见 Smith（1982），p. 198.

[6] 见 De Sitter（1930），p. 171.

[7] 见 McCrea（1990），p.204.

[8] HUA，详见爱丁顿 1924 年 5 月 3 日写给沙普利的信件。

[9] 见 Kragh（1987），pp. 118–119；Kragh（1990），p. 542.

[10] 其他的理论家也开始尝试这一点，即让德西特的模型呈非静态。这是理论家们积极而活跃的探索，其中包括 1922 年的科尼利厄斯·蓝佐斯（Kornelius Lanczos）、1923 年的赫尔曼·韦尔（Hermann Weyl）和 1928 年的 H.P. 罗伯森（H. P. Robertson）。然而，所有这些变化都被视为是数学解，主要是为了学术目的。

[11] 见 Friedmann（1922），p. 377.

[12] 同上，p. 385.

[13] 见 Einstein（1922），p. 326. 几个月后，爱因斯坦意识到他的否定观点是基于计算中的一个错误。他立即写信给《物理杂志》："弗里德曼的结果是正确的，给出了新的启示。"见 Einstein（1923），p. 228.

[14] AIP，详见罗伯特·史密斯 1978 年 9 月 22 日对威廉·麦克雷（William McCrea）的采访。

[15] 见 Lemaître（1931a），p. 483.

[16] 同上，p. 489. 星系的引力场远比外部的引力强得多，在膨胀过程中保持星系的完整。

[17] 见 Kragh（2007），p. 144.

[18] 见 Kragh（1987），p. 125.

[19]见 Smith（1990），p. 57.

[20]见 Kragh（1987），p. 125.

[21]见 Deprit（1984），p. 371.

[22]见 "Discussion on the Evolution of the Universe"（1932），p. 584.

[23]CA，详见罗伯逊 1932 年 7 月 7 日写给托尔曼的信件。1929 年，罗伯逊也得出了一个类似于弗里德曼和勒梅特的宇宙学模型，但他没有认识到隐藏在其方程中的宇宙动态性。虽然知道哈勃新发现的关于距离和红移的定律，但罗伯逊不认为这是当时宇宙膨胀的观测证据。见 Kragh（2007），pp. 142，146.

[24]见 "A Prize for Lemaître"（1934），p. 16.

[25]见 "Discussion on the Evolution of the Universe"（1932），p. 587.

[26]见 Jeans（1932），p. 563.

[27]见 Eddington（1930），p. 669.

[28]同上。

[29]HUB，盒 7，格蕾丝的回忆录。

[30]见 Milne（1932）; Hetherington（1982），p. 46.

[31]见 Zwicky（1929a and 1929b）.

[32]见 Hubble and Tolman（1935）.

[33]见 Hetherington（1996），pp. 163–170. 历史学家诺里斯·赫瑟林顿首先指出了哈勃对膨胀、均匀宇宙的哲学偏好，尽管这位著名的天文学家曾公开宣称他正在客观地测试所有模型。最终，哈勃更喜欢广义相对论的简洁和美丽，而不是像兹威基那样，想出新的物理定律来适应观测。兹威基没有接受别人对他的这一判定。他指责哈勃及其年轻助手中的"献媚者""篡改观测数据，掩盖缺点，让大多数天文学家接受并相信他们对事实的一些最具偏见、错误的陈述和解释"。

[34]见 Hubble（1937），p. 26.

[35]AIP，详见海伦·赖特 1967 年 7 月 11 日对 C. 唐纳德·肖恩的采访。

［36］这段中所有的引文都来自 Hubble（1937），pp. v and 26.

［37］同上，pp. 29–30.

［38］HUB，盒 15，哈勃 1950 年 7 月 21 日写给哈维·金斯哲（Harvey Zinszer）的信件。

［39］见 Douglas（1957），p. 113.

第 16 章

宇宙起源于一场大爆炸

1930 年 11 月 30 日，爱因斯坦、他的妻子爱尔莎、他的秘书以及一名科学助理离开柏林前往安特卫普，之后登上了卑尔根兰德号轮船。这是爱因斯坦第二次访问美国，但前往美国西海岸却是第一次。临行前，爱因斯坦夫人赶在最后一刻，为这位相对论之父购买了一件雨衣。服装店的销售员这样问道："让这位教授先生亲自过来，我们给他量一量尺寸，岂不是更好吗？"[1] 爱尔莎回答："如果你知道就连说服我的丈夫购买一件新外套都有多么困难，你可能就不会这么想了。希望你能理解。"人们不无揶揄地说：爱因斯坦去帕萨迪纳找寻世界上绝无仅有的 12 个能理解他的人了。[2]

这位备受尊敬的物理学家于 12 月 11 日抵达纽约。爱因斯坦和爱尔莎受到一大群记者、摄影师和新闻纪录片制作人的"欢迎"，场面一时混乱不堪，令爱因斯坦感到十分不自在。他用德语评论道："我就像个被操纵的木偶，所有人都站在那里，兴趣盎然地盯着我们看。"[3] 当天，媒体这样形容爱因斯坦：个头不高，有着明亮的眼睛，近乎全白的头发向后梳成蓬巴杜发型，"他的脸……除去眼角周围的细小皱纹外，就像年轻女孩的皮肤一样光滑"。[4] 在甲板上，冰冷潮湿的海风吹拂着爱因斯坦，眨眼间就将精心修饰的蓬巴杜发型刮回到他那家喻户晓的蓬乱发型。在纽约停留了四天后，爱因斯坦及其随行人员乘着卑尔根兰德号沿着巴拿马运河继续驶向加州。

加州理工学院执行委员会成员亚瑟·弗莱明（Arthur Fleming）率先向爱因斯坦发出了邀请，[5] 夸耀自己所在镇的怡人夏季以及浓厚的科学氛围。而爱因斯坦那时也正在寻求有懂数学语言的人的好去处，因而他高兴地接受了邀请。另一方面，这是他与阿尔伯特·A. 迈克尔逊会面的良好机遇。正是这位物理学家，试图测量地球穿过"以太"时，引起的光的速度变化，而爱因斯坦的狭义相对论最终否定了光的这种速度变化。狭义相对论完全摒除了"以太"这一概念。

意识到爱因斯坦不喜欢抛头露面，加州的东道主曾试图替他推掉像在纽约时那样的官方欢迎仪式，但无济于事。新年前夕，这些德国客人所搭乘的轮船刚刚在圣地亚哥靠岸，他们就不得不忍受四小时的演讲、发布会、参观和电台讲话。直到曲终人散，爱因斯坦和爱尔莎才得以继续乘车北上，最终下榻于帕萨迪纳镇一幢专为他们修缮和装饰的房子。在两个月的访问中，爱因斯坦一家避开了许多公开活动，享受了一段安静的私人交往。[6]

在接下来的几个星期里，爱因斯坦一行人为洛杉矶爱乐乐团的指挥举办了晚宴（爱因斯坦还为他的客人简短地拉了一曲小提琴）、参观了好莱坞制片厂、在电影喜剧演员查理·卓别林的家中与他共进晚餐，还驱车前往棕榈泉*度过了四天的假期。在一个特殊场合，他们也曾与名人一起站在刺眼的聚光灯下。爱因斯坦身着燕尾服，

---

* 棕榈泉位于科罗拉多沙漠的科切拉山谷内，是沙漠旁的绿洲城市。

爱尔莎身披长款晚礼服，出现在卓别林最新电影《城市之光》的首映式上。爱因斯坦笑得非常开心，像个小孩子。[7] 这个镇子上能有这样一个特别的夜晚原因很简单：卓别林名扬四海，爱尔莎是他的铁杆粉丝。当卓别林和爱因斯坦一行人踏入剧院时，人们报以热烈的掌声和欢呼声。卓别林说："他们为我欢呼，是因为他们都懂我，而他们为你欢呼，却是因为没有人能懂你。"[8]

不过，爱因斯坦也专门为研究工作留下了时间，访问加州理工学院以及威尔逊山天文台的帕萨迪纳总部，与同行科学家们进行会谈和磋商。为了方便起见，还有一小批专职司机供他差遣，这其中就包括格蕾丝·哈勃。有一天，当她驾车送爱因斯坦前往会晤地点时，爱因斯坦转过头对她说："你丈夫的工作非常出色，他有一种顽强拼搏的劲头，精神可嘉。"[9] 在威尔逊山天文台办公处有一间专供爱因斯坦使用的房间，对面就是哈勃的办公室。威尔逊山天文台竭尽全力保护爱因斯坦免受新闻界打扰，让他有更多的时间与同事们交流，甚至还把大门锁上，把钥匙分发给工作人员。[10] 不过，黑尔没有参加任何聚会。黑尔告诉一位朋友，"我完全没有受到爱因斯坦热潮的影响。直到几天后爱因斯坦偶然来到我的实验室，我才见到他。幸运的是，那时没有记者追着他。爱因斯坦很质朴、平易近人，对报纸杂志深恶痛绝。但是，面对蜂拥而至的记者，特别是他们之中有一些是东部报社特地派遣的专门对付这种局面的高手，爱因斯坦也难以完全摆脱"。[11]

这也确实是 1931 年 1 月 29 日发生的情况。那天，天文台特地为爱因斯坦安排了一次经过精密策划的考察。[12] 当天早晨，这位世界首屈一指的物理学家和第一流的天文学家哈勃，惬意地坐在皮尔斯—箭头旅游车的豪华毛皮座椅上，与天文台的其他成员一同前往哈勃取得成就的地方——坐落于威尔逊山山顶的望远镜建筑群。尽管医生警告他避免前往高海拔地区，爱因斯坦还是渴望此次考察，因为可以近距离观察那些对他的理论研究有着如此直接影响的机器。

人们认为这一事件十分重要，应当记录下来。一位名叫弗兰克·卡普拉（Frank Capra）的年轻电影制作人，[13]来到山上并记录了爱因斯坦那天的一言一行。三年后，卡普拉因其执导的神经喜剧*《一夜风流》（It Happened One Night）而获得奥斯卡金像奖。爱因斯坦与其他几个人一起钻进一个由缆绳牵引的开放式钢箱中，首次到达150英尺高的塔式望远镜的顶部。这台望远镜专门用于太阳研究。在欣赏了南加州美丽的景色，并在寒冷而强劲的北风中拍摄了足够的照片后，爱因斯坦又再次乘坐小型电梯回到了地面。"他来了"，播音员在新闻短片的开场白里说，"在经历了一个艰苦的早晨，观察了百万英里外最爱的太空后，爱因斯坦从太阳塔上下来了"。[14]

午餐后，爱因斯坦又参观了100英寸的望远镜。在那里，爱因斯坦再次尽心尽责地为卡普拉摆好拍照的姿势：沃尔特·亚当斯僵硬地对着摄像机介绍情况，爱因斯坦透过目镜进行观测。只听亚当斯低声说："这个建造于大约十三年前的100英寸反射望远镜，已经取得了三四个引人瞩目的天文学方面的进展。"[15]这段时间，哈勃也出现在镜头中，穿着宽大的运动裤（高尔夫球裤剪去膝盖以下四英寸的部分），默默地抽着不离手的烟斗。不拍摄的时候，爱因斯坦在

---

* 神经喜剧（Screwball Comedy），又称疯狂喜剧、乖僻喜剧。Screwball 在英语中的含义是古怪且略带神经质的人，恰好用来形容神经喜剧中古怪、癫狂、行为奇异的角色。

望远镜器械上如鱼得水。虽然是第一次使用大型反射式望远镜，但爱因斯坦很快就掌握了其错综复杂的构造和操作方法。就像贪玩的孩子一样，这位已经 51 岁的物理学家爬到望远镜的支架上，这使东道主们惊恐万分。爱因斯坦的妻子就在旁边，当被告知这台巨大的望远镜是用来测量宇宙形状的时候，据说，爱尔莎带着作为妻子的骄傲说："哦，我的丈夫早就在一张旧信封的背面计算过了。"[16]

早早用完晚餐后，一行人又回到了 100 英寸望远镜前。[17] 爱因斯坦终于能够进行一些真正的观测了。爱因斯坦观测了木星、火星、小行星厄洛斯、几个螺旋星云以及天狼星微弱的伴星。他一直待在穹顶里，直到凌晨一点钟以后，才在其他人的强烈要求下撤下来，并附带条件，要求早上及时叫醒他看日出。那天上午，所有人都在十点左右返回了帕萨迪纳。

五天后，天文学家和理论物理学家们，在威尔逊山天文台帕萨迪纳办公区宽敞的图书馆里齐聚一堂，聆听爱因斯坦对自己威尔逊山一行所见所得的评价，墙壁上从地板到天花板都摆放着书籍。在此之前，爱因斯坦一直对运动不止的宇宙模型持谨慎态度，曾草率地否定弗里德曼和勒梅特所建立的模型。爱因斯坦更倾向于静态的宇宙。但在那一天他终于承认，哈勃的观测无疑揭示了宇宙的奥秘。[18] 爱因斯坦终于放弃了他的球形宇宙，据在场的一位美联社记者报道，"图书馆里一片哗然"。[19]

在一周后的后续会议上，爱因斯坦更加深入地宣布"远处星云的红移现象已经像锤子一样击碎了我以前的理论架构"，[20] 他迅速向下挥了一下手，以向观众表明这一点。在此阶段爱因斯坦意识到，不再需要宇宙常数来描述这个动态的宇宙了。他最初的方程能很好地处理宇宙的膨胀，这让爱因斯坦非常高兴。从一开始，爱因斯坦就对临时增加的常数感到不安，认为这一常数在不断破坏自己理论的形式美。据传，爱因斯坦曾说过，增加这一额外的常数是他一生中犯下的"最大的错误"。[21]这个自大的孩子正在长大。如果从一开始就对自己的方程坚定不移，爱因斯坦本可以在哈勃和哈马逊之前，就预测到时空是动态的，这将使爱因斯坦的声誉飙升到前无古人后无来者的高度。

鉴于在爱因斯坦这一转变中所扮演的角色，哈勃很快就被尊称为"让爱因斯坦转变了思想"的人。[22]除诺贝尔奖之外，当时的科学界没有比这更高的荣誉了。

在爱因斯坦漫步威尔逊山山顶的几星期前，爱丁顿在英国数学协会发表了演讲，呼吁人们关注"房间里的大象"——一个由勒梅特宇宙膨胀概念引发的、绝对不容忽视的问题，那就是"宇宙的膨胀是怎么开始的"。看过勒梅特论文的人多半会自然地联想到这个问题。在 1927 年的那篇精彩的论文中，勒梅特也曾含糊其词地提到了这个问题，他当时这样答道："这仍有待探索。"[23]

1 月 5 日，在对英国数学家的讲话中，爱丁顿挑明了这个难题。在脑海中，他将时空的膨胀倒转回去，思考了宇宙在早期和更早时期的状态，并一路追溯到了空间、时间和所有创生物的诞生时刻。爱丁顿问道：当所有的物质和能量的有序度达到最高时，是否就到达了"时间的起点"呢？他惊叹于这种想法。这位剑桥大学的物理学家断定："从哲学的角度来看，大自然目前的秩序（居然）有起点，这令我厌恶……我们可以把它抛到目前物理问题的讨论范围之外，假装已经摆脱它了。但当一些人误入歧途，以至于回到数十亿年前的时候，才发现这些被抛弃的东西——时间的起源堆积在那儿，就像一堵高墙一样挡住去路，无法回避。"[24] 几年前，在星系退行的原因尚未为人所知之前，爱丁顿仅考虑到宇宙早期拥有更多能量和更有序，那时他就宣称"不相信一切的事物秩序起源于一场爆炸"[25][这促成了英国天文学家弗雷德·霍伊尔（Fred Hoyle），在 1949 年英国广播电台 BBC 的一档节目中，使用了类似的描述。[26] 而且这一次霍伊尔在"爆炸"前面加了一个形容词，变成了"大爆炸"。这就是后来这一广为流传的科学术语的由来]。然而，爱丁顿还是更倾向于一种不那么突兀、更保守的起源："我想象……一开始质子和电子均匀分布，极其弥散，填满整个（球形）空间。这种平衡持续了极其漫长的时间，直到其固有的不稳定性占据上风……不急于偶然发生任何事情。但最终小的紊乱倾向逐渐积累，宇宙的进化就以这种方式开始发生……随着物质相互聚拢凝结在一起，各种演化过程随之而来——恒星的演化、更复杂元素的演化、行星和生命的演化等。"[27] 实际上，宇宙是逐渐进入膨胀状态的，就像巨大的列车缓慢启动，然后逐渐加速。

而勒梅特则更加大胆，毫不犹豫地设想出一种更戏剧性的起源。为了回应爱丁顿对突兀式宇宙起源的驳斥，勒梅特向《自然》期刊提交了一份简短的声明，并取了一个华丽的标题：《从量子论的角度看世界起源》。勒梅特回应说："如果我们回到过去……就会发现，宇宙中所有能量都封装在一些甚至是一个独一无二的量子中……如果这种设想是正确的，那么世界的开端碰巧比时间和空间的开端早一点儿。我认为，这样的一个世界开端离现在的自然秩序已经非常遥远了，根本就不会引起人们的反感……我们可以想象宇宙的开端蕴藏于一个独立的原子中，这个原子的质量就是整个宇宙的质量。这个高度不稳定的原子将通过一种超放射性的过程裂变为更多越来越小的原子。"[28]勒梅特把这个致密的原子锅炉称作"原始原子"。他推测，今天的恒星和星系都是由这个最初的超级原子中喷出的碎片构成的。

勒梅特深受 20 世纪初期原子物理学新发现的激励。[29]那时，人们认为放射性元素存在的岁月能与宇宙本身相媲美，故而可用来计算宇宙的年龄，而计算结果为几十亿年。这位比利时神职人员后来这样写道："世界的演变就像是刚刚绽放过的烟花；只遗留一些丝丝缕缕的火星、灰烬和烟气，我们立于一片已经冷透了的灰烬上，注视着恒星们逐渐熄灭，试图追溯世界初生时那已无处可寻的光辉。"[30]这个设想后来被他人修改，宇宙的起源不再是一个超级原子，而是一粒纯粹由能量组成的宇宙种子。从勒梅特这充满诗意的情景中诞生了今天人们认同的大爆炸。就如同托勒密的水晶球体系影响中世纪的自然哲学家那样，勒梅特的宇宙模型有力地塑造和引导了当今宇宙学家的思想。

尽管勒梅特被任命为神父，后来又晋升为蒙席*，但他并没有在宇宙的创生这一命题中遭受与伽利略同样的命运，因为他是在思考天堂运作的科学解释。正如赫尔奇·克拉夫（Helge Kragh）所指出的那样，"勒梅特相信上帝不会雪藏任何来自人类思想中的东西，甚至是宇宙早期的物理本质"。[31]时代确实不同了。[32]伽利略因为维护"日心说"受到教会官员审判而被软禁，但勒梅特却因其在天文学上

---

* 蒙席（Monsignor），或被称为"Monsignori"，是天主教神职人员因对教会杰出的贡献（诸如对于某个团体或教堂的管理杰出等），从罗马教皇手中所领受的荣誉称号，这个荣衔只授予天主教会内领受圣秩圣事的神职人员。

所取得的突破而得到了教会的颂扬。然而，没有什么比人们猜测他的宇宙模型是受《圣经·创世纪》启发更令勒梅特不安的了。勒梅特始终坚称，关于时间和空间起源的思考完全从前人的公式中得出。作为一名科学家／牧师，勒梅特虔诚地将物理和神学严格分开，放入完全独立的两个隔间里。

但大爆炸模型在被完全接受之前，依旧面临着许多挑战。其中最大的阻碍是根据早期测量的宇宙膨胀速率（并不正确）对宇宙年龄的估算。哈勃根据一部分相对较小的星系样本计算出的最初速度表明，宇宙起源于仅仅20亿年前，但天文学家们当时已经知晓恒星的年龄都在100亿年左右。将目光收回到我们身边，地球的年龄都比宇宙的这个年龄大。当时的地质发现表明，地壳至少有30亿年的历史，而且很有可能更长。这一悖论在相当长一段时间内令这一模型陷入进退两难的境地。地球怎么可能比宇宙更古老呢？

除此之外还有许多其他破绽。首先，银河系依照观测结果依然比其他星系大得多。同我们最接近的螺旋星云仙女座与银河系有许多共同之处——都是由恒星组成的星云盘，球状星团都排列在光晕周围，变星都是明暗不断交替，但是根据哈勃最初的距离观测，这些天体与银河系中的相比看起来要黯淡得多。不仅如此，仙女座本身也比银河系要小很多。这让许多天文学家感到非常困扰，他们本已经准备好把哥白尼法则应用到整个宇宙：我们不太可能在宇宙中占据一个特殊的位置。

这个难题一直持续至1952年，正值哈勃作为宇宙学之王的长久统治即将迎来终结之时。由于在第二次世界大战期间从事军事方面的工作，哈勃在战争结束时有很多事情要做，但身体状况不佳使他无法重登巅峰。那时，一位天资聪慧的观测者瓦尔特·巴德开始凭借其启示性的成果使哈勃黯然失色，最终完善了宇宙模型（以及宇宙大爆炸）。在战争期间巴德使用那台 100 英寸的望远镜，后来又使用那台 1948 年建于加州帕洛玛山的 200 英寸望远镜，证明了存在两种截然不同的造父变星。[33]哈勃用来确定与仙女座及其他星系距离的造父变星，实际上比沙普利用来确定银河系周围的球状星团距离的造父变星明亮得多。因此，哈勃低估了仙女座及其他星系的距离，必须彻底重新测量。以仙女座为例，其实际距离是过去测量的两倍，这也意味着它比任何人预想的都大，因而仙女座更像是银河系的孪生兄弟。仙女座根本不比银河系小或黯淡，只是比人们以前想象的更遥远，这意味着银河系不再是宇宙这片街区中特别的小孩。那些期望大自然均衡的人都如释重负地松了一口气。[34]所有测量过的星系都要按此修正，这使宇宙的大小和年龄基本上都翻了一番。这种修正使大爆炸模型最终冲出了疑云。随着对哈勃测量的膨胀速度越来越精准的修正，以及测量的星系越来越多，宇宙的估算年龄进一步增加，这最终给时空的爆炸式诞生后所有恒星和行星的形成留出了足够的时间。

1931 年，威廉·德西特一次在波士顿的演讲中这样说道："从古至今，在科学史上从未出现过一个像近 15 年或 20 年这样的时期：新理论、新假说从诞生、盛行到最终被舍弃，整个演替流程如此之短暂。"[35]也许天文学在宇宙概念方面将不会再出现如此戏剧性的转变了。从 1900 年到 1930 年，人们的思维发生了如此奇幻的转变——短短 30 年的时间，与人类整个发展史相比，不过是刹那之间。银河系曾是宇宙中唯一的居民，漂浮在黑暗的海洋中，但在望远镜可以观测到的范围内，突然出现了数以亿计的其他充满恒星的星岛。原来，地球比微粒还小，与这片广袤无垠、至今难以观测到尽头的宇宙相比，仅相当于一颗漂浮着的亚原子粒子。还不仅如此。天文学家们几乎还没来得及适应宇宙这种令人惊骇的浩瀚，就被告知时空，以及宇宙的整个结构都在向四面八方膨胀，而星系则被裹挟着前行。这是一套令天文学界至今仍头晕目眩的连环组合拳，观测者和物理学家都试图弄清楚所有的细节：宇宙大爆炸是如何被点燃的？无数的星系是如何诞生和演化的？膨胀是否（以及如何）会迎来终结？

詹姆斯·基勒在1898年第一次走向克罗斯雷反射望远镜时可能不会想到，自己开拓性的探索将会引领一个时代的到来。与利克天文台那架宏伟的折射望远镜相比，这架望远镜微不足道，这使得基勒并未考虑太多，而只是专心投入对螺旋星云的研究。但他在托勒密岭的观测产生了深远而广泛的影响，最终引起专业天文界人士的注意，并使他们开始研究行星和恒星以外的天体。基勒去世后，赫伯·柯蒂斯极大地推动了天文事业，使其重焕生机。柯蒂斯于20世纪10年代用克罗斯雷反射望远镜收集的大量数据，有力地证明了螺旋星云不亚于独立的星系。尽管这些都是间接的证据，但柯蒂斯的观测为哈勃嵌入最后一块拼图打下了坚实的基础。而哈勃对最近处螺旋星云的距离观测最终说服了天文学家同行们。基勒和柯蒂斯都是至关重要的铺路人，是他们开辟了引导哈勃走向最终胜利的道路。

与基勒和柯蒂斯一样，维斯托·斯里弗年复一年地在洛厄尔天文台的望远镜上度过许多孤独的时光，建立起庞大的星系速度库，而这些数据随后被哈勃用来建立载入史册的星系红移与距离之间的关系。这一体系随后成为了乔治·勒梅特膨胀宇宙的有力证明。然而，很明显哈勃对他和哈马逊的发现代表的意义始终保持沉默。无论是在个人谈话中，还是在著作里，哈勃都没有谈及他的发现对那些关于宇宙从原始状态演化或宇宙创生的必要性的观点的影响。其他学者在这一话题上争论不休。哈勃不喜欢那些观测所不能解释清楚的、充满想象的推理和猜想。哈勃是持怀疑态度的科学家，永远是质疑的律师。

然而，哈勃对动态宇宙冷漠迟疑、不愿接受的形象后来慢慢褪去，而被另一种形象完全取代。随着时间的推移，宇宙膨胀论的故事不断演变。特别是在哈勃去世后，越来越多的人称他为宇宙膨胀的唯一发现者。可怜的哈马逊被挤到了主流历史的阴暗角落，斯里弗则在很大程度上已被遗忘，勒梅特的关键理论阐释的重要性也被大大削弱。故事的细节以及名誉的共享者都消失在历史长河中。现在人们通常以哈勃为主角绘声绘色地描述这个故事，尽管实际上哈勃连膨胀宇宙的拥趸都算不上。但是，正如历史学家克拉夫和史密斯所记述的那样："美国天文学家日益增多……20世纪60年代之前，所有的星系研究成果浓缩成空前的功绩，塑造了一位英雄，一位膨胀宇宙之父，人们得以围绕这一伟人编织膨胀宇宙发现的历史。"[36]公众似乎渴望英雄，因此这位英俊、有男子气概而又博学的科学家不费吹灰之力就进入了科学的万神殿。在这里，有牛顿和他的苹果，有伽利略和他的望远镜，还有达尔文和他的雀科小鸟。

现在，是这位胜利者被公众铭记，而不是他成功的前辈或富有创造性的同伴。哈马逊之于哈勃就像是桑丘·潘沙之于堂吉诃德。只是这一次，风车变成了螺旋星云。天文学界的梦幻骑士在征服之路的尽头迎来了耀眼辉煌的成功。

注释:

[1]见"Einsteins Start Trip to America"（1930），p. 5.

[2]见"Relativity"（1930），p. A4.

[3]见"Einstein Battles 'Wolves'"（1930），p. 1.

[4]同上，p. 2.

[5]见 Sutton（1930），p. A1.

[6]见"Einstein's Date Book Crammed"（1931），p. A1;"Notables of World to Opening"（1931），p. B14; Feigl（1931）.

[7]见 Hall（1931），p. 28.

[8]见 Isaacson（2007），p. 374.

[9]HUB，盒8，传记回忆录。

[10]AIP，详见诺里斯·赫瑟林顿1976年6月3日对尼古拉斯·梅耶尔的采访。

[11]HP，详见黑尔1931年1月15日写给哈里·曼利·戈德温（Harry Manley Godwin）的信件。

[12]HL，详见沃尔特·亚当斯档案，增补盒4，文件夹4。

[13]卡普拉1918年毕业于斯鲁普学院（后来更名为加州理工学院），获得化学工程学士学位。

[14]CA，爱因斯坦电影脚本（1931）。

[15]同上。

[16]见 Clark（1971），p. 434.

[17]HL，详见沃尔特·亚当斯档案，增补盒4，文件夹4.87。

[18]见"Einstein Drops Idea of 'Closed' Universe"（1931），p. 1.

[19]见 Christianson（1995），p.210.

[20]见"Red Shift of Nebulae a Puzzle, Says Einstein"（1931），p. 15.

[21]这不是爱因斯坦的原话引用。俄裔美国物理学家乔治·加莫（George Gamow）在其自传中传播了这个故事，说爱因斯坦有一天聊天时使用

了现在这个著名的词语。见 Gamow（1970），p. 44. 具有讽刺意味的是，在 21 世纪初，天体物理学家重新将这个常数纳入宇宙学计算中，以帮助解释为什么宇宙的膨胀似乎在随着时间的流逝而加速。

[22]见"Hubble to Visit Oxford"（1934）.

[23]见 Lemaître（1931a），p. 489.

[24]见 Eddington（1931），pp. 449–450.

[25]爱丁顿在爱丁堡大学举行的一系列讲座中发表过此番话，后来发表在 Eddington（1928），p. 85.

[26]霍伊尔在广播演讲中首次使用了"大爆炸"这个词语，后来这些演讲被出版。见 Hoyle（1950），pp. 119，124.

[27]见 Eddington（1933），pp. 56–57.

[28]见 Lemaître（1931b）.

[29]见 Kragh（2007），pp. 152–153.

[30]见 Lemaître（1950），p. 78.

[31]见 Kragh（1990），p. 542.

[32]虽然勒梅特既是科学家，又是神父，但他认为科学和神学应该保持独立性。当教皇皮乌斯十二世在 1951 年宣布大爆炸宇宙学包含基督教神学的基本教义时，勒梅特持不同意见。他说："据我所知，（原始原子）这种理论完全存在于任何形而上学或宗教问题之外。"它让唯物主义者自由地否认任何超验的存在。见 Kragh（1987），pp. 133–134.

[33]见 Baade（1952）.

[34]当哈罗·沙普利在媒体上声称，第一个发现哈勃距离尺度修正办法的人是他，而非巴德时，天文界感到震惊。他实际上做的是回到以前的一些观测，在事情发生之后，仅仅确认了巴德的发现而已。见 Sandage（2004），p. 310.

[35]见 De Sitter（1932），p. 3.

[36]见 Kragh and Smith（2003），p. 157.

不论发生什么……

1900 年，查尔斯·耶基斯被反腐败改革家赶出了芝加哥之后，搬迁到了纽约市，[1] 但他继续进行伦敦地铁系统的建设项目。耶基斯的财富减少后，他与 47 岁的妻子玛丽·阿德莱德处于长期分居状态。耶基斯于 1905 年去世，享年 68 岁。玛丽继续住在第五大道的公馆里，在耶基斯去世不到一个月的时间内，她就嫁给了威尔逊·米兹纳（Wilson Mizner）——一个比她年轻 18 岁的流氓恶棍。[2] 米兹纳是那种克拉克·盖博（Clark Gable）在电影《旧金山》（*San Francisco*）中所扮演的人物。玛丽一年半后与米兹纳离婚。

迄今为止，位于威斯康星州东南部的耶基斯天文台的 40 英寸望远镜，尽管不再用于专业研究，但仍然保持着其作为世界上最大折射式望远镜的地位。[3] 因为耶基斯天文台具有较高的历史价值，人们正在计划保护其主建筑，并将之转变为区域性的科学研究中心。

1908 年，长期单身的帕西瓦尔·洛厄尔终于在 53 岁的时候结婚了。洛厄尔娶了比他小 9 岁的康斯坦斯·萨维奇·凯斯（Constance Savage Keith）。凯斯是他在波士顿多年的邻居。在欧洲漫长的蜜月快结束时，他和新娘来了一次浪漫的云中漫步——体验瑰丽的热气球飞行之旅。[4] 在伦敦上空一英里的高处，洛厄尔拍摄了海德公园里的道路。他将这些路径线条当作火星"运河",看看是否可以从高空观测到。1916 年,洛厄尔在马斯希尔去世,享年 61 岁。为了争取对洛厄尔遗产的控制权,天文台与他的遗孀打了十年的官司。大部分遗产都是洛厄尔想用来支持天文台工作的。在那段时间里,康斯坦斯挥霍掉了 230 万美元遗产中的一半。据说,康斯坦斯一直过着纸醉金迷的生活。1954 年,她在马萨诸塞州去世,享年 90 岁。[5] 十年之后,洛厄尔关于火星上有运河的想象之说也偃旗息鼓了。在 1965 年和 1969 年,由美国国家航空航天局发起的一系列水手计划*项目表明,火星是一个完全荒无人烟的不毛之地。然而,当水手 9 号在 1971 年环绕这颗红色行星运行时,拍摄到了具有支流和侵蚀痕迹的古老河床。这些河床痕迹似乎是由灾难性的洪水形成的。火星上毕竟有河道,但这些河道是在火星遥远的过去由流水自然形成的,而不是由当代外星人建造的。

除了他心爱的火星,帕西瓦尔·洛厄尔对寻找海王星之外的"X行星"也很有激情。通过分析天王星和海王星的运动差异,洛厄尔为这颗失踪的行星预测了位置,即在距离太阳约 40 亿英里的彗星群中。洛厄尔天文台的新台长维斯托·斯里弗继续负责搜寻工作。1930 年,新聘用的工作人员、24 岁的克莱德·汤博(Clyde Tombaugh)最终成功发现这颗行星。这个新的星球被命名为"Pluto"(冥王星),其前两个字母"PL"是发起行星搜寻的帕西瓦尔·洛厄尔名字的首字

---

* "水手计划",又称为"水手号计划",是 20 世纪 60~70 年代,由美国国家航空航天局所主导的一项外太空探索计划。在此计划中发射了一系列为探索火星、金星、水星等而设计的无人太空船。

母。2006 年，一直被认为是古怪行星的冥王星，由于体积小、偏心轨道，被贬为矮行星（太阳系中的一种天体类型，现在被称为类冥矮行星），不再是经典行星中的一员。

虽然探测到螺旋星云的巨大速度是其最为瞩目的成就，但是在其漫长的职业生涯中，斯里弗还有其他引人瞩目的发现。斯里弗在以下几个发现上发挥了重要作用：星际空间不是纯净的，而是饱含微弱的气体和尘埃；将北极光的某些特征与太阳活动联系起来；准确确定一些行星的自转。斯里弗担任洛厄尔天文台的台长之职长达 38 年之久。颇有经济头脑的斯里弗投资牧场不动产，帮助建立弗拉格斯塔夫的社区酒店，并经营一家零售家具店。斯里弗很受当地人们的尊重，1954 年退休时，成为《亚利桑那每日太阳报》（*Arizona Daily Sun*）的头版新闻人物。斯里弗于 1969 年在弗拉格斯塔夫逝世，就在他 94 岁生日的前三天。

洛厄尔去世后，洛厄尔天文台经常缺资金，但却幸存下来，这主要是由于洛厄尔的妹夫罗杰·洛厄尔·普特南（Roger Lowell Putnam）管理有方（并增加了捐款）。即便如此，在第二次世界大战结束时，它还是面临着关闭的危险，直到联邦资金注入美国科学研究，它才突然恢复了生机。今天，它继续作为私有、非营利的教育和研究组织机构，对太阳系、彗星、太阳系外行星、太阳的活动和恒星进行研究。

如果赫伯·柯蒂斯留在利克天文台的话，也很可能有机会收集到螺旋星云是宇宙岛的决定性证据。但是，柯蒂斯是否会把研究扩展到证明宇宙正在膨胀，这是值得怀疑的。柯蒂斯对爱因斯坦的理论感到不安，他参加了日食观测，希望证明广义相对论是错误的。在20世纪30年代，柯蒂斯告诉哈罗·沙普利，他对螺旋星云的研究方向并不感兴趣："我对勒梅特、爱丁顿等人的理论缺乏信心。在这个领域里，我将遵循不见兔子不撒鹰的安全原则。"[6]柯蒂斯在担任阿勒格尼天文台的台长十年之后，又回到了密歇根州，并于20世纪30年代在母校密歇根大学结束了职业生涯。他曾希望为密歇根州建造一个巨大的反射式望远镜，[7]但经济大萧条使他的计划落空了。柯蒂斯于1942年去世。柯蒂斯总是认为，对星云的研究是他对天文学的最大贡献。[8]

利克天文台继续由加利福尼亚大学负责和运营。目前有二十多个家庭居住在汉密尔顿山上，该镇拥有自己的警察局和邮局。虽然克罗斯雷反射式望远镜仍在用于专业研究，但36英寸的折射式望远镜是主要的、受欢迎的景点，在预定时间用于游客观看。自20世纪20年代以来，天文台的场地扩大了，现包括九个研究级望远镜，其中最大的是三米（120英寸）的肖恩反射式望远镜。

乔治·埃勒利·黑尔于1938年去世，享年69岁。十年后，他发起的建在加州圣地亚哥附近帕洛马山顶的一架200英寸的望远镜，最终于1948年投入使用。为了表彰黑尔在望远镜设计和建造方面的卓越领导，以及他在1904年至1923年期间，作为威尔逊山天文台的台长所取得的成就，200英寸的望远镜被命名为黑尔望远镜。人们不禁要问，如果黑尔能活着看到望远镜运行的话，他对这一荣誉的反应可能会是什么样的。黑尔曾经说过，"事实是……我从小就喜欢做我最喜欢做的事情，我已经很开心了，为什么要别人来赞扬呢？"[9] 60 年后，黑尔望远镜仍然是世界上最大的光学望远镜之一，并在继续为天文研究做出重大贡献。

望远镜设计师乔治·威利斯·里奇，曾参与过 100 英寸胡克望远镜的光学指导工作。黑尔下令对有缺陷的镜面抛光并安装后，里奇持续对这种冒险行为提出严正的指责。自从黑尔拒绝了里奇用一个全新的镜面取代有缺陷的镜面的虚幻想法，这位眼镜商就散布谣言说，这面巨型望远镜终将失败。在一次冲突中，里奇直接联系了黑尔的赞助人胡克，试图说服这位商人站在他的一边。里奇到处散播谣言，又未经授权就与胡克联系，对黑尔背信弃义，这些"罪行"最终导致他在 1919 年 54 岁时被解雇。里奇从未使用胡克望远镜进行过天文观测。他搬迁到帕萨迪纳以东的牧场，种植柠檬、橙子和鳄梨，梦想着设计更大的望远镜，镜面口径宽达 320 英寸。[10] 在 20 世纪 20 年代，里奇在法国工作，试图建造一个能在尺寸上超过胡克的望远镜，直到该项目被取消。30 年代初，他不得不为美国海军天文台设计和建造一个 40 英寸的反射望远镜，然后在华盛顿对其设备进行升级。里奇于 1945 年去世，离 81 岁差两个月。里奇永远不会知道，早些时候，他与法国天文学家亨利·克雷蒂安（Henri Chrétien）合作，为美国海军天文台所做的极具争议的设计，后来会被用于 20 世纪后半叶建造的许多巨型望远镜，包括哈勃太空望远镜。[11]

埃德温·哈勃后来的工作从不及他在 20 世纪 20 年代和 30 年代

初期所做出的发现那么惊人。他最富有成效的日子已经过去了。在某种程度上，哈勃的科学生涯后来处于停顿状态，因为他期待着建造一个更大的望远镜，以推进宇宙探索。第二次世界大战期间，哈勃驻扎在马里兰州阿伯丁的美国陆军弹道研究实验室。在那里，他对学生进行轨道力学方面的训练，以计算炮弹的弹道。这些年来，哈勃那引人注目的傲慢态度有所缓和。20世纪50年代初，天文学家乔治·阿贝尔（George Abell）还是研究生时，曾与哈勃短暂工作过。他说，哈勃"非常和蔼可亲，是真正的绅士……似乎总是有时间和学生及夜间助理员交谈……可能在晚年变成熟了"。[12]哈勃活得足够久，也足够幸运，见证了100英寸望远镜的诞生后，还看到了下一个大望远镜——200英寸望远镜在帕洛马山的开启。1949年，哈勃是第一个使用巨型望远镜的观测者，并从可变星云NGC 2261——他的幸运之星开始拍摄。然而，多年来对同事们的怠慢无礼，最终使他与更为珍视的目标失之交臂：成为新组合的威尔逊山和帕洛马山天文台的台长。埃拉·鲍文（Ira Bowen）获得了任命。这个决定让哈勃大为震惊，他本以为这个职位非他莫属。[13]接下来的夏天，在科罗拉多州大章克申附近的一次钓鱼之旅中，哈勃经历了一次严重的心脏病发作并住院治疗。1953年9月28日，格蕾丝开车，哈勃夫妇回到圣马力诺的家中。当时哈勃正预备前往帕洛马山，进行为期四晚的观测。当格蕾丝即将驶入自家车道时，她注意到丈夫呼吸不畅。[14]哈勃说："不要停，开进去吧。"当她把车停在前院的时候，哈勃已经死于脑血栓，享年63岁。格蕾丝又活了27年，小心谨慎地编辑整理丈夫的遗稿。

米尔顿·哈马逊在辍学到威尔逊山工作之前，才刚刚读完八年级。1950 年，他因对发现不断膨胀的宇宙做出了历史性贡献而获得了瑞典隆德大学的荣誉博士学位，成为从小学直接获得博士学位的罕见个例。[15] 截至职业生涯结束时，哈马逊共拍摄了六百多个星系的光谱。退休后，他的儿子提出要给他买一架小望远镜继续观察天空。哈马逊回答说："天哪，比尔，我一辈子都在看目镜，我不想再看了。"[16] 他去钓鲑鱼。

虽然现在与威尔逊山学院（Mount Wilson Institute，一家成立于 1985 年的非营利性公司）合作，华盛顿卡耐基研究所继续负责运营威尔逊山天文台。1986 年，作为一项成本削减措施，100 英寸胡克望远镜被暂时关闭，但在 1992 年又重新投入使用。胡克望远镜继续开展有价值的研究，利用先进的技术手段分析其反射镜收集的光线，例如寻找太阳系外的行星和监测其他恒星上的太阳黑子周期。

哈罗·沙普利在威尔逊山工作的那些年，证明了我们在银河系中的真实位置，成了"他科学生活的巅峰时期"。[17] 第二次世界大战后，沙普利大幅缩减了天文研究工作，并将更多的时间投入到国家和国际事务。沙普利毫不掩饰自己是个自由主义者。他在联合国教育、科学及文化组织（简称：联合国教科文组织）的组建方面发挥了主导作用。沙普利代表世界和平组织开展的活动以及他与俄罗斯科学家的持续接触，招致他在 1946 年受到臭名昭著的众议院非美活动委员会的调查。后来，参议员约瑟夫·麦卡锡（Joseph McCarthy）

错误地指责他是共产党。在沙普利于 1952 年作为台长退休之后，哈佛天文台仍然是他的学术之家。沙普利在那里又工作了 20 年，直到 1972 年去世，享年 86 岁。他被葬在新罕布什尔州的沙伦。退休后他曾在那里居住多年。他的坟墓上放置了一块坚硬的花岗岩石碑，上面镌刻着古罗马哲学家卢克莱修的一句话："我们靠着他的胜利与天齐高。"[18]

沙普利的前任老板，也是最严厉的批评家沃尔特·亚当斯，于 1923 年接替黑尔担任威尔逊山天文台的台长，并一直担任该职务直到 1946 年退休。之后，亚当斯继续在帕萨迪纳的黑尔太阳能实验室工作，十年后去世。威尔逊山上的工作人员注意到，沙普利离开天文台后，亚当斯长长地松了一口气。两人真正和好是几年后的事情。对于亚当斯来说，沙普利在哈佛大学天文台落脚，他们的关系反倒更好处。然而，值得注意的是，亚当斯写了一篇关于自己在威尔逊山工作和生活的回忆录，共计 39 页，1947 年由太平洋天文学会发布。[19] 在回忆录中，亚当斯根本没有片言只语提到沙普利。

阿德里安·范马伦在威尔逊山天文台工作了 34 年。在一段时间内，他希望自己有缺陷的螺旋星云理论仍然有价值，至少可以展示螺旋星云的旋转方向。但在 20 世纪 40 年代初，哈勃完全证明了，范马伦在这方面也是错的。正如其他人早些时候看到的那样，旋臂在旋转时不是领先的，而是被拖拽的。[20] 范马伦于 1946 死于心脏病。就在去世前几周，他在帕萨迪纳的天文台总部完成了第 500 次视差场的测量。[21] 虽然范马伦在螺旋旋转方面是错误的，但他仍然是世界级的恒星视差测量师。

1934 年后，乔治·勒梅特对宇宙学的著名贡献就很少了，但他继续发表评论，参与各种讨论。虽然爱因斯坦在 1931 年放弃了宇宙常数 λ*，但勒梅特仍然在捍卫它。他们每次见面都会就这个问题进行友好的争论，致使这样一句玩笑话流传甚广："无论这两个人去哪里，λ 肯定都会跟过去。"[22] 勒梅特继续从事天体力学方面的重要工作，并率先使用电子计算机进行数值计算。勒梅特总是希望宇宙的爆炸起源能够得到天文观测的证实，并在他 1966 年去世前不久，终于收到了发现宇宙微波背景的消息，即宇宙微波背景的残余回声。[23] 勒梅特在鲁汶的接班人奥登·戈达特（Odon Godart）将 1965 年 7 月 1 日发行的《天体物理学杂志》带到了勒梅特的医院病床上，其中载有诺贝尔奖的获奖报告。

1905 年至 1917 年，正是爱因斯坦创造力集中喷发的时期，不仅发展了狭义相对论和广义相对论，把我们引向了被称为光子的光粒子，而且建立了宇宙的第一个相对论模型。这之后，爱因斯坦放弃了进一步发展量子学或宇宙学的理论，把主要精力用于探索统一场论，试图把引力场和电磁场、相对论和量子论统一起来，但未获成功。爱因斯坦于 1955 年去世前，仍然认为宇宙常数是他最大的错误。但

---

* 1917 年，爱因斯坦利用他的引力场方程，对宇宙整体进行了考察。为了解释物质密度不为零的静态宇宙的存在，他在场方程中引进一个与度规张量成比例的项，用符号 λ 表示。该比例常数很小，在银河系尺度范围内可忽略不计。只在宇宙尺度下，λ 才可能有意义，所以叫作宇宙常数。爱因斯坦后来将这一术语称为他一生中"最大的错误"。

颇具讽刺意味的是，天文学家最近又将此常数用在了宇宙学上，以帮助解释宇宙为什么不仅在膨胀而且在加速膨胀，这是勒梅特在20世纪30年代就预见到的宇宙行为。

注释：

[1] Miller（1970），p. 110.

[2] Franch（2006），pp. 318–323.

[3] 一架49英寸的折射式望远镜在1900年的巴黎博览会上展出，但从未被专业人士使用，最终被拆除。

[4] 见 Hoyt（1996），p. 233.

[5] "纸醉金迷"一词是费伊·林肯·格莫尔牧师（the Reverend Fay Lincoln Gemmell）首先使用的。20世纪40年代，格莫尔还是神学院学生时，曾替康斯坦斯打过杂。见 Putnam（1994），p. 104.

[6] HUA，详见柯蒂斯1932年8月24日写给沙普利的信件。

[7] 见 J. Stebbins（1950）. 1950年，安娜堡西北部的桃山建造了一台36英寸的反射望远镜，将其命名为赫伯·柯蒂斯纪念望远镜。它致力于研究星系和河外结构。1967年，该望远镜被转移到智利的托洛洛山美洲际天文台。

[8] 见 McMath（1942），p. 69.

[9] 见 Wright，Warnow，and Weiner（1972），p. 99.

[10] 见 Osterbrock（1993），pp. 160–164.

[11] 同上，p. 282.

[12] AIP，详见斯宾塞·沃特1977年9月14日对乔治·艾贝尔（George Abell）的采访。

[13] 见 Sandage（2004），p. 530.

［14］见 Dunaway（1989），p. 247.

［15］见 Sandage（2004），p. 192.

［16］AIP，见伯特·夏皮罗大约在 1965 年对米尔顿·哈马逊的采访。

［17］见 Kopal（1972），p. 429.

［18］见 Bok（1978），pp. 254–258.

［19］见 See Adams（1947）.

［20］见 Berendzen and Hart（1973），p. 91.

［21］见 Seares（1946），p. 89.

［22］见 "Amiable Abbe"（1961），p. 42.

［23］见 Deprit（1984），p. 391

致谢

　　本书涉及的天文学历史调查最初是从美国东海岸和西海岸的档案馆开始的。在调查的过程中，我得到了很多有关人士和单位的帮助，在此向他们表示衷心的感谢。他们是：利克天文台玛丽·李·肖恩档案馆的档案保管员多萝西·绍姆堡（Dorothy Schaumberg）和谢丽尔·丹德里奇（Cheryl Dandridg）；加州大学圣克鲁兹分校图书馆特藏部的克里斯汀·桑德斯（Kristen Sanders）和克里斯蒂娜·邦廷（Christine Bunting）；帕萨迪纳加州理工学院档案馆的夏洛特·欧文（Charlotte Erwin）和邦妮·卢特（Bonnie Ludt）；华盛顿国家研究院档案馆的贾妮丝·高布伦（Janice Goldblum）；分别在尼尔斯·玻尔图书馆和马里兰大学帕克分校美国物理研究所工作的梅兰妮·布朗（Melanie Brown）、朱莉·盖斯（Julie Gass）、马克·马廷佐（Mark Matienzo）、詹妮弗·沙利文（Jennifer Sullivan）和斯宾塞·沃特（Spencer Weart）；马萨诸塞州剑桥市麻省理工学院档案馆的诺拉·墨菲（Nora Murphy）和哈佛—史密森天体物理研究中心的布莱恩·马斯顿（Brian Marsden）；哈佛大学档案馆；加州圣马力诺市亨利·亨廷顿图书馆的梅雷迪斯·伯贝（Meredith Berbée）、胡安·戈麦斯（Juan Gomez）、凯特·亨宁森（Kate Henningsen）、劳拉·斯塔克（Laura Stalker）和凯瑟琳·韦雷（Catherine Wehrey）。在本书即将完成之际，亨廷顿图书馆科技史部的保管员丹·刘易斯（Dan Lewis）在提供最后一些信息方面特别有帮助。

我特别要感谢亚利桑那州弗拉格斯塔夫镇洛厄尔天文台档案馆的管理员安托瓦妮特·拜泽尔（Antoinette Beiser）。安托瓦妮特竭尽全力发掘所有与维斯托·斯里弗有关的信件、观测日志、日记和其他资料，使我得以加深对这位被遗忘的天文学家的了解。不仅如此，在我们工作数小时之后，安托瓦妮特和她"周四夜翼联谊会"的朋友们陪我们度过了愉快的时光，使我们有了喘息的机会。

我当然不是第一个研读这些档案来寻找现代宇宙发现背后故事的人。我非常感谢那些走在我前面并开辟了这条道路的历史学家们。在我整理相关历史资料时，有几位历史学家提出了中肯的意见和有益的建议，特别值得一提的是，华盛顿史密森学会国家航空航天博物馆天文学史馆的馆长大卫·德沃金（David DeVorkin）和加拿大阿尔伯塔大学的历史学教授罗伯特·史密斯（Robert Smith）。我要特别感谢来自加州大学伯克利分校科技史办公室的访问学者诺里斯·赫瑟林顿（Norriss Hetherington）。从我的项目一开始到结束的全过程中，他一直在提供指导和反馈意见。我还要感谢他的妻子伊迪丝在我访问旧金山地区时的盛情款待。利克天文台的前台长唐纳德·奥斯特布罗克也给我提供了很好的建议，但不幸的是，他于 2007 年去世，享年 82 岁。我非常感谢他的妻子艾琳。在关于唐纳德的历史研究方面，特别是涉及他的专业领域部分，艾琳提供了很多帮助。

我要感谢对本书至关重要的三个天文台的指导者：洛厄尔天文台的凯文·辛德勒（Kevin Schindler）、威尔逊山天文台的唐·尼克尔森（Don Nicholson）和利克天文台的托尼·米施（Tony Misch）。他们还提供了詹姆斯·基勒和赫伯·柯蒂斯拍摄的历史照片的副本。

在这个漫长的调查过程中，我有幸得到了来自麻省理工学院研究生科学写作课程的同事们的不断鼓励。他们是：罗布·卡尼格尔（Rob Kanigel）、香农·拉金（Shannon Larkin）、汤姆·莱文森（Tom Levenson）、艾伦·莱特曼（Alan Lightman）和博伊斯·伦斯伯格（Boyce Rensberger）。还有那些对我取得的进步表示高兴和关心的朋友、家人，使我的工作情绪高涨。为此，我要感谢伊丽莎白·伊顿（Elizabeth Eaton），琳达·沃勒（Linda Wohler）和史蒂夫·沃勒（Steve Wohler），麦凯布一家——塔拉（Tara）、保罗（Paul）、伊恩（Ian）和休（Hugh），伊丽莎白·马吉欧（Elizabeth Maggio），艾克·戈泽尔（Ike Ghozeil），莎拉·索尔森（Sarah Saulson）和彼得·萨尔森（Peter Saulson），埃伦·赛尔（Ellen Shell）和马蒂·赛尔（Marty Shell），尤妮斯·洛（Eunice Lowe）和克利夫·洛（Cliff Lowe），以及我的母亲。在本书出版后不久，她将庆祝其 88 岁的生日。我非常感谢我的经纪人拉斯·盖伦（Russ Galen），他一心想把这个项目做好，从未动摇过。我也要感谢我的编辑爱德华·卡斯滕迈尔（Edward Kastenmeier），感谢他一直以来的热心推动、卓越的见解和宝贵的建议。

我也要感谢我的丈夫史蒂夫·洛（Steve Lowe）。在我的调查研究和写作过程中，他以编辑般敏锐的眼光看待问题，并提供了温和的批评。他的爱、鼓励和专业知识帮助本书取得成果。史蒂夫：谢谢你！你永远都在我的左右。

最后我想说的是，在写这本书的过程中，所感受到的巨大乐趣给了我灵感。我要为我那只刚长出胡须的牧羊犬小狗取名为"哈勃"。它既顽皮，又可爱。

译后记

　　两年前，我们翻译了麻省理工学院教授玛西亚·芭楚莎的《黑洞简史》。现如今，又有机会翻译她的《那一天，我们发现宇宙》一书，我们倍感荣幸。这本书依然以生动、富有个性的文字带给了我们一场奇特的宇宙之旅。更为重要的是，透过作者娓娓道来的关于人类发现宇宙的曲折故事，我们体验到了隐藏在故事背后的纷繁复杂的人性和人的行为表现。

　　法国启蒙思想家德尼·狄德罗曾经说过，人类既强大又虚弱，既卑琐又崇高，既能洞察入微又常常视而不见。用这句话来阐释芭楚莎教授的这本书所描述的内容，是再恰当不过了。

　　与浩瀚无垠的宇宙相比，人类虚弱、渺小，永远无法控制宇宙。但在好奇心的驱使下，人类对宇宙进行了各种有益的探索，取得了一个又一个重大发现，宇宙神秘的面纱正在被渐渐揭开。特别是 1925 年 1 月 1 日天文学家埃德温·哈勃向世人宣布的发现，成为了天文学史上新的里程碑。除了孜孜以求的探索精神，人类发明创造的各种天文设备，大大扩展了宇宙观测的视界。从这个意义上讲，人类是强大的。

　　小行星 2069、月球上的哈勃环形山以及世界上最大的天文望远镜哈勃太空望远镜，均以天文学家哈勃的名字命名。那么，埃德温·哈勃是何许人也？他为什么会得此殊荣？

现代人当然都清楚，哈勃是河外天文学的奠基人和提供宇宙膨胀实例证据的第一人。他发现了大多数星系都存在红移的现象，建立了哈勃定律，这些被认为是宇宙膨胀的有力证据。同时，他也是星系天文学的创始人和观测宇宙学的开拓者，被称为星系天文学之父。但芭楚莎教授在书中并没有生硬地罗列哈勃所取得的成就，而是以栩栩如生的笔触再现了如阿多尼斯般迷人的哈勃颇具传奇色彩的人生：如何放弃了法律而从事了崇高的天文学研究事业、如何在第一次世界大战时成为新兵训练营的军官、如何成就其丰功伟绩——真正发现宇宙，又是如何走上神坛，成为万人景仰的伟大、崇高的天文学家的。

金无足赤，人无完人。在芭楚莎教授看来，哈勃亦非完人，也有人性的弱点。例如，哈勃在简历中添加无中生有的经历；论文中对提及的前人工作几乎不进行参考来源标注；捏造虚假的参战经历；在哈勃－范马伦冲突中，毫无绅士风度；对他人成果的占有欲极强；与同事、家人交往，过于以自我为中心，等等。

哈勃之所以能够登上神坛，一方面是囿于公众对于英雄的渴望，另一方面也要归功于哈勃夫人所付出的"努力"。芭楚莎教授更倾向于认为，在哈勃取得辉煌成功的背后有着许多有名或无名的人，默默地付出，被公众有意或者无意地视而不见。她又一次为我们画了一幅群英图。在这幅图里，我们可以看见亨利埃塔·莱维特、维斯托·斯里弗、乔治·勒梅特、米尔顿·哈马逊、阿德里安·范马伦、乔治·埃勒利·黑尔、詹姆斯·基勒、帕西瓦尔·洛厄尔等众人的身影。

作为读者和译者，我们非常喜欢芭楚莎教授的写作风格。丰富的史料让我们对人类发现真正的宇宙的来龙去脉有了清晰的了解，生动的笔触又让我们爱上了星空，进而产生观测的冲动。群星荟萃的夜空最令我们心驰神迷，因为那里有神秘的黑洞，有如礼花绽放的新星爆炸，还有美丽的星云。但不论是璀璨夺目的，还是暗淡少光的，其星光相互掩映，共同构成了一幅绚丽多姿的星空景象。

人性，不亦如此么？

嘉兴学院　杨泓　孙红贵
写于 2018 年 3 月嘉兴学院越秀校区图书馆

缩略语

AIP 马里兰大学帕克分校美国物理研究所的尼尔斯·玻尔图书馆和档案馆

CA 加州理工学院帕萨迪纳分校档案馆

HL 加州圣马力诺市亨利·亨廷顿图书馆

HP 乔治·埃勒利·黑尔档案，存于加州理工学院帕萨迪纳分校档案馆
（其他图书馆也有这些论文的缩微胶卷版本）

HUA 马萨诸塞州剑桥市哈佛大学，哈佛大学档案馆

HUB 哈勃档案，存于加州圣马力诺市亨利·亨廷顿图书馆

LOA 加州大学圣克鲁兹分校利克天文台玛丽·李·肖恩档案馆

LPV 加州汉密尔顿山的利克天文台底片库

LWA 亚利桑那州弗拉格斯塔夫镇洛厄尔天文台档案馆

MWDF 威尔逊山天文台台长的卷宗，存于加州圣马力诺市亨利·亨廷顿图书馆

NAS 华盛顿特区国家研究院档案馆

参考文献

Adams, W. S. 1929. "New Stellar Discoveries Amaze Science." *Los Angeles Examiner*, June 23, pp. 1, 8.

———. 1947. "Early Days at Mount Wilson." *Publications of the Astronomical Society of the Pacific* 59 (October): 213-31; (December): 285-304.

Aitken, R. G. 1943. "Biographical Memoir of Heber Doust Curtis." *Biographical Memoirs*, vol. 22. Washington, D.C.: National Academy of Sciences.

"Amiable Abbe." 1961. *Newsweek* 58 (September 4): 42.

Baade, W. 1952. "A Revision of the Extra-Galactic Distance Scale." *Transactions of the International Astronomical Union* 8: 397-98.

———. 1963. *Evolution of Stars and Galaxies*. Cambridge, Mass.: Harvard University Press.

Babcock, A. H. 1896. "Completion of the Big Crossley Reflector Dome for the Lick Observatory." *San Francisco Chronicle*, September 27.

Baida, P. 1986. "Dreiser's Fabulous Tycoon." *Forbes 400* (October 27): 97-102.

Bailey, S. I. 1919. "Variable Stars in the Cluster Messier 15." *Annals of the Astronomical Observatory of Harvard College* 78: 248-50.

———. 1922. "Henrietta Swan Leavitt." *Popular Astronomy* 30 (April):

197-99.

Ball, R. S. 1895. *The Great Astronomers*. London: Isbister.

Barnard, E. E. 1891. "Observations of the Planet Jupiter and His Satellites During 1890 with the 12-inch Equatorial of the Lick Observatory." *Monthly Notices of the Royal Astronomical Society* 51: 543-56.

Belkora, L. 2003. *Minding the Heavens*. Bristol: Institute of Physics Publishing.

Bennett, J. A. 1976. "On the Power of Penetrating into Space: The Telescopes of William Herschel." *Journal for the History of Astronomy* 7: 75-108.

Berendzen, R., and R. Hart. 1973. "Adriaan van Maanen's Influence on the Island Universe Theory." *Journal for the History of Astronomy* 4: 46-56, 73-98.

Berendzen, R., R. Hart, and D. Seeley. 1984. *Man Discovers the Galaxies*. New York: Columbia University Press.

Berendzen, R., and M. Hoskin. 1971. "Hubble's Announcement of Cepheids in Spiral Nebulae." *Astronomical Society of the Pacific Leaflets* 504: 1-15.

Berendzen, R., and C. Shamieh. 1973. "Adriaan van Maanen." *Dictionary of Scientific Biography*, vol. 8. New York: Scribner's.

Bertotti, B., R. Balbinot, S. Bergia, and A. Messina, eds. 1990. *Modern Cosmology in Retrospect*. Cambridge: Cambridge University Press.

Blades, B. 1930. "On the Trail of Star-Gazers." *Los Angeles Times*, August 10, p. J10.

Blakeslee, H. W. 1930. "Distance to Stars 75 Million Light-Years Away." Associated Press Service, November 17.

"Blanket of Snow Covers the City." 1925. *Washington Post*, January 1, p. 1.

Bohlin, K. 1909. *Kungliga Svenska Vetenskapsakademiens handlingar* 43:10.

Bok, B. J. 1974. "Harlow Shapley." *Quarterly Journal of the Royal Astronomical Society* 15: 53-57.

——. 1978. "Harlow Shapley." *Biographical Memoirs*, vol. 49. Washington, D.C.: National Academy of Sciences.

Bowler, P. J., and I. R. Morus. 2005. *Making Modern Science*. Chicago: University of Chicago Press.

Brashear, R. W., and N. S. Hetherington. 1991. "The Hubble-van Maanen Conflict over Internal Motions in Spiral Nebulae: Yet More New Information on an Already Old Topic." *Vistas in Astronomy* 34: 415-23.

Brush, S. G. 1979. "Looking Up: The Rise of Astronomy in America." *American Studies* 20: 41-67.

Campbell, K. 1971. *Life on Mount Hamilton, 1899-1913*, ed. Elizabeth Spedding Calciano. Santa Cruz: University of California Library.

Campbell, W. W. 1900a. "James Edward Keeler." *Publications of the Astronomical Society of the Pacific* 12: 139-46.

——. 1900b. "James Edward Keeler." *Astrophysical Journal* 12: 239-53.

——. 1908. "Comparative Power of the 36-Inch Refractor of the Lick Observatory." *Popular Astronomy* 16: 560-62.

——. 1917. "The Nebulae." *Science* 45: 513-48.

Cannon, Annie J. 1915. "The Henry Draper Memorial." *Journal of the Royal Astronomical Society of Canada* 9 (May-June): 203-15.

"Charles T. Yerkes Dead." 1905. *New York Times*, December 30, p. 4.

Christianson, G. E. 1995. *Edwin Hubble: Mariner of the Nebulae.*

Chicago: University of Chicago Press.

Ciufolini, I., and J. A. Wheeler. 1995. *Gravitation and Inertia*. Princeton, N.J.: Princeton University Press.

Clark, D. H., and M. D. H. Clark. 2004. *Measuring the Cosmos*. New Brunswick, N.J.: Rutgers University Press.

Clark, R. W. 1971. *Einstein*. New York: World Publishing Company.

Clerke, A. M. 1886. *A Popular History of Astronomy During the Nineteenth Century*. Edinburgh: A. & C. Black.

———. 1890. *The System of the Stars*. London: Longmans, Green, and Company.

———. 1902. *A Popular History of Astronomy During the Nineteenth Century*. London: Adam and Charles Black.

Crommelin, A. C. D. 1917. "Are the Spiral Nebulae External Galaxies?" *Scientia* 21: 365-76.

Cropper, W. H. 2001. *Great Physicists: The Life and Times of Leading Physicists from Galileo to Hawking*. Oxford: Oxford University Press.

"Crowd Jams Library for Hubble Talk." 1927. *Los Angeles Examiner*, October 21.

Curtis, H. D. 1912. "Descriptions of 132 Nebulae and Clusters Photographed with the Crossley Reflector." *Lick Observatory Bulletin*, no. 219: 81-84.

———. 1913. "Descriptions of 109 Nebulae and Clusters Photographed with the Crossley Reflector: Second List." *Lick Observatory Bulletin*, no. 248: 43-46.

———. 1914. "Improvements in the Crossley Mounting." *Publications of the Astronomical Society of the Pacific* 26: 46-51.

——. 1915. "Preliminary Note on Nebular Proper Motions." *Proceedings of the National Academy of Sciences* 1 (January 15): 10-12.

——. 1917a. "A Study of Absorption Effects in the Spiral Nebulae." *Publications of the Astronomical Society of the Pacific* 29: 145-46.

——. 1917b. "New Stars in Spiral Nebulae." *Publications of the Astronomical Society of the Pacific* 29: 180-82.

——. 1917c. "Three Novae in Spiral Nebulae." *Lick Observatory Bulletin* 9 (300): 108-10.

——. 1917d. "Novae in Spiral Nebulae and the Island Universe Theory." *Publications of the Astronomical Society of the Pacific* 29: 206-7.

——. 1917e. "The Nebulae." *Publications of the Astronomical Society of the Pacific* 29: 91-103.

——. 1918a. "Descriptions of 762 Nebulae and Clusters Photographed with the Crossley Reflector." *Publications of the Lick Observatory* 13: 11-42.

——. 1918b. "A Study of Occulting Matter in the Spiral Nebulae." *Publications of the Lick Observatory* 13: 45-54.

——. 1919. "Modern Theories of the Spiral Nebulae." *Journal of the Washington Academy of Sciences* 9: 217-27.

——. 1924. "The Spiral Nebulae and the Constitution of the Universe." *Scientia* 35: 1-9.

De Lapparent, V., M. J. Geller, and J. P. Huchra. 1986. "A Slice of the Universe." *Astrophysical Journal 302* (March 1): L1-L5.

Deprit, A. 1984. "Monsignor Georges Lemaître." In *The Big Bang and Georges Lemaître*, ed. A. Berger. Dordrecht, Holland: D. Reidel.

De Sitter, W. 1917. "On Einstein's Theory of Gravitation, and Its

Astronomical Consequences. Third Paper." *Monthly Notices of the Royal Astronomical Society* 78: 3-28.

——. 1930. "On the Magnitudes, Diameters and Distances of the Extragalactic Nebulae, and Their Apparent Radial Velocities." *Bulletin of the Astronomical Institutes of the Netherlands* 5 (May 26): 157-71.

——. 1932. *Kosmos: A Course of Six Lectures*. Cambridge, Mass.: Harvard University Press.

DeVorkin, D. H. 2000. *Henry Norris Russell*. Princeton, N.J.: Princeton University Press.

Dewhirst, D. W., and M. Hoskin. 1991. "The Rosse Spirals." *Journal for the History of Astronomy* 22: 257-66.

"Discussion on the Evolution of the Universe." 1932. *British Association for the Advancement of Science. Report of the Centenary Meeting. London—1931*. London: Office of the British Association.

"A Distant Universe of Stars." 1924. *Science* 59 (January 18): x.

Doig, P. 1924. "The Spiral Nebulae." *Journal of the British Astronomical Association* 35 (December): 99-105.

Douglas, A. V. 1957. *The Life of Arthur Stanley Eddington*. London: Thomas Nelson and Sons Ltd.

Dreiser, T, and F. Booth. 1916. *A Hoosier Holiday*. New York: John Lane.

Dunaway, D. K. 1989. *Huxley in Hollywood*. New York: Anchor Books.

Duncan, J. C. 1922. "Three Variable Stars and a Suspected Nova in the Spiral Nebula M 33 Trianguli." *Publications of the Astronomical Society of the Pacific* 34: 290-91.

——. 1923. "Photographic Studies of Nebulae. Third Paper." *Contributions from the Mount Wilson Observatory*, no. 256: 9-20.

Dyson, F. W. 1917. "On the Opportunity Afforded by the Eclipse of 1919 May 29 of Verifying Einstein's Theory of Gravitation." *Monthly Notices of the Royal Astronomical Society* 77: 445-47.

Dyson, F. W., A. S. Eddington, and C. Davidson. 1920. "A Determination of the Deflection of Light by the Sun's Gravitational Field, from Observations Made at the Total Eclipse of May 29, 1919." *Philosophical Transactions of the Royal Society of London* 220: 291-333.

Eddington, A. S. 1916. "The Nature of Globular Clusters." *Observatory* 39: 513-14.

——. 1920. *Space, Time, and Gravitation*. Cambridge: Cambridge University Press.

——. 1928. *The Nature of the Physical World*. New York: Macmillan.

——. 1930. "On the Instability of Einstein's Spherical World." *Monthly Notices of the Royal Astronomical Society* 90: 668-78.

——. 1931. "The End of the World: From the Standpoint of Mathematical Physics." *Nature* 127 (March 21): 447-53.

——. 1933. *The Expanding Universe*. Cambridge: Cambridge University Press.

Einstein, A. 1911. "On the Influence of Gravity on the Propagation of Light." *Annalen der Physik* 35: 898-908.

——. 1917. "Kosmologische Betrachtungen zur allgemeinen Relativitätstheorie." *Sitzungsberichte der Königlich Preußischen Akademie der Wissenschaften zu Berlin* 6: 142-52.

——. 1922. "Bemerkung zu der Arbeit von A. Friedmann 'Über die Krümmung des Raumes.'" *Zeitschrift für Physik* 11: 326.

——. 1923. "Notiz zu der Arbeit von A. Friedmann." *Zeitschrift für Physik*

16: 228.

Einstein, A., and W. de Sitter. 1932. "On the Relation Between the Expansion and the Mean Density of the Universe." *Proceedings of the National Academy of Sciences* 18 (March 15): 213-14.

"Einstein Battles 'Wolves.'" 1930. *Los Angeles Times*, December 12, p. 1.

"Einstein Drops Idea of 'Closed' Universe." 1931. *New York Times*, February 5, p. 1.

"Einstein Guest at Mt. Wilson." 1931. *Los Angeles Times*, January 30, p. A1.

"Einstein's Date Book Crammed." 1931. *Los Angeles Times*, January 14, p. A1.

"Einsteins Start Trip to America." 1930. *Los Angeles Times*, December 1, p. 5.

Eisenstaedt, J. 1993. "Lemaître and the Schwarzschild Solution." In *The Attraction of Gravitation*, ed. J. Earman, M. Janssen, and J. D. Norton. Boston: Birkhäuser.

Encyclopaedia Britannica. 1911. "Rhodes, Cecil John."

Fath, E. A. 1908. "The Spectra of Some Spiral Nebulae and Globular Star Clusters." *Lick Observatory Bulletin* 149: 71-77.

Feigl, A. 1931. "Frau Professor Einstein." *Los Angeles Times*, February 1, p. A1.

Fernie, J. D. 1969. "The Period-Luminosity Relation: A Historical Review." *Publications of the Astronomical Society of the Pacific* 81 (December): 707-31.

———. 1970. "The Historical Quest for the Nature of the Spiral Nebulae." *Publications of the Astronomical Society of the Pacific* 82 (December): 1189-1230.

———. 1995. "The Great Debate." *American Scientist* 83 (September-October): 410-13.

"Finds Spiral Nebulae Are Stellar Systems." 1924. *New York Times*, November 23, p. 6.

Fitzgerald, F. S. 1925. *The Great Gatsby*. New York: Scribner's.

Fölsing, A. 1997. *Albert Einstein: A Biography*. New York: Viking Press.

Franch, J. 2006. *Robber Baron: The Life of Charles Tyson Yerkes*. Urbana: University of Illinois Press.

Friedmann, A. 1922. "Über die Krümmung des Raumes." *Zeitschrift für Physik* 10: 377-86.

Frost, E. B. 1933. *An Astronomer's Life*. Boston: Houghton Mifflin.

Gamow, G. 1970. *My World Line*. New York: Viking Press.

Gingerich, O. 1975. "Harlow Shapley." *Dictionary of Scientific Biography*, vol. 12. New York: Scribner's.

———. 1978. "James Lick's Observatory." *Pacific Discovery* 31: 1-10.

———. 1987. "The Mysterious Nebulae, 1610-1924." *Journal of the Royal Astronomical Society of Canada* 81: 113-27.

———. 1988. "How Shapley Came to Harvard; or, Snatching the Prize from the Jaws of Debate." *Journal for the History of Astronomy* 19: 201-7.

———. 1990a. "Through Rugged Ways to the Galaxies." *Journal for the History of Astronomy* 21: 77-88.

———. 1990b. "Shapley, Hubble, and Cosmology." In *Evolution of the Universe of Galaxies: Edwin Hubble Centennial Symposium*, ed. Richard G. Kron. San Francisco: Astronomical Society of the Pacific.

———. 2000. "Kapteyn, Shapley and Their Universes." In *The Legacy of J. C. Kapteyn: Studies on Kapteyn and the Development of Modern Astronomy*, ed. P. C. Van Der Kruit and K. Berkel. Dordrecht: Kluwer Academic Publishers.

Gordon, K. J. 1969. "History of Our Understanding of a Spiral Galaxy: Messier 33." *Quarterly Journal of the Royal Astronomical Society* 10: 293-307.

Grigorian, A. T. 1972. "Aleksandr Friedmann." *Dictionary of Scientific Biography*, vol. 5. New York: Scribner's.

Hale, G. E. 1898. "The Function of Large Telescopes." *Science 7* (May 13): 650-62.

——. 1900. "James Edward Keeler." *Science* 12 (September 7): 353-57.

——. 1915. *Ten Years' Work of a Mountain Observatory*. Washington, D.C.: Carnegie Institution of Washington.

——. 1922. *The New Heavens*. New York: Charles Scribner's Sons.

Hale, G. E., W. S. Adams, and F. H. Seares. 1931. "Mount Wilson Observatory." *Carnegie Institution of Washington Year Book* 30: 171-221.

Hall, J. S. 1970a. "V M. Slipher's Trailblazing Career." *Sky & Telescope* 39 (February): 84-86.

——. 1970b. "Vesto Melvin Slipher." *Year Book of the American Philosophical Society:* 161-66.

Hall, M. 1931. "Chaplin Here to See Silent Film Open." *New York Times*, February 5, p. 28.

Halley, E. 1714-16. "An Account of Several Nebulae or Lucid Spots Like Clouds, Lately Discovered Among the Fixt Stars by Help of the Telescope." *Philosophical Transactions* 29: 390-92.

Hardy, T. 1883. *Two on a Tower*, 3rd ed. London: Simpson Low.

Hart, R., and R. Berendzen. 1971. "Hubble, Lundmark and the Classification of Non-Galactic Nebulae." *Journal for the History of Astronomy* 2: 200.

Herschel, W. 1784a. "On the Remarkable Appearances at the Polar Regions of the Planet Mars; the Inclination of Its Axis, the Position of Its Poles, and Its Spheroidical Figure; with a Few Hints Relating to Its Real Diameter and Atmosphere." *Philosophical Transactions of the Royal Society of London* 74: 233-73.

———. 1784b. "Account of Some Observations Tending to Investigate the Construction of the Heavens." *Philosophical Transactions of the Royal Society of London* 74: 437-51.

———. 1785. "On the Construction of the Heavens." *Philosophical Transactions of the Royal Society of London* 75: 213-66.

———. 1789. "Catalogue of a Second Thousand of New Nebulae and Clusters of Stars; with a Few Introductory Remarks on the Construction of the Heavens." *Philosophical Transactions of the Royal Society of London* 79: 212-55.

———. 1791. "On Nebulous Stars, Properly So Called." *Philosophical Transactions of the Royal Society of London* 81: 71-88.

———. 1811. "Astronomical Observations Relating to the Construction of the Heavens, Arranged for the Purpose of a Critical Examination, the Result of Which Appears to Throw Some New Light upon the Organization of the Celestial Bodies." *Philosophical Transactions of the Royal Society of London* 101: 269-336.

Hertzsprung, E. 1914. "Über die räumliche Verteilung der Veränderlichen vom δ Cephei-Typus [On the Spatial Distribution of Variables of the δ Cephei Type]." *Astronomische Nachrichten* 196: 201-8.

Hetherington, N. S. 1971. "The Measurement of Radial Velocities of Spiral Nebulae." *Isis 62* (September): 309-13.

——. 1973. "The Delayed Response to Suggestions of an Expanding Universe." *Journal of the British Astronomical Association* 84: 22-28.

——. 1974a. "Edwin Hubble's Examination of Internal Motions of Spiral Nebulae." *Quarterly Journal of the Royal Astronomical Society* 15: 392-418.

——. 1974b. "Adriaan van Maanen on the Significance of Internal Motions in Spiral Nebulae." *Journal for the History of Astronomy* 5: 52-53.

——. 1975. "The Simultaneous 'Discovery' of Internal Motions in Spiral Nebulae." *Journal for the History of Astronomy* 6: 115-25.

——. 1982. "Philosophical Values and Observation in Edwin Hubble's Choice of a Model of the Universe." *Historical Studies in the Physical Sciences* 13: 41-67.

——. 1983. "Mid-Nineteenth-Century American Astronomy: Science in a Developing Nation." *Annals of Science* 40: 61-80.

——. 1990a. "Edwin Hubble's Cosmology." In *Evolution of the Universe of Galaxies: Edwin Hubble Centennial Symposium*, ed. R. G. Kron. San Francisco: Astronomical Society of the Pacific.

——, ed. 1990b. *The Edwin Hubble Papers*. Tucson: Pachart Publishing House.

——. 1996. *Hubble's Cosmology*. Tucson: Pachart Publishing House.

Hetherington, N. S., and R. S. Brashear. 1992. "Walter S. Adams and the Imposed Settlement between Edwin Hubble and Adriaan van Maanen." *Journal for the History of Astronomy* 23: 53-56.

Hoagland, H. 1965. "Harlow Shapley—Some Recollections." *Publications of the Astronomical Society of the Pacific* 77: 422-30.

Hoffmann, B. *1972. Albert Einstein: Creator and Rebel*. New York: Viking Press.

Hoge, V 2005. "Wendell and Edison Hoge on Mount Wilson." *Reflections* [Mount Wilson Observatory Association Newsletter] (June): 3-6.

Holden, E. S. 1891. "Life at the Lick Observatory." *Scientific American* 64 (January): 73.

"Honor for Dr. Edwin P. Hubble." 1925. *Publications of the Astronomical Society of the Pacific* 37: 100-101.

Hoskin, M. A. 1967. "Apparatus and Ideas in Mid-Nineteenth-Century Cosmology." *Vistas in Astronomy* 9: 79-85.

——. 1970. "The Cosmology of Thomas Wright of Durham." *Journal for the History of Astronomy* 1: 44-52.

——. 1976a. "The 'Great Debate': What Really Happened." *Journal for the History of Astronomy* 7: 169-82.

——. 1976b. "Ritchey, Curtis and the Discovery of Novae in Spiral Nebulae." *Journal for the History of Astronomy 7:* 47-53.

——. 1989. "William Herschel and the Construction of the Heavens." *Proceedings of the American Philosophical Society* 133: 427-32.

——. 2002. "The Leviathan of Parsontown: Ambitions and Achievements." *Journal for the History of Astronomy* 33: 57-70.

Hoyle, F. 1950. *The Nature of the Universe*. New York: Harper.

Hoyt, W. G. 1980. "Vesto Melvin Slipher." In *Biographical Memoirs*, vol. 52. Washington, D.C.: National Academy Press.

——. 1996. *Lowell and Mars*. Tucson: University of Arizona Press.

Hubble, E. P. 1920. "Photographic Investigations of Faint Nebulae." *Publications of the Yerkes Observatory* 4: 69-85.

——. 1922. "A General Study of Diffuse Galactic Nebulae." *Astrophysical Journal* 56: 162-99.

——. 1925a. "Cepheids in Spiral Nebulae." *Publications of the American Astronomical Society* 5: 261-64.

——. 1925b. "N.G.C. 6822, a Remote Stellar System." *Astrophysical Journal* 62: 409-33.

——. 1926. "Extra-Galactic Nebulae." *Astrophysical Journal* 64: 321-69.

——. 1928. "Ten Million Worlds in Sky Census." *Los Angeles Examiner*, October 28, pp. 1-2.

——. 1929a. "A Relation Between Distance and Radial Velocity Among Extra-Galactic Nebulae." *Proceedings of the National Academy of Sciences* 15 (March 15): 168-73.

——. 1929b. "On the Curvature of Space." *Carnegie Institution of Washington News Service Bulletin,* no. 13: 77-78.

——. 1935. "Angular Rotations of Spiral Nebulae." *Astrophysical Journal* 81: 334-35.

——. 1936. *The Realm of the Nebulae.* New Haven, Conn.: Yale University Press.

——. 1937. *The Observational Approach to Cosmology.* Oxford: Clarendon Press.

——. 1953. "The Law of Red-Shifts." *Monthly Notices of the Royal Astronomical Society* 113: 658-66.

Hubble, E., and M. L. Humason. 1931. "The Velocity-Distance Relation Among Extra-Galactic Nebulae." *Astrophysical Journal* 74: 43-80.

Hubble, E., and R. C. Tolman. 1935. "Two Methods of Investigating the Nature of the Nebular Red-Shift." *Astrophysical Journal* 82: 302-37.

"Hubble to Visit Oxford." 1934. *San Francisco Chronicle*, May 6.

Huggins, W. 1897. "The New Astronomy." *The Nineteenth Century* 41

(June): 907-29.

Huggins, W., and Mrs. Huggins. 1889. "On the Spectrum, Visible and Photographic, of the Great Nebula in Orion." *Proceedings of the Royal Society of London* 46: 40-60.

Humason, M. 1927. "Radial Velocities in Two Nebulae." *Publications of the Astronomical Society of the Pacific* 39: 317-18.

———. 1929. "The Large Radial Velocity of N. G C. 7619." *Proceedings of the National Academy of Sciences* 15 (March): 167-68.

———. 1954. "Obituary Notices." *Monthly Notices of the Royal Astronomical Society* 114: 291-95.

Hussey, E. F 1903. "Life at a Mountain Observatory." *Atlantic Monthly* 92 (July): 29-32.

Impey, C. 2001. "Reacting to the Size and the Shape of the Universe." *Mercury* (January-February): 36-40.

"Infinite and Infinitesimal." 1925. *Los Angeles Times*, March 22, p. B4.

International Astronomical Union. 1928. "Report of the Commission on Nebulae and Star Clusters." Commission no. 28.

Isaacson, W. 2007. *Einstein: His Life and Universe.* New York: Simon & Schuster.

Jeans, J. H. 1917a. "Internal Motion in Spiral Nebulae." *Observatory* 40: 60-61.

———. 1917b. "On the Structure of Our Local Universe." *Observatory* 40: 406-7.

———. 1919. *Problems of Cosmogony and Stellar Dynamics.* Cambridge: Cambridge University Press.

———. 1923. "Internal Motions in Spiral Nebulae." *Monthly Notices of the*

Royal Astronomical Society 84: 60-76.

——. 1929. *Eos or the Wider Aspects of Cosmogony*. New York: E. P. Dutton.

——. 1930. *The Mysterious Universe*. New York: Macmillan.

——. 1932. "Beyond the Milky Way." *British Association for the Advancement of Science. Report of the Centenary Meeting. London, 1931*. London: Office of the British Association.

Johnson, G. 2005. *Miss Leavitt's Stars*. New York: W. W. Norton.

Jones, B. Z., and L. G. Boyd. 1971. *The Harvard College Observatory: The First Four Directorships, 1839-1919*. Cambridge, Mass.: Harvard University Press.

Jones, K. G. 1976. "S Andromedae, 1885: An Analysis of Contemporary Reports and a Reconstruction." *Journal for the History of Astronomy 7:* 27-40.

Kahn, C, and F. Kahn. 1975. "Letters from Einstein to de Sitter on the Nature of the Universe." *Nature* 257 (October 9): 451-54.

Kant, I. 1900. *Kant's Cosmogony as in His Essay on the Retardation of the Rotation of the Earth and His Natural History and Theory of the Heavens*, ed. and trans. W. Hastie. Glasgow: James Maclehose and Sons.

Karachentsev, I. D., and O. G. Kashibadze. 2006. "Masses of the Local Group and of the M81 Group Estimated from Distortions in the Local Velocity Field." *Astrophysics* 49 (January): 7.

Keeler, J. E. 1888a. "The First Observations of Saturn with the Great Telescope." *San Francisco Examiner*, January 10.

——. 1888b. "First Observations of Saturn with the 36-Inch Equatorial of

Lick Observatory." *The Sidereal Messenger*, no. 62.

———. 1895. "A Spectroscopic Proof of the Meteoric Constitution of Saturn's Rings." *Astrophysical Journal* 1: 416-27.

———. 1897. "The Importance of Astrophysical Research and the Relation of Astrophysics to Other Physical Sciences." *Science* 6 (November 19): 745-55.

———. 1898a. "Photographs of Comet I, 1898 (Brooks), Made with the Crossley Reflector of the Lick Observatory." *Astrophysical Journal* 8: 287-90.

———. 1898b. "The Small Bright Nebula Near *Merope.*" *Publications of the Astronomical Society of the Pacific* 10: 245-46.

———. 1899a. "Photograph of the Great Nebula in *Orion*, Taken with the Crossley Reflector of the Lick Observatory." *Publications of the Astronomical Society of the Pacific* 11: 39-40.

———. 1899b. "Small Nebulae Discovered with the Crossley Reflector of the Lick Observatory." *Monthly Notices of the Royal Astronomical Society* 59: 537-38.

———. 1899c. "New Nebulae Discovered Photographically with the Crossley Reflector of the Lick Observatory." *Monthly Notices of the Royal Astronomical Society* 60: 128.

———. 1899d. "Scientific Work of the Lick Observatory." *Science* 10: 665-70.

———. 1900a. "On the Predominance of Spiral Forms Among the Nebulae." *Astronomische Nachrichten* 151: 1.

———. 1900b. "The Crossley Reflector of the Lick Observatory." *Astrophysical Journal* 11: 325-49.

Kerszberg, P. 1986. "The Cosmological Question in Newton's Science." *Osiris*, 2nd series, 2: 69-106.

———. 1989. *The Invented Universe: The Einstein-de Sitter Controversy (1916-17) and the Rise of Relativistic Cosmology.* Oxford: Clarendon Press.

Kopal, Z. 1972. "Dr. Harlow Shapley." *Nature* 240: 429-30.

Kostinsky, S. 1916. "Probable Motions in the Spiral Nebula Messier 51 (Canes Venatici) Found with the Stereo-Comparator." *Monthly Notices of the Royal Astronomical Society 77:* 233-34.

Kragh, H. 1987. "The Beginning of the World: Georges Lemaître and the Expanding Universe." *Centaurus* 32: 114-39.

———. 1990. "Georges Lemaître." *Dictionary of Scientific Biography,* vol. 18, suppl. 2. New York: Scribner's.

———. 1996. *Cosmology and Controversy.* Princeton: Princeton University Press, 1996.

———. 2007. *Conceptions of Cosmos.* Oxford: Oxford University Press.

Kragh, H., and R. W. Smith. 2003. "Who Discovered the Expanding Universe?" *History of Science* 41: 141-62.

Kreiken, E. A. 1920. "On the Differential Measurement of Proper Motion." *Observatory* 43: 255-60.

Kron, R. G., ed. 1990. *Evolution of the Universe of Galaxies: Edwin Hubble Centennial Symposium.* Astronomical Society of the Pacific Conference Series, vol. 10. San Francisco: Astronomical Society of the Pacific.

Lankford, J. 1997. *American Astronomy: Community, Careers, and Power, 1859-1940.* Chicago: University of Chicago Press.

Leavitt, H. S. 1908. "1777 Variables in the Magellanic Clouds." *Annals of the Astronomical Observatory of Harvard College* 60: 87-108.

Leavitt, H., and E. C. Pickering. 1912. "Periods of 25 Variable Stars in the Small Magellanic Cloud." *Harvard College Observatory Circular* no. 173: 1-3.

Lemaître, G. 1931a. "A Homogeneous Universe of Constant Mass and Increasing Radius Accounting for the Radial Velocity of Extra-Galactic Nebulae." *Monthly Notices of the Royal Astronomical Society* 91: 483-89.

——. 1931b. "The Beginning of the World from the Point of View of Quantum Theory." *Nature* 127: 706.

——. 1950. *The Primeval Atom*. New York: Van Nostrand.

Lorentz, H. A., A. Einstein, H. Minkowski, and H. Weyl. 1923. *The Principle of Relativity*. Trans. W. Perrett and G. B. Jeffery. London: Methuen and Company.

Lowell, A. L. 1935. *Biography of Percival Lowell*. New York: Macmillan.

Lowell, P. 1905. "Chart of Faint Stars Visible at the Lowell Observatory." *Popular Astronomy* 13: 391-92.

Lundmark, K. 1919. "Die Stellung der kugelförmigen Sternhaufen und Spiralnebel zu unserem Sternsystem." *Astronomische Nachrichten* 209: 369.

——. 1921. "The Spiral Nebula Messier 33." *Publications of the Astronomical Society of the Pacific* 33: 324-27.

——. 1922. "On the Motions of Spirals." *Publications of the Astronomical Society of the Pacific* 34: 108-15.

Luyten, W. J. 1926. "Island Universes." *Natural History* 26: 386-91.

MacPherson, H. 1916. "The Nature of Spiral Nebulae." *Observatory* 39 (March):131-34.

———. 1919. "The Problem of Island Universes." *Observatory* 42 (September): 329-34.

"Mars." 1907. *Wall Street Journal*, December 28, p. 1.

Maunder, E. W. 1885. "The New Star in the Great Nebula in Andromeda." *Observatory* 8: 321-25.

Maxwell, J. C. 1983. *Maxwell on Saturn's Rings*, ed. S. G. Brush, C. W. F. Everitt, and E. Garber. Cambridge, Mass.: MIT Press.

Mayall, N. U. 1937. "*The Realm of the Nebulae*, by Edwin Hubble." *Publications of the Astronomical Society of the Pacific* 49: 42-47.

———. 1954. "Edwin Hubble: Observational Cosmologist." *Sky & Telescope* (January): 78-80, 85.

McCrea, W. 1990. "Personal Recollections." In *Modern Cosmology in Retrospect*, ed. B. Bertotti et al. Cambridge: Cambridge University Press.

McMath, R. R. 1942. "Heber Doust Curtis." *Publications of the Astronomical Society of the Pacific* 54 (April): 69-71.

———. 1944. "Heber Doust Curtis, 1872-1942." *Astrophysical Journal* 99 (May): 245-48.

McPhee, J. 1998. *Annals of the Former World*. New York: Farrar, Straus & Giroux.

McVittie, G. C. 1967. "Georges Lemaître." *Quarterly Journal of the Royal Astronomical Society* 8: 294-97.

Melotte, P. J. 1915. "A Catalogue of Star Clusters Shown on the Franklin-Adams Chart Plates." *Memoirs of the Royal Astronomical Society* 60: 168.

Messier, C. 1781. *Catalogue des Nébuleuses et Amas d'Étoiles Observées à Paris*. Paris: Imprimerie Royal.

Miller, H. S. 1970. *Dollars for Research*. Seattle: University of Washington Press.

Milne, E. A. 1932. "World Structure and the Expansion of the Universe." *Nature* 130 (July): 9-10.

"Mrs. Mizner Now Divorced." 1907. *New York Times*, August 25, p. 5.

"Mrs. Yerkes Marries Young San Franciscan." 1906. *New York Times*, February 1, p. 2. "The New Director of Lick." 1898. *New York Tribune*, March 20, p. 7.

Newcomb, S. 1888. "The Place of Astronomy Among the Sciences." *Sidereal Messenger 7:* 69-70.

Newcomb, S., and E. S. Holden. 1889. *Astronomy*. New York: Henry Holt and Company.

Newton, I. 1717. *Opticks; or, A Treatise of the Reflections, Refractions, Inflections and Colours of Light*, 2nd ed. London: W. Bowyer.

Nichol, J. P. 1840. *Views of the Architecture of the Heavens in a Series of Letters to a Lady*. New York: H. A. Chapin.

——. 1846. *Thoughts on Some Important Points Relating to the System of the World*. Edinburgh: William Tait.

——. 1848. *The Stellar Universe*. Edinburgh: John Johnstone.

"Notables of World to Opening." 1931. *Los Angeles Times*, January 25, p. B14.

Nowell, C. E., ed. 1962. *Magellan's Voyage Around the World*. Evanston, Ill.: Northwestern University Press.

Noyes, A. 1922. *The Torch-Bearers—Watchers of the Sky*. New York: Stokes.

Olmsted, D. 1834. "Observations of the Meteors of November 13th,

1833." *American Journal of Science and Arts* 25 (January): 363-411.

——. 1866. *A Compendium of Astronomy*. New York: Collins & Brothers.

Öpik, E. 1922. "An Estimate of the Distance of the Andromeda Nebula." *Astrophysical Journal* 55: 406-10.

Osterbrock, D. 1976. "The California-Wisconsin Axis in American Astronomy, II." *Sky & Telescope* 51 1976: 91-97.

——. 1984. *James E. Keeler: Pioneer American Astrophysicist*. Cambridge: Cambridge University Press.

——. 1986. "Early Days at Lick Observatory." *Mercury* 15 (March-April): 53, 63.

——. 1993. *Pauper & Prince: Ritchey, Hale, & Big American Telescopes*. Tucson: University of Arizona Press.

——. 2001. "Astronomer for All Seasons: Heber D. Curtis." *Mercury* 30 (May-June): 25-31.

Osterbrock, D. E., R. S. Brashear, and J. A. Gwinn. 1990. "Self-Made Cosmologist: The Education of Edwin Hubble." In *Evolution of the Universe of Galaxies: Edwin Hubble Centennial Symposium*, ed. Richard G. Kron. San Francisco: Astronomical Society of the Pacific.

Osterbrock, D. E., and D. P. Cruikshank. 1983. "J. E. Keeler's Discovery of a Gap in the Outer Part of the A Ring." *Icarus* 53: 165-73.

Osterbrock, D. E., J. R. Gustafson, and W. J. S. Unruh. 1988. *Eye on the Sky: Lick Observatory's First Century*. Berkeley: University of California Press.

Paddock, G F. 1916. "The Relation of the System of Stars to the Spiral Nebulae." *Publications of the Astronomical Society of the Pacific* 28: 109-15.

Pais, A. 1982. *"Subtle Is the Lord...": The Science and the Life of Albert Einstein*. Oxford: Oxford University Press.

Pang, A. S.-K. 1997. "'Stars Should Henceforth Register Themselves': Astrophotography at the Early Lick Observatory." *British Journal of the History of Science* 30: 177– 202.

Pannekoek, A. 1989. *A History of Astronomy*. New York: Dover.

Paul, E. 1993. *The Milky Way and Statistical Cosmology, 1890-1924*. Cambridge: Cambridge University Press.

Payne-Gaposchkin, C., with K. Haramundanis, ed. 1984. *Cecilia Payne-Gaposchkin: An Autobiography and Other Recollections*. Cambridge: Cambridge University Press.

Perrine, C. D. 1904. "A New Mounting for the Three-Foot Mirror of the Crossley Reflecting Telescope." *Lick Observatory Bulletin* 3: 124-28.

Pickering, E. C. 1898. *Harvard College Observatory Annual Report* 53: 1-14.

———. 1917. *Harvard College Observatory Bulletin*, no. 641 (28 July).

Plaskett, J. S. 1911. "Some Recent Interesting Developments in Astronomy." *Journal of the Royal Astronomical Society of Canada* 5 (July-August): 245-65. "A Prize for Lemaître." 1934. *Literary Digest* 117 (March 31): 16.

Proctor, R. 1872. *The Orbs Around Us*. London: Longmans, Green.

Putnam, W. L. 1994. *The Explorers of Mars Hill*. West Kennebunk, Maine: Phoenix Publishing.

"Red Shift of Nebulae a Puzzle, Says Einstein." 1931. *New York Times*, February 12, p. 15.

"Relativity." 1930. *Los Angeles Times*, December 15, p. A4.

"Report of the Council to the Forty-Ninth General Meeting of the Society." 1869. *Monthly Notices of the Royal Astronomical Society* 29 (February): 109-91.

"Report of the RAS Meeting in January 1930." 1930 *Observatory* 53: 33-44.

"Report of the Seventeenth Meeting." 1914. *Popular Astronomy* 22: 551-70.

"Report of the Seventeenth Meeting (continued)." 1915. *Popular Astronomy* 23: 18-28.

Ritchey, G. W. 1897. "A Support System for Large Specula." *Astrophysical Journal* 5: 143-47.

——. 1901. "The Two-Foot Reflecting Telescope of the Yerkes Observatory." *Astrophysical Journal* 14: 217-33.

——. 1910a. "On Some Methods and Results in Direct Photography with the 60-Inch Reflecting Telescope of the Mount Wilson Solar Observatory." *Astrophysical Journal* 32: 26-35.

——. 1910b. "Notes on Photographs of Nebulae Made with the 60-Inch Reflector of the Mount Wilson Observatory." *Monthly Notices of the Royal Astronomical Society* 70 (June): 623-27.

——. 1910c. "Notes on Photographs of Nebulae Taken with the 60-Inch Reflector of the Mount Wilson Solar Observatory." *Monthly Notices of the Royal Astronomical Society* 70 (Suppl. 1910c): 647-49.

——. 1917. "Novae in Spiral Nebulae." *Publications of the Astronomical Society of the Pacific* 29: 210-12.

Rosse, the Earl of. 1850. "Observations on the Nebulae." *Philosophical Transactions of the Royal Society of London* 140: 499-514.

Rubin, V. 2005. "People, Stars, and Scopes." *Science* 309 (September 16): 1817-18.

Russell, H. N. 1913 "Notes on the Real Brightness of Variable Stars." *Science* 37: 651-52.

——. 1918. "Astronomy Notes." *Scientific American* 118: 412.

——. 1925. "Types of Variable Star Work." In *Reports and Recommendations, International Astronomical Union Meeting at Cambridge, July 14-22, 1925*, pp. 100-104.

Sandage, A. 1961. *The Hubble Atlas of Galaxies*. Washington, D.C.: Carnegie Institution of Washington.

——. 1989. "Edwin Hubble 1889-1953." *Journal of the Royal Astronomical Society of Canada* 83 (December): 351-62.

——. 2004. *Centennial History of the Carnegie Institution of Washington. Volume 1: The Mount Wilson Observatory*. Cambridge: Cambridge University Press.

Sanford, R. F. 1916-18. "On Some Relations of the Spiral Nebulae to the Milky Way." *Lick Observatory Bulletin* 9: 80-91.

Scheiner, J. 1899. "On the Spectrum of the Great Nebula in Andromeda." *Astrophysical Journal 9:* 149-50.

Schilpp, P. A., ed. 1949. *Albert Einstein: Philosopher-Scientist*. Evanston, Ill.: Library of Living Philosophers.

Schindler, K. S. 1998. *100 Years of Good Seeing: The History of the 24-Inch Clark Telescope*. Flagstaff, Ariz.: Lowell Observatory.

——. 2003. "The Slipher Spectrograph." *The Lowell Observer* (Spring): 5-6.

"Scientists Gather for 1920 Conclave." 1920. *Washington Post*, April 25, p. 38.

Seares, F. H. 1946. "Adriaan van Maanen, 1884-1946." *Publications of the Astronomical Society of the Pacific* 58: 89-103.

Seares, F. H., and E. P. Hubble. 1920. "The Color of the Nebulous Stars." *Astrophysical Journal* 52: 8-22.

Shapley, H. 1914. "On the Nature and Cause of Cepheid Variation." *Astrophysical Journal 40:* 448-65.

——. 1915a. "Studies Based on the Colors and Magnitudes in Stellar Clusters. First Paper: The General Problem of Clusters." *Contributions from the Mount Wilson Solar Observatory*, no. 115: 201-21.

——. 1915b. "Studies Based on the Colors and Magnitudes in Stellar Clusters. Second Paper: Thirteen Hundred Stars in the Hercules Cluster (Messier 13)." *Contributions from the Mount Wilson Solar Observatory* 116: 225-314.

——. 1917a. "Studies Based on the Colors and Magnitudes in Stellar Clusters. Fourth Paper: The Galactic Cluster Messier 11." *Contributions from the Mount Wilson Solar Observatory* 126: 29-46.

——. 1917b. "Note on the Magnitudes of Novae in Spiral Nebulae." *Publications of the Astronomical Society of the Pacific* 29: 213-17.

——. 1918a. "Studies Based on the Colors and Magnitudes in Stellar Clusters. Sixth Paper: On the Determination of the Distances of Globular Clusters." *Astrophysical Journal* 48: 89-124.

——. 1918b. "Studies Based on the Colors and Magnitudes in Stellar Clusters. Seventh Paper: The Distances, Distribution in Space, and Dimensions of 69 Globular Clusters." *Astrophysical Journal* 48: 154-81.

——. 1918c. "Studies Based on the Colors and Magnitudes in Stellar Clusters. Eighth Paper: The Luminosities and Distances of 139 Cepheid Variables." *Astrophysical Journal* 48: 279-94.

——. 1918d. "Globular Clusters and the Structure of the Galactic System."

Publications of the Astronomical Society of the Pacific 30: 42-54.

——. 1919a. "Studies Based on the Colors and Magnitudes in Stellar Clusters. Ninth Paper: Three Notes on Cepheid Variation." *Astrophysical Journal* 49: 24-41.

——. 1919b. "Studies Based on the Colors and Magnitudes in Stellar Clusters. Tenth Paper: A Critical Magnitude in the Sequence of Stellar Luminosities." *Astrophysical Journal* 49: 96-107.

——. 1919c. "Studies Based on the Colors and Magnitudes in Stellar Clusters. Eleventh Paper: A Comparison of the Distances of Various Celestial Objects." *Astrophysical Journal* 49: 249-65.

——. 1919d. "Studies Based on the Colors and Magnitudes in Stellar Clusters. Twelfth Paper: Remarks on the Arrangement of the Sidereal Universe." *Astrophysical Journal* 49: 311-36.

——. 1919e. "On the Existence of External Galaxies." *Publications of the Astronomical Society of the Pacific* 31: 261-68.

——. 1920. "Star Clusters and the Structure of the Universe. Third Part." *Scientia* 27: 93-101.

——. 1923a. "The Galactic System." *Popular Astronomy* 31: 316-28.

——. 1923b. "Note on the Distance of N.G.C. 6822." *Harvard College Observatory Bulletin*, no. 796 (December): 1-2.

——. 1924. "Notes on the Thermokinetics of Dolichoderine Ants." *Proceedings of the National Academy of Sciences* 10 (October): 436-39.

——. 1929. "Note on the Velocities and Magnitudes of External Galaxies." *Proceedings of the National Academy of Sciences* 7 (July 15): 565-70.

——. 1930a. "The Super-Galaxy Hypothesis." *Harvard College Observatory Circular*, no. 350: 1-12.

——. 1930b. *Flights from Chaos*. New York: McGraw-Hill.

——. 1930c. *Star Clusters*. New York: McGraw-Hill.

——. 1969. *Through Rugged Ways to the Stars*. New York: Charles Scribner's Sons.

Shapley, H., and A. Ames. 1932. "A Survey of the External Galaxies Brighter Than the Thirteenth Magnitude." *Annals of the Astronomical Observatory of Harvard College* 88: 41-76.

Shapley, H., and H. D. Curtis. 1921. "The Scale of the Universe." *Bulletin of the National Research Council 2* (May): 171-217.

Sheehan, W., and D. E. Osterbrock. 2000. "Hale's 'Little Elf': The Mental Breakdowns of George Ellery Hale." *Journal for the History of Astronomy* 31: 93-114.

Shinn, C. H. c. 1890. "A Mountain Colony." *The Independent*.

Singh, S. 2005. *Big Bang*. London: Harper Perennial.

Slipher, V. M. 1913. "The Radial Velocity of the Andromeda Nebula." *Lowell Observatory Bulletin* 58, 2: 56-57.

——. 1915. "Spectrographic Observations of Nebulae." *Popular Astronomy* 23: 21-24.

——. 1917a. "The Spectrum and Velocity of the Nebula N. G. C. 1068 (M 77)." *Lowell Observatory Bulletin* 80, 3: 59-62.

——. 1917b. "Nebulae." *Proceedings of the American Philosophical Society* 56: 403-9.

——. 1921. "Dreyer Nebula No. 584 Inconceivably Distant." *New York Times,* January 19, p. 6.

Smart, W. M. 1924. "The Motions of Spiral Nebulae." *Monthly Notices of the Royal Astronomical Society* 84 (March): 333-53.

Smith, H. A. 2000. "Bailey, Shapley, and Variable Stars in Globular Clusters." *Journal for the History of Astronomy* 31: 185-201.

Smith, R. W. 1979. "The Origins of the Velocity-Distance Relation." *Journal for the History of Astronomy* 10: 133-65.

——. 1982. *The Expanding Universe*. Cambridge: Cambridge University Press.

——. 1983. "The Great Debate Revisited." *Sky & Telescope* 65 (January): 28-29.

——. 1990. "Edwin P. Hubble and the Transformation of Cosmology." *Physics Today* (April): 52-58.

——. 1994. "Red Shifts and Gold Medals." In *The Explorers of Mars Hill*, pp. 43-65. West Kennebunk, Maine: Phoenix Publishing.

——. 2006. "Beyond the Big Galaxy: The Structure of the Stellar System, 1900-1952." *Journal for the History of Astronomy* 37: 307-42.

Sponsel, A. 2002. "Constructing a 'Revolution in Science': The Campaign to Promote a Favourable Reception for the 1919 Solar Eclipse Experiments." *British Journal for the History of Science* 35 (December): 439-67.

Stebbins, J. 1950. Address at the Dedication of the Heber Doust Curst Memorial Telescope, University of Michigan, June 24, 1950.

"Stranger Than Fiction." 1929. *Los Angeles Times*, November 10, p. F4.

Stratton, F. J. M. 1929. *Transactions of the International Astronomical Union*, vol. 3. Cambridge: Cambridge University Press.

——. 1933. "President's Speech on Presenting Gold Medal." *Monthly Notices of the Royal Astronomical Society* 93 (1933): 476-77.

Strauss, D. 1994. "Percival Lowell, W. H. Pickering and the Founding of the Lowell Observatory." *Annals of Science* 51: 37-58.

——. 2001. *Percival Lowell: The Culture and Science of a Boston Brahmin*. Cambridge, Mass.: Harvard University Press.

Streissguth, T. 2001. *The Roaring Twenties*. New York: Facts on File.

Struve, O. 1960. "A Historic Debate About the Universe." *Sky & Telescope* 19 (May): 398-401.

Struve, O., and V. Zebergs. 1962. *Astronomy of the 20th Century*. New York: MacMillan.

Sutton, R. 1928. "The New Heavens." *Los Angeles Times*, September 12, p. A4.

——. 1930. "Caltech Scientists Plan Reception of Einstein." *Los Angeles Times*, December 28, p. A1.

——. 1933a. "Where Astronomy Is Taking Us." *Los Angeles Times*, September 24, p. G12.

——. 1933b. "Astronomy Stars That Are Human." *Los Angeles Times*, December 3, p. I4.

Swedenborg, E. 1845. *The Principia; or, The First Principles of Natural Things, Being New Attempts Toward a Philosophical Explanation of the Elementary World*, trans. A. Clissold. London: W. Newbery.

"Thirty-Third Meeting." 1925. *Publications of the American Astronomical Society* 5: 245-47.

"Thirty-Third Meeting of the American Astronomical Society." 1925. *Popular Astronomy* 33: 158-68, 246-55, 292-305.

Trimble, V. 1995. "The 1920 Shapley-Curtis Discussion: Background, Issues, and Aftermath." *Publications of the Astronomical Society of the Pacific* 107 (December): 1133-44.

Trollope, F. 1949. *Domestic Manners of the Americans*, ed. D. Smalley. New York: Alfred A. Knopf.

Tucker, R. H. 1900. "Obituary Notice." *Astronomische Nachrichten* 153: 399.

Turner, H. H. 1911. "From an Oxford Note-Book." *Observatory* 34: 350-54.

"The Universe, Inc." 1926. *The Nation* (February 10): 133.

"Universe Multiplied a Thousand Times by Harvard Astronomer's Calculations." 1921. *New York Times*, May 31, p. 1.

Van Maanen, A. 1916. "Preliminary Evidence of Internal Motion in the Spiral Nebula Messier 101." *Astrophysical Journal* 44: 210-28.

——. 1921. "Internal Motion in the Spiral Nebula Messier 33." *Proceedings of the National Academy of Sciences* 7 (January 15): 1-5.

——. 1923. "Investigations on Proper Motion. Tenth Paper: Internal Motion in the Spiral Nebula Messier 33, N.G.C. 598." *Astrophysical Journal* 57: 264-78.

——. 1925. "Investigations on Proper Motion. Eleventh Paper: The Proper Motion of Messier 13 and Its Internal Motion." *Astrophysical Journal* 61: 130.

——. 1930. "Investigations on Proper Motion. Sixteenth Paper: The Proper Motion of Messier 51, N.G.C. 5194." *Contributions from the Mount Wilson Observatory*, no. 408: 311-14.

——. 1935. "Internal Motions in Spiral Nebulae." *Astrophysical Journal* 81: 336-37.

——. 1944. "The Photographic Determination of Stellar Parallaxes with the 60-and 100-Inch Reflectors: Nineteenth Series." *Astrophysical Journal* 100: 55-56.

Very, F W. 1911. "Are the White Nebulae Galaxies?" *Astronomische*

Nachrichten 189: 441-54.

Webb, S. 1999. *Measuring the Universe*. London: Springer.

"Welfare of World Depends on Science, Coolidge Declares." 1925. *Washington Post*, January 1, pp. 1, 9.

White, C. H. 1995. "Natural Law and National Science: The 'Star of Empire' in Manifest Destiny and the American Observatory Movement." *Prospects* 20: 119-60.

Whiting, S. F 1915. "Lady Huggins." *Astrophysical Journal* 42 (July): 1-3.

Whitney, C. 1971. *The Discovery of Our Galaxy*. New York: Alfred A. Knopf.

Wirtz, C. 1922. "Einiges zur Statistik der Radialberwegungen von Spiralnebeln und Kugelsternhaufen." *Astronomische Nachrichten* 215 (June): 349-54.

——. 1924. "De Sitters Kosmologie und die Radialbewegungen der Spiralnebel." *Astronomische Nachrichten* 222 (October): 21-26.

Wolf, M. 1912. "Die Entfernung der Spiralnebel." *Astronomische Nachrichten* 190: 229-32.

Wright, H. 1966. *Explorer of the Universe*. New York: E. P. Dutton.

——. 2003. *James Lick's Monument*. Cambridge: Cambridge University Press.

Wright, H., J. N. Warnow, and C. Weiner. 1972. *The Legacy of George Ellery Hale*. Cambridge, Mass.: MIT Press.

Wright, T. 1750. *An Original Theory; or, New Hypothesis of the Universe*. London: H. Chapelle.

Young, C. A. 1891. *A Textbook of General Astronomy for Colleges and Scientific Schools*. Boston: Ginn & Company.

Zwicky, F. 1929a. "On the Red Shift of Spectral Lines Through Interstellar Space." *Physical Review* 33: 1077.

——. 1929b. "On the Red Shift of Spectral Lines Through Interstellar Space." *Proceedings of the National Academy of Sciences* 15 (October 15): 773-79.